“十三五”普通高等教育本科部委级规划教材

计算机信息安全管理

COMPUTER INFORMATION SECURITY MANAGEMENT

魏红芹◎编著

中国纺织出版社

内容提要

本书立足于“技术与管理并重”的信息安全理念，从技术基础和综合管理两个方面对信息系统整体安全体系和综合管理方法进行分析和介绍，强调了信息安全的全局观。全书共分十三章，分别介绍了信息安全概论、安全立法、安全标准、软硬件信息安全、密码学、网络安全、安全审计和应急响应等内容，每章均配有引入案例、课后练习和扩展资料。

本书可作为信息管理、电子商务及计算机等专业本科生教材，也可供企业信息系统安全管理人员学习或培训使用。

图书在版编目（CIP）数据

计算机信息安全管理 / 魏红芹编著. -- 北京：中国纺织出版社，2016. 9

“十三五”普通高等教育本科部委级规划教材

ISBN 978-7-5180-2759-0

Ⅰ. ①计… Ⅱ. ①魏… Ⅲ. ①电子计算机—安全技术—高等学校—教材 Ⅳ. ① TP309

中国版本图书馆 CIP 数据核字（2016）第 152505 号

策划编辑：顾文卓　　责任印制：储志伟

中国纺织出版社出版发行

地址：北京市朝阳区百子湾东里 A407 号楼　邮政编码：100124

销售电话：010—67004422　传真：010—87155801

http：//www.c-textilep.com

E-mail：faxing@c-textilep.com

中国纺织出版社天猫旗舰店

官方微博 http：//weibo.com/2119887771

北京通天印刷有限责任公司印刷　各地新华书店经销

2016 年 9 月第 1 版第 1 次印刷

开本：787×1092　1/16　印张：18. 5

字数：315 千字　定价：48. 80 元

高等院校“十三五”部委级规划教材经济管理类编委会

前言

计算机安全问题是伴随着计算机信息技术的发展而产生的，随着互联网的日益普及和各种信息技术在各行业得到越来越广泛的应用，整个社会对信息系统的依赖程度日益提高，安全问题也变得越来越复杂和重要。面对各种严重的计算机信息系统安全威胁，关于信息安全的研究日益得到人们的重视。目前，信息安全已经成为信息科学领域重要的研究课题，众多高等院校也相应开设了信息安全专业和系列课程。

本书主要面向信息管理与信息系统专业的学生。信管专业的主要培养目标之一就是为各类企业输送具有全面和系统的信息管理知识、兼顾技术与管理的综合性CIO型人才。而计算机及网络技术逐渐在安全管理方面暴露出的许多不足和缺陷，对信息技术的推广应用形成了严重的阻碍。各企事业和政府机关日渐关注信息安全问题，国家也成立了中央信息化和网络安全小组。这些都使得信息安全成为信管专业学生不可缺少的一个知识模块，国内外的很多高校都在该专业的教学计划中设置了信息安全相关课程。

现有的信息安全相关的教材普遍存在将管理和技术分隔开来的情况，有的侧重于介绍各种底层技术，有的侧重于介绍安全管理标准及制度等，其中技术类书籍种类要远多于安全管理类书籍。在相关专业的教学活动中也普遍存在“重技术轻管理”的现象。对于信息管理学生或在企业安全管理岗位工作的技术人员来说，管理的重要性应该不低于技术因素，甚至会更加重要。因此学生需要了解基本的技术，但也需要掌握基本的管理思想和方法，拥有“技术管理”的基本理念和能力。本书的主要目的是希望能相对全面地对信息安全的相关技术和管理方法进行介绍，使学生能够对信息安全的整体框架体系进行比较准确的把握。

基于以上考虑，本书共组织了十三章内容。第一章为计算机信息安全概论，介绍信息安全问题的起源、特点、发展历史和解决的基本思路，并构建了信息安全的技术框架；第二章从管理角度介绍安全立法和安全标准的基本情况；第三章和第四章分别介绍了软件和硬件安全的通用性问题；第五、六、七章则从三种特殊的软件——操作系统平台、数据库、病毒出发，分别介绍了相应的安全问题和技术；第八章专门介绍了网络安全中面临的主要威胁和应对策略；第九章从古典密码学和现代密码学两个方面介绍了加密体系的结构和应用情况；第十章立足电子商务这个特殊的应用领域，介绍实际面临的安全问题和常用的安全协议；第十一章和第十二章分别介绍了安全审计和应急响应体系的内容；最后，第十三章分别给出了电子政务网站、电子商务网站和企业信息系统三种应用背景下的安全解决方案的设计方法和案例。其中，第三章到第十章侧重安全技术问题，第一、二、十一、十二和十三章侧重于安全管理。同时，为了便于学生拓展阅读，在附录中给出了国内外信息安全相关结构的信息和部分信息安全相关法律法规。

本书每章开始部分均有引入案例，教师可以借助这些案例使学生更好地理解该章内容的应用背景，也可以通过案例的讨论提高学生的学习兴趣。另外，学生可以借鉴章节关键知识点总结以及课后习题展开重点知识的学习和复习。另外，书中在每章最后还提供了一些拓展课外阅读的链接，主要是一些信息安全相关的网站。

本书中内容已被多次应用在东华大学管理学院信息系统和信息管理专业的《计算机信息安全》课程教学中，并且取得了较好的效果。本书在编写过程中得到了东华大学管理学院张科静等老师的热情支持，也得到了东华大学管理学院信息管理系其他各位老师的大力帮助，在此表示衷心的感谢。

计算机信息安全课程在各大高校的开设时间相对较短，对于课程的教学方法和教学内容，特别是针对信管专业的教学内容还在不断地探索之中。由于本人能力和水平所限，并且时间仓促，书中难免有错误和疏漏的地方，敬请读者批评指正。

魏红芹

目录

第1章　计算机信息安全概论

【本章教学要点】

知识要点	掌握程度	相关知识
计算机安全问题产生	了解	计算机应用模式发展，计算机系统的脆弱性，信息安全问题的根源，信息安全的重要性
计算机信息安全概念	掌握	计算机信息安全基本定义，安全需求要素
计算机安全对策	掌握	实现全面信息安全的主要对策
计算机安全技术体系	了解	计算机信息安全技术体系框架构成

【本章技能要点】

技能要点	掌握程度	应用方向
计算机信息安全需求要素分析	掌握	针对具体应用系统进行安全需求分析
计算机安全基本观点	熟悉	采用正确的安全观点实现信息安全管理

【导入案例】

案例：全球IT安全风险调查报告

2011年6月17日，国际知名调查机构——B2B国际公司发布“全球IT安全风险调查”报告，指出全球约有91%的公司在过去的12个月内发生过至少一起IT安全事故。其中约有三分之一的公司曾丢失企业信息。据了解，此次调查由B2B国际公司与国际知名信息安全厂商卡巴斯基联合发起，全球11个国家，超过1 300名IT专业人员参与其中。

全球IT安全风险调查报告指出，最常见的安全威胁以病毒、间谍软件或其他恶意程序的形式出现。其中，约31%的恶意软件攻击会造成某种形式的数据丢失。而约有10%的公司表示会造成重要商业数据丢失。

在所有参与调查的公司中，仅70%的公司在企业中采取了完善的反恶意软件保护措施。另外还有3%的公司没有采取任何保护措施。不同国家的企业所采取的反恶意软件保护水平也不尽相同。在新兴市场国家，约有65%的公司采取了保护措施。而在英国和美国，采取保护措施的比例则分别高达92%和82%。尽管如此，大部分公司在过去的12个月内，仍然遭受过至少一起IT安全事故。而且其中约有三分之一的公司曾丢失企业信息。

卡巴斯基市场情报和分析总监Alexander Erofeev在分析当前的企业安全状况时说：“几乎超过一半以上的企业和组织都将网络威胁视为其所面临的三大风险之一，在企业中，IT安全策略的重要性甚至被视为高于财务策略、市场和人力资源策略，但这些企业和组织针对此类威胁所采取的态度却令人不解，造成这一现象的原因很可能是IT安全投入不足。”而在本次调查中也确实发现几乎每两家公司中，就有一家认为自己的IT安全预算不足，并且预计应该增加25%甚至更多的预算。

此外，根据相关研究和报告可以得知，目前小型企业的平均IT安全投入为8 055美元，中型企业的平均投入为83 200美元，而大型企业的平均投入则为3 263 476美元。

（查询详细报告，可登陆http://www.kaspersky.com/news?id=207576359）

【问题讨论】

1. IT安全对于企业和组织具有什么意义？
2. 企业如何规划IT安全预算才是恰当的？
3. 实现全面的IT安全需要哪些力量的参与？

计算机技术目前在社会各领域得到越来越广泛的应用，对各行业的发展提供了极大的推动作用，一般个人用户也藉由信息技术获得了许多的便利。然而任何的高新技术都是一把双刃剑，在我们获益于技术发展的同时，安全问题的存在也为信息系统各应用领域带来了极大的潜在威胁，甚至严重阻碍了信息技术的进一步推广普及。了解并应对这些信息安全问题成为人们不得不认真解决的问题之一。

计算机信息安全问题伴随信息技术的发展而产生，同时也需要借助其发展得到解决，因此了解人们使用计算机的方式变化是分析解决安全问题的一个有效途径。任何高新技术都要经历从简单到复杂，使用上却更加方便、可靠而逐渐成熟的过程，计算机信息技术也不例外。经过半个多世纪的发展，目前的信息技术以计算机技术为核心、融合传统的通信技术，已经成为广为人知的计算机网络技术。

1.1 计算机应用模式发展

回顾七十多年来的发展历程，按照技术主要涉及的使用人员、设备工具、信息数据、方式方法和环境界面的不同，计算机应用模式主要经历了三个阶段：

主机计算（Mainframe Computing）

分布式客户机/服务器（Distributed Client/Server Computing）

网络计算（Network Computing）

1.1.1 主机计算模式

主机计算模式又可称为单机计算，也就是在一台机器或一台主机上带若干台终端及外部、外围设备，由一名或多名操作者操作，主要运算任务在一台机器的CPU上完成，也称主机—终端计算模式。这种模式的最大特点是系统软件、硬件的集中管理，系统最终用户可以分散，但是不需要进行软件、硬件的维护工作。这种模式用户界面单一，系统扩展性差，其处理逻辑如图1.1所示。主机计算模式是目前未联网PC机的主要工作方式。

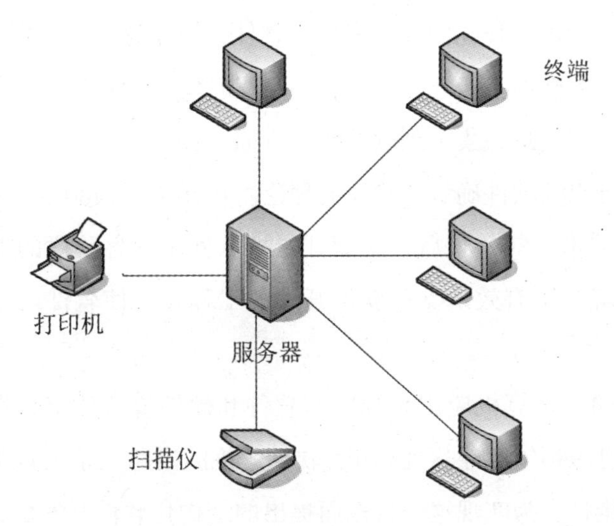

图1.1　主机—终端计算模式

计算机产生的最初十年，各种应用的发展是比较缓慢的，主要由少数专业人员使用机器语言、汇编语言来编写程序；第二个十年计算机的发展开始加快。几十年的发展，主机—终端计算机模式又可分为程序设计时代、结构化程序设计时代和软件工程时代。

1. 程序设计时代（1945～1955年）

这个时代的硬件处于电子管时代。当时注重的是硬件的性能和指标，程序的编写处于从属地位。程序设计的工具是机器语言、汇编语言，其方法追求编程技巧，追求效率高、内存省。人们仅根据需要来编制一些可以直接运行的程序，而不考虑系统地开发软件。这个时期计算机的应用主要限于科学计算，程序的总数量较少。相对较窄

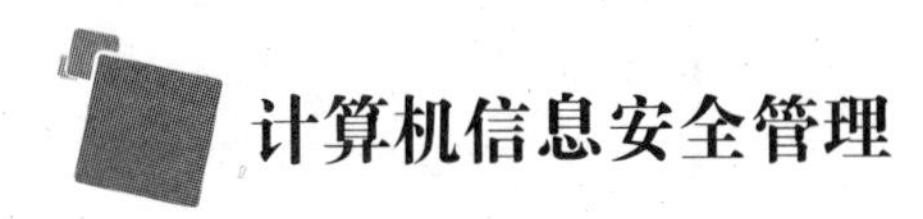

的应用领域和较少的接触人员使得安全问题主要局限于系统本身的错误和故障等。

2. 软件时代（1955年～1970年）

这个时代硬件已广泛采用晶体管和小规模集成电路，计算机内存容量增大，运算速度加快，运行稳定性高。计算机产量急剧上升，程序需求量猛增。软件概念被提出，开始使用第二代语言，如FORTRAN、ALGOL、COBOL等编译系统。计算机的应用扩大到数据处理及过程控制等领域。各种系统及应用软件规模越来越大，结构也更加复杂。然而程序设计方法和软件开发技术没有重大突破，仍靠个人的“技艺”。使得软件产品开发的复杂需求与软件开发技术的能力之间产生尖锐的矛盾，从而产生所谓的“软件危机”。

3. 软件工程时代（1970年～现在）

20世纪60年代后期，因传统的软件开发方法不能适应大型软件的生产而导致的软件危机，使人们想到用工程化的方法来生产软件，把注意力集中到软件开发的方法、技术和原理上，从此软件生产开始进入软件工程时代。1972年到1975年提出软件生存周期模型，其后又把注意力集中到软件测试方面，提出了若干新的软件测试技术、测试方法、测试原理以及软件确认和验证的理论。1976年至1980年开始提出了若干处理需求定义方面的技术。80年代后，人们开始把软件工程各阶段的工具集成到一起，形成软件开发环境，更有效地支持软件开发的工程化，使软件产品质量和可靠性得到提高。

统计资料表明，计算机应用系统中的软件和硬件投资比例，在1955年是1∶9，1970年是1∶1，到1990年已经达到9∶1。软件危机的出路在于大量生产、高度重用、容易重组、易于维护，为实现这一目标而提出的结构化软件开发法、原型法技术和面向对象的开发模型等软件工程方法使手工劳动变为现代化生产，软件的开发规模和效率大增，也有效地使计算机技术和信息系统推广应用到更多的领域。与此同时，信息安全受到威胁的严重性及其重要性也随之提高。

1.1.2 分布式客户机/服务器计算模式

20世纪70年代兴起的IBM－PC机，由于结构简单技术公开，在个人数据处理、编写简单程序、编辑文档资料、进行游戏娱乐等方面有着广泛的应用，加之价廉物美、维护简单方便而得到了迅猛发展。随着硬件的不断降价、功能的不断提高，将若干处理机联结成计算机网络来完成原来需要大型机才能完成的任务，成为一种更具优势的选择。70年代的TCP/IP协议及相应的局域网LAN、广域网WAN和城域网MAN解决了异种机型、多操作系统、多方式通信的技术问题。分布式客户机/服务器（Client/

Server）计算模式如图1.2所示。

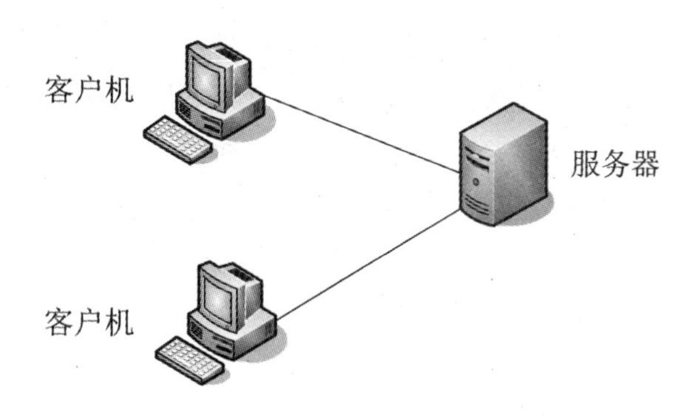

图1.2　分布式客户机/服务器计算模式

在分布式客户机/服务器计算模式中，前端客户部分（微机或工作站）通过应用程序运行服务器上的程序并得到结果，后端服务器部分（微机或大型机）运行客户机请求的应用程序，并将运行结果返回给客户机。客户机一端的客户程序尽量简单扼要，大量复杂的计算处理任务由服务器应用程序承担，并由服务器提供系统数据资源和文件服务，从而减少了数据传送和用户对数据文件的竞争。

按照企业业务模型建立的管理信息系统的框架是由多台资源服务器和多台客户站点构成的系统，客户端比较灵活，联网的计算机均可接入。服务器端则提供各种不同的服务。在这种计算模式中，虽然系统的安全主要集中在服务器环节，但连接的各客户端也会为系统引入各种潜在的危险因素。

1.1.3 互联网络计算应用

以因特网和内联网（Internet/Intranet）为代表的互联网计算模式实现了网络和网络的连接，极大地扩大了计算机的用途。由于若干LAN、WAN连成一片，各种通信、设备之间需要协议协调，广域网需要加装路由器和网关转接。信息按广播方式发出，路由器按指定的地点送达，接收方按协议收下。整个过程空前复杂，但取得了显著的网络效果。20世纪90年代末，世界各国纷纷建立自己的信息基础设施（GII，Global Information Infrastructure）和信息高速公路（ISH，Information Super-highway）。万维网上有各种各样的服务器，如浏览服务器、文件服务器、通信服务器、远程登录服务器、电子邮件服务器、索引服务器等等。用户之间、用户和服务器之间是以页面传递信息的。互联网的工作方式主要是浏览查询和计算处理，具体过程按TCP/IP协议。首先按格式写成主页，在本机上浏览解释执行，然后按主页内容制定的服务器地址URL向Web服务器请求HTTP，把URL换成服务器上的文件路径名，再送到服务器页面。若是HTML页面给用户的，则由Web服务器传回客户机，用户在自己的屏幕上看到结果。这里，Web服务器充当客户使用互联网的中介。用户取得信息比计算的意义更大，计算机应用的样貌发生了深刻的改变，每个计算机用户都是无限资源网上的平等一员，他们需要的所有数据、资料、工具、软件，都可以在网上找到，并下载到本地机浏览使用、二次开发。互联网络计算模式如图1.3所示。

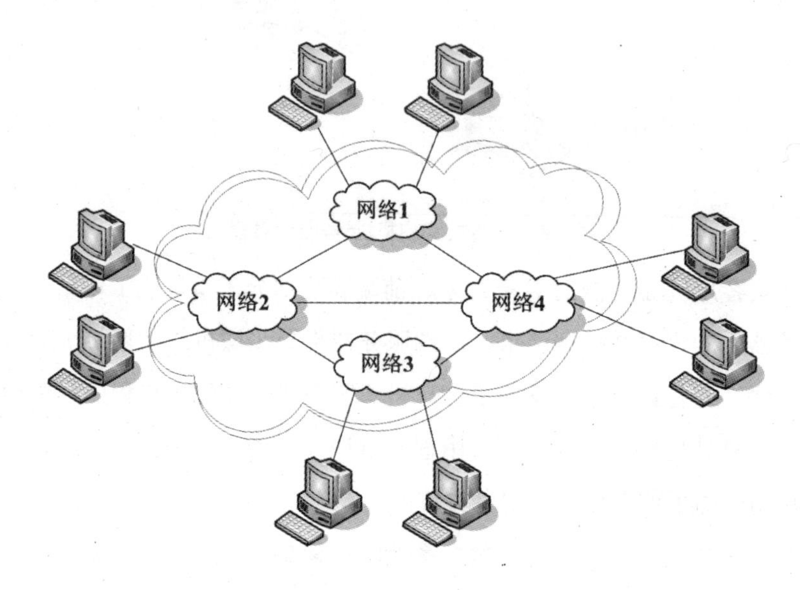

图1.3　互联网络计算模式

目前，网络化、信息化已经成为现代社会的一个重要特征，互联网络计算也成为目前最有发展前途的模式。网络的快速普及使得协同计算、资源共享、开放、远程管理、电子商务等成为可能。同时，开放的网络结构也使得计算机系统面临前所未有的安全危机。

纵览计算模式的发展历程，可以发现以微电子和半导体技术为基础的硬件，是软件发展的物质基础。软件和硬件两者互相促进、互相补充，相对来说软件更为关键，安全问题更为重要。计算机应用的几种计算模式是递次出现的，互联网式计算在我国方兴未艾，各种新的安全问题使得其既是机遇又是挑战。计算机技术目前正在进一步飞速发展，专业技术人员要掌握更精细的计算机通信、安全、保密技术，才能满足各个应用领域的需要。

1.2 计算机安全问题的产生

科技进步在造福人类的同时也带来了新的危害。从某种意义上讲，计算机信息技术的广泛普及，就像一个打开的潘多拉魔盒，使得新的邪恶与罪孽相伴而来。基于网络信息系统中的各种犯罪活动已经严重地危害着社会的发展和国家的安全，也给人们带来了许多新的课题。

按照计算机安全问题涉及计算机系统组成部分的不同可以分为硬件安全和软件安全两类危险。前者主要指由各种自然灾害、人为破坏、操作失误、硬件故障、电磁干扰和丢失被盗等引起的信息系统设备设施的损失，后者则包括软件数据或资料泄漏、被窃取、被黑客病毒攻击等。

从安全问题产生的来源上看，目前计算机安全的威胁主要来自以下四个方面：

（1）各种自然灾害等不可抗拒因素。地震、台风、洪水等通常会造成系统硬件设备设施的损坏。

（2）来自外部的各种恶意攻击。此为有目的的破坏，可以分为主动攻击和被动攻击。主动攻击指以各种方式有选择地破坏信息（如添加、修改、删除、伪造、重放、乱序、冒充、发放病毒等）。被动攻击是指在不干扰网络信息系统正常工作的情况下，进行侦听、截获、窃取、破译和业务流量分析及电磁泄漏等。由于人为恶意攻击具有明显企图，危害性相当大，会给国家安全、知识产权和个人信息带来巨大的威胁。

（3）系统本身的安全缺陷。计算机硬件和平台软件系统均存在各种无法避免的先天缺陷，计算机硬件工作时的电磁辐射以及软硬件的自然失效、外界电磁干扰等均会影响计算机的正常工作。网络系统中的通信链路也易受自然灾害和人为破坏。软件资源和数据信息易受计算机病毒的侵扰以及非授权用户的复制、篡改和毁坏。

（4）各种应用软件漏洞。相对系统软件来说，应用软件数量和种类更庞大，开发途径更多样，软件内部的各种漏洞往往对系统造成严重的安全威胁。

以上各种安全威胁因素中，除了第一种外，其他三类均为人为的威胁，在信息安全中管理是非常重要的一个方面。从另一方面来看，以上的第一和第二种威胁由外部因素引起，第三和第四种威胁则属于内因。因此提高计算机信息系统的安全应该内外兼顾，同时从提高自身安全强度和防范外部攻击两方面着手。

1.3 计算机系统的脆弱性

计算机系统自身的脆弱和不足，是造成计算机安全问题的内部根源，为各种动机的攻击提供了入侵、骚扰或破坏信息系统可资利用的途径和方法。了解系统内部的各种缺陷和不足，是认识和解决安全问题的基础。计算机系统的脆弱性体现在诸多方面。

（1）计算机系统自身是电子产品，它所处理的对象也是电子信息。而电子产品由于其自身的特性，对抗环境能力往往较弱。除了难以抗拒的自然灾害外，温度、湿度、尘埃、静电、电磁场等都可能造成硬件组件的失效；

（2）在计算机系统中往往对大量数据进行集中存储，数据密集度极高，较少分布使得对数据的攻击相对容易，而且系统一旦被攻破，往往损失严重；

（3）剩磁和电磁泄漏现象的存在。在多数信息系统中，删除文件仅仅是将文件名删除，相应地释放存储空间，而文件的真正内容还原封不动地保留在介质上；信息不能完全消除干净，就可能造成机会。另外，计算机系统工作时许多设备、部件和线路都在辐射电磁波，在一定距离内使用一定的仪器设备，就可以接收到计算机系统正在处理的信息；在计算机中以显示器的辐射发射最为严重。由于计算机网络传输媒介的多样性和网内设备分布的广泛性，使得电磁辐射造成信息泄漏的问题变得十分严重。国外一些发达国家研制的设备能在一千米以外收集计算机站的电磁辐射，并且能区分不同计算机终端的信息。

（4）通信网络的弱点。通信网是不设防的开放大系统。链接计算机系统的通信网络在许多方面存在薄弱环节，通过未受保护的外部环境和线路谁都可以访问系统内部，搭线窃听、远程监控、攻击破坏都有可能发生。

（5）共享与封闭的矛盾。从根本上讲，数据处理的可访问性和资源共享的目的性之间是有矛盾的。这对矛盾造成了计算机系统的难保密性。数据信息可以很容易地拷贝而不留任何痕迹，一台远程终端可以通过互联网连接任何一方站点，在一定条件下按它的意愿进行拷贝、删改乃至破坏。

（6）任何新技术都会产生新的安全隐患。在竞争激烈和快速变动的环境下，很多企业热衷于各种新兴的技术，但他们在部署这些技术的同时，却没有采取任何战略对采用这些新技术所带来的风险进行评估，对关键的流程和数据没有提供足够的保护。企业的安全团队往往只有在发生问题时才会被要求介入。

（7）软件不可能完美无瑕。软件开发是一个工程项目，由于软件程序的复杂性和编程的多样性，计算机软件缺陷是不可避免的，各种严格的测试工作也只能把缺陷控制一定的范围内。

（8）安全在系统设计中被放在不重要的位置。目前的大多数系统开发中，首先关注的是主要功能的实现，安全问题则被放在次要的位置，甚至完全没有进行考虑。

除了以上共性的安全问题，我国还有一些自己特有的安全问题，使得情况变得尤为严峻。

（1）技术被动性问题：我国的芯片基本依赖于进口，即使是资助开发的芯片也需要到国外加工。其次，为了缩小与世界先进水平的差距，我国引进了不少外国设备，这也同时带来了不可轻视的安全缺陷，如大部分引进设备都不转让知识产权，我们很难获得完整的技术档案。这为今后的扩容、升级和维护带来了麻烦。而且有些设备可能在出厂时就隐藏了恶意的“定时炸弹”或者“后门”。在非和平时期，这些后门可能为具有敌意的国家或竞争对手所利用，对我们的网络信息安全与保密构成致命的打击。再者，新技术的引入也可能带来安全问题。对新技术的认识不足，没有及时部署恰当的安全措施，都有可能形成严重的安全隐患。

（2）人员素质问题：大多数的最高管理层对信息资产所面临威胁的严重性认识不足，法律靠人执行，管理靠人实现，技术靠人去掌握。人是各个安全环节中最重要的因素。全面提高人员的道德品质和技术水平是网络信息安全与保密的最重要保证。随着技术的不断更新，需要相关人员不断地学习、不断提高技术和业务水平。另外，思想的教育也非常重要，因为大部分安全事件都是由思想素质有问题的内部人员引起的，堡垒往往从内部攻破。

（3）缺乏系统的安全标准、法律法规：缺乏安全标准不但会造成管理上的混乱，而且也会使攻击者更容易得手。目前国际电联和国际标准化组织都在安全标准体系的制定方面做了大量的工作，我国应结合国内具体情况制定自己的标准，加强安全问题的研究。

了解计算机系统自身的这些脆弱性，可以有效地找出对策，采取措施，保障系统安全，而非法利用计算机系统自身的脆弱性将可能使系统资源受到损失和破坏。

1.4 计算机安全的重要性

计算机信息系统的安全之所以如此重要，其主要原因在于：

（1）计算机系统存储和处理有关国家安全的政治、经济、军事、国防的情况及一些部门、机构、组织的机密信息或是个人的敏感信息、隐私；因此成为敌对势力、不法分子的威胁攻击目标。

（2）对计算机依赖性越来越强：人们对计算机系统的需求在不断扩大，工作、学习、生活的各方面都和计算机系统有着越来越密切的关系，系统的稳定性和安全性对人们的影响也随之增大；

（3）应用领域扩大，不安全性增加。计算机系统使用的场所正在转向工业、农业、野外、天空、海上、宇宙空间、核辐射环境，这些环境都比机房更加恶劣，出错率和故障的增多必将导致可靠性和安全性的降低。

（4）涉及人员多，安全意识淡薄。随着计算机系统的广泛应用，各类应用人员队伍迅速发展壮大，教育和培训跟不上知识更新的需要，操作人员、编码人员和系统分析人员的失误或缺乏经验都会造成系统的安全功能不足。人们对于计算机技术往往首先关注对系统的需要、功能，然后才被动地从现象注意系统应用的安全问题。因此广泛存在重应用轻安全、安全法律意识淡薄、计算机素质不高的普遍现象。

1997年“曼哈顿研究计划（Manhattan Cyber Project）”组织在美国成立。它标志着计算机安全行业的兴起。该组织面向美国公司以及信息化基础设施，美国政府也要参加。同年，该组织和我国国家实验室联合召开“信息系统安全研讨会”，共同探讨网络安全技术结构、网络安全规范及网络安全审核监控等问题。2000年我国大专院校计算机专业普遍开设计算机安全技术课程。信息安全问题的重要性正被越来越多的人认识。

1.5 计算机信息安全的定义与特性

1.5.1 计算机信息安全的定义

关于计算机信息安全的概念，目前并没有一个统一的定义。相关的研究机构和个人分别从不同的侧面给出了不同的描述结果。

国际标准化组织ISO定义计算机信息安全为：数据处理系统建立与采取的技术的和管理的安全保护，保护计算机硬件、软件、数据不因偶然的和恶意的原因而遭到破坏、更改、显露。我国前计算机管理检察司的定义是：计算机资产的安全保密，即计算机信息系统资源和信息资源不受自然和人为有害因素的威胁和危害。我国公安部则基本采用以下定义：计算机系统的硬件、软件、数据受到保护，不因偶然的或恶意的原因而遭破坏、更改、泄露，保证系统能正常连续运行。前面两个比较强调对信息系统资源的静态保护，第三个更侧重动态意义的描述。

计算机安全的概念是不断在发展变化的，从传统的设备资产转向硬件、软件、数据，从静态到动态，既包括各种安全措施，更强调保证系统连续可靠安全运行。

目前一般认为，从狭义角度来讲，计算机信息安全是指“信息的保密、完整以及防止拒绝服务”。具体包含以下几方面内容：保护信息不为非授权用户掌握；信息不被非法篡改破坏；防止临时降低系统性能，系统崩溃而需要重新启动，以及数据永远丢失。其中，保密是信息安全的重点。

从广义的角度来看，计算机信息安全除了狭义定义中的内容外，还包括信息设备的物理安全性、场地环境保护、物理硬件安全、病毒、通讯设备的信息安全和网络安全等。

1.5.2 计算机信息安全的特性

计算机信息安全与其他任何事物一样具有其自身的特点，了解这些特性对于做好信息安全管理工作具有非常重要的参考价值。

1. 计算机安全是一个系统概念

信息安全不仅仅是技术问题，更重要的是管理问题，还与社会道德、行业管理及人们的行为模式紧密联系。信息安全的建设是一个系统工程，它需要对信息系统的各个环节进行统一的综合考虑、规划和架构，并时时兼顾组织内外不断发生的变化，任何环节上的安全缺陷都会对系统构成威胁，木桶原理通常适用于信息安全领域。正确的做法是遵循国内外相关信息安全标准与最佳实践过程，考虑对信息安全的各个层面的实际需求，在风险分析的基础上引入恰当控制，建立合理的安全管理体系。

2. 计算机安全是相对的，不存在永远攻不破的安全系统

人们对计算机安全问题的认识是有限的，所能够采取的安全部署也是有局限性的，因此所有的安全实现都是相对的、暂时的，不存在绝对的安全。了解这一点，使得我们能够清醒地认识现有系统的安全性能，并且不会去盲目追求百分之百的安全。

3. 计算机安全是有代价的

任何安全性能的获得都是以金钱、时间和人力物力为代价的，设计、实施安全方案时，必须同时考虑安全成本应在可接受范围内。同时，安全很多时候会造成系统速度和性能的损失。因此安全管理工作就是对安全、成本和速度等多方因素权衡的结果。

4. 计算机安全是发展的、动态的

网络的攻与防此消彼长，安全技术具有强竞争性和对抗性，必须不断评估调整。因此，任何系统都无法进行一劳永逸的安全部署，安全是一个过程而非终点。

1.6 计算机系统安全需求与对策

为了保证计算机系统的安全，防止非法入侵对系统的威胁和攻击，正确地确定政策、策略和对策非常重要。要根据系统安全的需求进行系统安全保密设计，在安全设

计的基础上，采取适当的技术组织策略和对策。因此，首先需要明确计算机系统的安全需求。

1.6.1 计算机系统的安全需求

计算机系统的安全需求就是要保证在一定的外部环境下，系统能够正常、安全地工作。对信息安全需求的定义随着计算机和网络技术的普及应用也在不断发生变化。20世纪80年代以前，面对信息交换过程中存在的安全问题，人们强调的主要是信息的保密性和完整性，对安全理论和技术的研究也只侧重于密码学。通常人们把这一阶段称为通信保密（Communication Confidentiality）阶段。20世纪80年代至90年代，随着计算机和网络的广泛应用，人们对信息安全的关注已经逐渐扩展为以保密性、完整性和可用性为目标，并利用密码、认证、访问控制、审计与监控等多种信息安全技术为信息和信息系统提供安全服务。这一阶段称为信息安全阶段（Information Security）。20世纪90年代中期以后，由于互联网技术的飞速发展，信息无论是对内还是对外都得到极大开放，由此产生的信息安全问题已经不仅仅是传统的保密性、完整性和可用性三个方面了。人们将信息主体和管理引入信息安全，由此衍生了诸如可控性、抗抵赖性、真实性等安全原则和目标，信息安全也从单一的被动防护向全面而动态的防护、检测、响应和恢复等整体体系建设方向发展。这一阶段称为信息保障（Information Assurance）阶段。

目前文献资料中普遍认为计算机系统的安全需求主要包括机密性（Confidentiality）、完整性（Integrity）、可用性（Availability）、真实性（Authenticity）、不可否认性（Non-Repudiation）、可控性（Controllability）、可靠性（Reliability）等。

1. 保密性

广义的保密性是指保守国家机密，或是未经信息拥有者的许可，信息不被泄露给非授权的用户、实体或过程。狭义的保密性则指利用密码技术对信息进行加密处理，以防止信息泄漏。这就要求系统能对信息的存储、传输进行加密保护，所采用的加密算法要有足够的保密强度，并有有效的密钥管理措施，在密钥的产生、存储分配、更换、保管、使用和销毁的全过程中，密钥要难以被窃取，即使被窃取了也没有用。此外，还要能防止因电磁泄漏而造成的失密。

2. 真实性

真实性指信息交换的双方应能对对方的身份进行鉴别，以保证收到的信息是由确认的对方发送过来的。这要求实现身份的可鉴别性和不可假冒性。

3. 完整性

完整性指信息未经授权不能进行改变的特性。这是一项面向信息的安全性，要求保持信息的原样。即网络信息在存储或传输过程中保持不被偶然或蓄意地添加、删除、修改、伪造、乱序、重放等破坏和丢失的特性。通常完整性又包括软件完整性和数据完整性两个方面。

软件完整性是为了防止拷贝或拒绝动态跟踪，而使软件具有唯一的标识；为了防修改，软件具有的抗分析能力和完整性手段；软件所进行的加密处理。

数据完整性是所有计算机信息系统，以数据服务于用户为首要要求，保证存储或传输的数据不被非法插入、删改、重发或意外事件的破坏，保持数据的完整性和真实性，尤其是那些要求极高的信息，如密钥、口令、PIN等。

4. 可靠性

可靠性指系统能够在规定条件和规定的时间内完成规定的功能的特性。可靠性的测量指标包括抗毁性、生存性和有效性等。抗毁性是指系统在人为破坏下的可靠性，生存性是指在随机破坏下系统的可靠性，有效性是指一种业务性能的可靠性，主要指反映信息系统的部件在失效情况下满足业务性能要求的程度。

5. 服务可用性

服务可用性指信息和服务可被授权实体访问并按需求使用的特性，是适用性、可靠性、及时性和安全保密性的综合表现。可用性是一项面向用户的安全性能，指信息服务在需要时，允许授权用户或实体使用的特性，或者是系统部分受损或需要降级使用时，仍能为授权用户提供有效服务的特性。可用性一般用系统正常使用时间和整个工作时间之比来度量。

6. 不可否认性

不可否认性指信息交互过程中，确认参与者的真实同一性。也称不可抵赖性，即所有参与者都不可能否认或抵赖曾经完成的操作和承诺。这要求在传输数据时必须携带含有自身特质、别人无法复制的信息，从而防止交易发生后对行为的否认。

不可抵赖性包括对自己行为的不可抵赖及对行为发生的时间的不可抵赖。通过进行身份认证和数字签名可以避免对交易行为的抵赖，通过数字时间戳可以避免对行为发生时间的抵赖。

7. 可控性

可控性指对信息（特别指在网络环境下）的传播及内容具有控制能力的特性。管理机构通过对危害国家信息的来往、使用加密手段从事非法的通信活动等进行监视审计，不允许不良内容通过公共网络进行传输。

1.6.2 计算机信息安全对策和原则

实现上述各项安全需求，需要技术的支持。但多年的实践表明，信息系统安全具有“三分技术、七分管理”的特点，大量安全问题是人为因素而非技术引起，因此实现全面的信息安全必须从安全立法、行政管理和安全技术三个方面进行综合实施。其中前两者属于管理因素，第三者属于技术因素。

信息安全的管理应当是由法律、行政法规、部门规章及行业自律规范共同构筑的行为规范体系。在这个规范体系中，法律是核心的、具有强制力的规范，行业自律规范则是在充分认识行业发展的自然规律与社会规律的基础上，由各方参与者共同制订的行为规范。虽然行业自律规范不具备法律的强制力，但仍然可通过行业内部的特殊机制涉及保证推行。行政法规与部门规章是在法律尚不能满足社会发展要求的情况下的补充。

实现计算机信息安全全面管理，需要遵循一定的原则，具体来讲包括以下方面。

（1）综合平衡代价原则。任何计算机系统的安全问题都要根据系统的实际情况，包括系统的任务、功能、各环节的工作状况、系统需求和消除风险的代价，进行定性和定量相结合的分析，找出薄弱环节，制定规范化的具体措施。这些措施往往是需求、风险和代价综合平衡、相互折中的结果。

（2）整体综合分析与分级授权原则。用系统工程的观点进行综合分析。任何计算机系统都包括人员、设备、软件、数据、网络和运行等环节，这些环节在系统安全中的地位、作用及影响只有从系统整体的角度去分析，才可能得出有效可行、合理恰当的结论，而且不同方案、不同安全措施的代价、效果不同，采用多种措施时需要进行综合研究，必须对业务系统各种应用和资源规定明确的使用权限，通过物理管理和技术管理有效地阻止一切越权行为。

（3）方便用户原则。计算机系统安全的许多措施要由人去完成，如果措施过于复杂会导致完成安全保密操作规程的要求过高，反而降低了系统安全性。例如，密码的使用如果位数过多，则会加大记忆难度，带来许多问题。

（4）灵活适应性原则。计算机系统的安全措施要留有余地，能比较容易地适应系统变化。因为种种原因，系统需求、系统面临的风险都在变化，安全保密措施一定要考虑到出现不安全情况时的应急措施、隔离措施、快速恢复措施，以限制事态的发展。

（5）可评估性原则。计算机安全措施应该能够预先评价，并有相应的安全保密评价规范和准则。

1.7 计算机信息安全技术

技术是实现设计的保证，是方法、工具、设备、手段乃至需求、环境的综合。计算机安全技术措施是计算机系统安全的重要保证，也是整个系统安全的物质技术基础。实施安全技术，不仅涉及计算机和外部、外围设备，即通信和网络系统实体，还涉及数据安全、软件安全、网络安全、数据库安全、运行安全、防病毒技术、站点的安全以及系统结构、工艺和保密、压缩技术。安全技术的实施应贯彻到系统开发的各个阶段，从系统规划、系统分析、系统设计、系统实施、系统评价到系统的运行、维护及管理。

计算机系统的安全技术措施是系统的有机组成部分，要和其他部分内容一样，以系统工程的思想、系统分析的方法，对系统的安全需求、威胁、风险和代价进行综合分析，从整体上进行综合最优考虑，采取相应的标准与对策，只有这样才能建立起一个有一定安全保障的计算机应用系统。

计算机系统安全技术涉及的内容很多，尤其是在网络技术高速发展的今天。从使用出发，大体包括以下方面：实体及硬件安全、软件及系统安全、数据及信息安全、网络及站点安全、运行及服务质量安全等，其核心技术是加密、病毒防治以及安全评价。

1.7.1 计算机系统安全技术概述

1. 实体硬件安全

计算机实体硬件安全主要是指为保证计算机设备和通讯线路及设施、建筑物、构筑物的安全，预防地震、水灾、火灾、飓风、雷击，满足设备正常运行环境的要求，包括电源供电系统，为保证机房的温度、湿度、清洁度、电磁屏蔽要求而采取的各种方式、方法技术和措施。包括为维护系统正常工作而采取的监测、报警和维护技术及相应高可靠、高技术、高安全的产品；为防止电磁辐射泄露的高屏蔽、低辐射设备，为保证系统安全可靠的设备备份等。

2. 软件系统安全

软件系统安全主要是针对所有计算机程序和文档资料，保证他们免遭破坏、非法拷贝和非法使用而采取的技术和方法，包括操作系统平台、数据库系统、网络操作系统和所有应用软件的安全，同时还包括口令控制、鉴别技术，软件加密和压缩技术，软件防拷贝、防跟踪技术。软件安全技术还包括掌握高安全产品的质量标准，选用系统软件和标准工具软件、软件包，对于自己开发使用的软件建立严格的开发、控制、质量保障机制，保证软件满足安全保密技术标准要求，确保系统安全运行。

3. 数据信息安全

数据信息安全对于系统越来越重要。其安全保密主要是指为保证计算机系统的数据库、数据文件和所有数据信息的免遭破坏、修改、泄露和窃取，为防止这些威胁和攻击而采取的一切技术、方法和措施。其中包括对各种用户的身份识别技术，口令、指纹验证技术，存取控制技术和数据加密技术，以及建立备份、紧急处置和系统恢复技术，异地存放、妥善保管技术等。

4. 网络安全

网络安全是指为了保证计算机系统中的网络通信和所有站点的安全而采取的各种技术措施，除了主要包括近年兴起的防火墙技术外，还包括报文鉴别技术、数字签名技术、访问控制技术、加压加密技术、密钥管理技术等，为保证线路安全、传输安全而采取的安全传输介质技术，网络跟踪、监测技术，路由控制隔离技术，流量控制分析技术等等。此外，为了保证网络站点的安全，还应该学会正确选用网络产品，包括防火墙产品、高安全的网络操作系统产品以及有关国际、国家、部门的协议、标准。

5. 运行服务安全

计算机系统运行服务安全主要是指安全运行的管理技术。它包括系统的使用与维护技术，随机故障维护技术，软件可靠性、可维护性保证技术，操作系统故障分析处理技术，机房环境检测维护技术，系统设备运行状态实测、分析记录等技术。以上技术的实施目的在于及时发现运行中的异常情况，及时报警，及时提示用户采取措施进行随机故障维修和软件故障的测试与维修，或进行安全控制与审计。

6. 病毒防治技术

计算机病毒威胁计算机系统安全，已成为一个重要的问题。要保证计算机系统的安全运行，除了运行服务安全技术措施外，还要专门设置计算机病毒检测、诊断、杀除设施，并采取成套的、系统的预防方法，以防止病毒的再入侵。计算机病毒的防治涉及计算机硬件实体、计算机软件、数据信息的压缩和加密解密技术。

7. 防火墙技术

防火墙是介于内部网络或Web站点与Internet之间的路由器或计算机。目的是提供安全保护，控制谁可以访问内部受保护的环境，谁可以从内部网络访问Internet。因特网的一切业务，从电子邮件到远程终端访问，都要受到防火墙的鉴别和控制。防火墙技术已成为计算机应用安全保密技术的一个重要分支。

1.7.2 计算机安全技术体系

目前关于计算机安全技术的研究方向很多，为了更清楚地理解各种技术分支相互的关系，可以通过层次划分的方法来进行分析。如图1.4所示，根据各种技术的主要功能目标，可以将整个技术体系分为网络服务层、加密技术层、安全认证层、安全协议层和应用系统层五个层次。其中，网络服务层和应用服务层和实际系统关系密切，前者是系统安全的基础，后者体现为面向用户最终系统的安全特性。中间的三层构成核心技术层，下层的技术构成上层技术的基础，越往上技术内涵的综合性越强。

1. 网络服务层

网络服务层是整个技术体系的基础，提供信息系统软硬件平台的安全保障。具体包括实体硬件的安全技术、操作系统平台的安全、病毒防治技术、防火墙技术和网络内容识别和监控等。

2. 加密技术层

加密技术是计算机信息安全技术的核心，目前主要包括对称加密和非对称加密两种体系，又包括多种加密算法和密钥管理技术等。

3. 安全认证层

安全认证层以加密技术为基础，主要目的是实现报文的完整性和身份的不可否认性。具体包括数字摘要、数字签名和CA认证体系。

4. 安全协议层

安全协议层以加密技术和安全认证技术为基础，与TCP/IP协议结合实现在网络环境下更好的安全性能，弥补传统网络协议的不足。具体包括IPSec、SHTTP、Netbill等，以及面向电子商务交易的安全协议SSL和SET。

5. 应用系统层

应用系统层指面向终端用户的应用系统中所采用的各种安全技术，通常以各种底层技术为基础，以实现用户的各种安全需求为目标，如保密性、真实性、完整性、可靠性、不可否认性、服务可用性、内容可控性等。

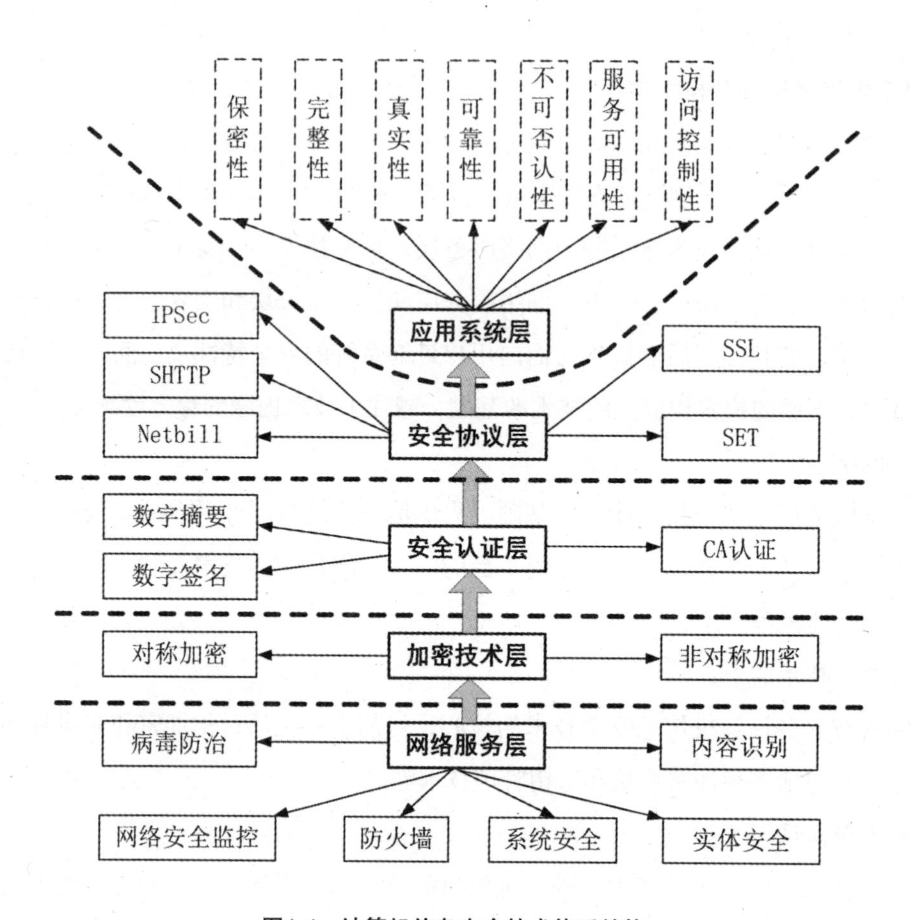

图1.4 计算机信息安全技术体系结构

【本章小结】

本章通过对计算机技术发展历程的追溯，主要从内因和外因两个不同的方面剖析了计算机信息安全问题产生的根源，并给出了国内外对计算机信息安全的基本定义，界定了其研究的主要领域。最后通过对信息安全需求要素的分析给出了实现全面信息安全的基本对策，并介绍了计算机信息安全的技术体系和基本观点。

【关键术语】

计算机信息安全	computer information security
计算机应用模式	computer application model
信息安全需求	information security requirements
机密性	confidentiality
完整性	integrity
可用性	availability

真实性	authenticity
不可否认性	non-repudiation
可控性	controllability
可靠性	reliability
安全技术体系	security technology architecture
安全漏洞	security leak

【知识链接】

http://www.itsec.gov.cn/

http://www.infosec.org.cn/rule/index.php

http://www.niap-ccevs.org/cc-scheme/

http://www.chinais.net/

【习题】

1. 计算机安全问题是如何产生的?
2. 确定计算机信息系统的安全需求对于实现信息安全有什么参考意义?
3. 针对我国特有的计算机安全问题谈谈你的看法和建议。

第2章　计算机安全法律法规与标准

【本章教学要点】

知识要点	掌握程度	相关知识
计算机犯罪	掌握	计算机犯罪的定义和特点
安全立法	了解	安全立法的重要性，我国相关计算机安全法律法规
安全行政管理	掌握	安全行政管理主要措施
安全评估标准	熟悉	国内外主要的安全评估标准及其内容

【本章技能要点】

技能要点	掌握程度	应用方向
TCSEC安全评估标准应用	熟悉	识别常用信息系统的TCSEC安全级别
ISO/IEC 27000系列标准	了解	了解该系列的应用方法
我国计算机安全等级准则	熟悉	采用该准则对常用系统进行安全等级识别

【导入案例】

案例：计算机的逻辑炸弹

北京江民新技术有限责任公司是一家开发杀毒软件的公司。其软件KV300系列深受用户青睐。江民公司及时推出升级版本，以适应病毒的不断出现和发展。

1997年7月23日，北京北信源自动化技术有限公司、北京华美星际科技发展有限公司等五家国内反病毒厂商联合向新闻界发表声明，指称江民公司6月下旬发布的KV300L++版杀毒软件含有“逻辑炸弹”，在特定条件下对计算机实施破坏，其结果与某些计算机病毒的破坏作用相似，给众多用户带来了不可弥补的损失，也严重败坏了中国计算机反病毒市场的形象与声誉。

针对五厂商的声明，江民公司亦迅速作出了强烈反应，于1997年7月24日对其正版用户发表严正声明，指出其在KV300L++版上所设计的特定程序代码是组成“加密锁”或“反盗锁”，即只有合法使用者才可以开锁使用，完全是为了防止盗版而采取的一种防卫措施，是一种“逻辑锁”，而非“逻辑炸弹”。该程序主要是针对某一特定的解密程序MK300V4而设。

江民公司介绍，早些时候，一家名为“中国毒岛论坛”（AV-China）的网页在其网址上免费提供（下载）KV300杀毒软件的专用“解密匙”（即解密工具）MK300V4软件。AV-China这一行为使KV300软件受到严重的盗版威胁。正是基于此点，江民公司开始设置“逻辑锁”的保护程序，“逻辑锁”的运行机理是：如果有人使用AV-China上的“解密匙”复制盗版盘，并上机运行，“逻辑锁”就会启动，锁死电脑硬盘，使电脑无法工作。

AV-China是一个构建于美国一服务器之上，域名、网址及E-mail地址均为免费，根本无法查到真实的运作人，该网站上对KV300软件的技术秘密进行分析披露，同时提供免费的解密软件MK300V4软件，供人下载。

“逻辑锁”事件出现后，引起了业界的强烈反响。北京市公安局计算机安全监察部门对此做了大量细致的调查取证工作，并请计算机专家对江民公司设置的“逻辑锁”进行了技术鉴定。鉴定证实，KV300L++网上升级中含有破坏计算机功能的子程序，可能破坏计算机信息系统的正常运行。1997年9月1日，公安部计算机管理监察司负责人指出，江民公司的行为违反了《中华人民共和国计算机信息系统安全保护条例》第23条之规定，属于故意输入有害数据、危害计算机信息系统安全的行为。决定给予3000元罚款的处罚。

【问题讨论】

1. 因特网是否法律的真空地带？

2. 国际性网络问题适用于哪国法律？由谁执法？

3. 谁来承担法律责任，网站、盗版制造者还是盗版用户？如何区分法律责任？

2.1 计算机犯罪与安全立法

2.1.1 计算机犯罪的定义

随着计算机应用的日益普及，以计算机技术为核心的信息技术在全世界发展异常迅速，在迎接信息社会来临的同时，人们也发现计算机犯罪日益猖獗，它不仅对社会造成的危害越来越严重，也使受害者遭受巨大的经济损失。为了预防和降低计算机犯罪，给计算机犯罪合理地、客观地定性显得尤为必要。

目前关于计算机犯罪的定义在学术上尚未统一，基本可以分为广义和狭义两种说法：广义的计算机犯罪是指行为人故意直接对计算机实施侵入或破坏，或者利用计算机实施有关金融诈骗、盗窃、贪污、挪用公款、窃取国家秘密或其他犯罪行为的总称。狭义的计算机犯罪仅指行为人违反国家规定，故意侵入国家事务、国防建设、尖端科学技术等计算机信息系统，或者利用各种技术手段对计算机信息系统的功能及有关数据、应用程序等进行破坏、制作、传播计算机病毒，影响计算机系统正常运行且造成严重后果的行为。

以下是部分国家在相关计算机安全法律法规中给出的计算机犯罪的定义：

美国：在导致成功起诉的非法行为中，计算机技术与知识起了基本作用的非法行为。

欧洲：在自动数据处理过程中，任何非法的，违反职业道德的，未经批准的行为，都是计算机犯罪。

瑞典：任何侵犯私人隐私的行为，都是计算机犯罪。

澳大利亚：与计算机有关的盗窃、贪污、诈骗、破坏等行为。

德国：针对计算机或者把计算机作为工具的任何犯罪行为。

中国：与计算机相关的危害社会并应加以处罚的行为。

计算机本身在犯罪中的作用主要有以下几种情况：

（1）以计算机作为犯罪工具。

（2）以计算机作为犯罪场所。

（3）以计算机作为犯罪的对象。

综合以上各种定义，我们可以认为借助计算机技术构成的犯罪均为计算机犯罪。

2.1.2 计算机犯罪分类

计算机犯罪的表现形式可谓多种多样，常见的手段有：

（1）装入欺骗性数据：非法篡改计算机系统数据或输入假数据。

（2）未经批准使用资源：未获授权批准的情况下使用计算机系统的硬件或软件资源。

（3）窃取信息：未经允许获取计算机系统的机密数据和信息。

（4）盗窃与诈骗电子财物：采用欺骗等手段获取他人财物，如采用钓鱼网站获得他人银行账户和密码信息，然后实施盗窃转移等手段获取他人财物。

（5）破坏计算机资产：破坏计算机系统的硬件设施、软件系统和信息资源等行为。

随着计算机和网络技术的不断进步和应用领域的扩展，不断有新的计算机犯罪形式出现。

2.1.3 计算机犯罪的特点

计算机犯罪作为一类特殊的犯罪，具有许多与传统犯罪的相同之处。但是，作为一种与高科技伴生的犯罪，它又有许多与传统犯罪有不同的特征，具体表现在：

1. 犯罪的智能性

计算机犯罪的犯罪手段的技术性专业化使得计算机犯罪具有极强的智能性。实施计算机犯罪，罪犯要掌握相当的计算机技术，需要具备较高的计算机专业知识并擅长实用操作技术，才能逃避安全防范系统监控，掩盖犯罪行为。由于有高技术支撑，网上犯罪作案时间短，手段复杂隐蔽，许多犯罪行为的实施可在瞬间完成，而且往往不留痕迹，给网上犯罪案件的侦破和审理带来了极大的困难。进行这种犯罪行为时，犯罪分子只需要向计算机输入错误指令，篡改软件程序即可，这种犯罪作案时间短且对计算机硬件和信息载体不会造成任何损害，使一般人很难觉察到计算机内部软件上发生的变化。

2. 犯罪的隐蔽性

任何犯罪行为都有隐蔽性的特点，计算机犯罪隐蔽性则表现得更为突出。由于网络的开放性、不确定性、虚拟性和超越时空性等特点，使得计算机犯罪具有极高的隐蔽性。如计算机“逻辑炸弹”，行为人可设计犯罪程序在数月甚至数年后才发生破坏作用。也就是行为时与结果时是分离的，这对作案人起了一定的掩护作用。

3. 犯罪侵害目标较集中

就国内已经破获的计算机犯罪案件来看，作案人主要是为了非法占有财富和蓄意报复，因而目标主要集中在金融、电信、大型公司等重要经济部门和单位，其中以金融、证券等部门尤为突出。

4. 犯罪的广地域性

凡是有计算机的地方都会发生计算机犯罪，特别是那些安全保密机制不严格、存取管理制度不健全的地方。另一方面，网络冲破了地域限制，计算机犯罪呈国际化趋势。因特网具有“时空压缩化”的特点，因而计算机犯罪往往是跨地区乃至于跨国的。例如对于非法侵入计算机信息系统犯罪，当犯罪人在领域处实施犯罪行为而被侵入的计算机信息系统处于领域内时，其刑事管辖权方式的选用和诉讼程序的选择都是一个复杂的问题。

5. 犯罪的强危害性

同所有的犯罪一样，计算机犯罪具有危害性。国际计算机安全专家认为，计算机犯罪社会危害性的大小，取决于计算机信息系统的社会作用，取决于社会资产计算机化的程度和计算机普及应用的程度，其作用越大，计算机犯罪的社会危害性也越大。计算机犯罪能使一个企业倒闭，个人隐私泄露，或是一个国家的经济瘫痪，这些绝非危言耸听。

6. 诉讼的困难性

即使计算机犯罪已经被发现，但是在具体的诉讼过程中也会面临巨大的困难，其中最主要的问题是犯罪证据问题。通常情况下，除破坏计算机实体的犯罪以外，对于威胁计算机系统安全和以计算机为犯罪工具的犯罪而言，犯罪行为是完全发生于作业系统或者软件资料上，而犯罪行为的证据，则只存在于软件的资料库和输出的资料中。而对于一个熟悉计算机，能操纵计算机达到犯罪目的的行为人来说，想要变更软件资料，消灭犯罪证据，恐怕也不是一件难事。尤其是个人所有的计算机，行为人要消灭其档案中的有关资料显然更为方便和容易，可以在几秒之内将证据完全毁灭。从另一个角度讲，计算机处理速度的瞬时性导致了计算机误操作等随机性事件高发，而计算机事件的随机性又决定了计算机犯罪发生的随机性，使得人们难以预料。而且受害单位由于种种原因不愿报案，使报案率低于20%，而破案率则往往不到十分之一。

除了以上各特征外，计算机犯罪还具有获益高、成本低、罪犯作案时间短等特点，传统犯罪时间得花几分钟、几小时甚至几天完成，而计算机犯罪的实施可能只需要几秒钟就能完成。另外，对计算机犯罪事件的统计发现，内部人员和青少年犯罪日趋严重，这主要是因为内部工作人员由于熟悉业务情况、计算机技巧娴熟和合法身份等原因，具有许多便利条件掩护犯罪。通常内部犯罪占三分之二。而青少年往往由于思维敏捷、法律意识淡薄又缺少社会阅历而犯罪。

目前全世界每年被计算机罪犯盗走的资金达200多亿美元，许多发达国家每年损失几十亿美元。计算机犯罪损失常常是常规犯罪的几十、几百倍。Internet网上的黑客攻击从1986年首例发现以来，十多年间以几何级数增长。

2.1.4 计算机及电子商务安全相关法律法规

当今计算机犯罪活动猖獗的一个主要原因在于各国的计算机安全法律法规不够健全，尤其是有关单位没有制定相应的刑法、民法、诉讼法等法律。惩罚不严、失之宽松，因此使犯罪活动屡禁不止。

法律是规范人们一般社会行为的准则。它从形式上分有宪法、法律、法规、法令、条令、条例和实施办法、实施细则等多种形式。有关计算机系统的法律、法规和条例在内容上大体可以分为两类，即社会规范和技术规范。

1. 社会规范

社会规范是调整信息活动中人与人之间行为的准则。要结合专门的保护要求来定义合法的信息实践，并保护合法的信息实践活动，对于不正当的信息活动要受到民法和刑法的限制或惩处。它发布阻止任何违反规定要求的法令或禁令，明确系统人员和最终用户应该履行的权利和义务，包括宪法、保密法、数据保护法、计算机安全保护条例、计算机犯罪法等等。

所谓合法的信息实践活动是指在一定的人机环境条件下，符合法律法规和技术规范要求并满足系统或用户应用目标要求的信息活动。合法的信息实践活动应受到法律的保护并且应当遵循以下原则：

（1）合法登记原则：要按一定的法律程序注册、登记、建立计算机信息系统，特别是和国际互联网络的连接，必然要通过和国家规定的四个国内互联网之一的连接才能入网使用。凡不符合条例规定的系统不予注册、登记，而没有登记、注册的系统其安全当然得不到法律的保护。系统的任何重大改变，如工作性质、拓扑结构都要及时修改注册或重新注册登记。

（2）合法用户原则：进入系统的用户必须经过严格的技术审查，并且是经过登记注册的。

（3）信息公开原则：信息系统中允许收集、扩散、维护有关和必要的信息。系统对这些信息的常规使用方式对法律公开。

（4）信息利用原则：用户信息按用户确认和系统允许的形式保存在系统中，用户有权查询和复制这些信息，有权修改名称和内容，但对他人和外部泄露的行为则应予以限制和制止。

（5）资源限制原则：系统保持信息的类型应给予适当限制，不允许系统保持超出合法权利以外的信息类型，并对信息保持的时限和精确度也给出限制。

2. 技术规范

技术规范是调整人和物、人和自然界之间的关系准则。其内容十分广泛，包括各种技术标准和规程，如计算机安全标准、网络安全标准、操作系统安全标准、数据和信息安全标准、电磁泄漏安全极限标准等。这些法律和技术标准是保证计算机系统安全的依据和主要的社会保障。

在计算机犯罪愈来愈严峻的形势下，各国政府纷纷制定相关的计算机信息安全法律法规。美国早在1987年再次修订了计算机犯罪法。该法在20世纪80年代末至90年代初被作为美国各州地方法规的依据，这些地方法规确立了计算机服务盗窃罪、侵犯知识产权罪、破坏计算机设备或配置罪、计算机欺骗罪、通过欺骗获得电话或电报服务罪、计算机滥用罪、计算机错误访问罪、非授权的计算机使用罪等罪名。美国现已确立的有关信息安全的法规有：《信息自由法》《个人隐私法》《反腐败行径法》《伪造访问设备和计算机欺骗滥用法》《电子通信隐私法》《计算机欺骗滥用法》《计算机安全法》《电讯法》等。

英国制定了《数据保护法》，加拿大则提出了《个人隐私法》等，此外还有经济合作发展组织各成员国联合通过的《过境数据流宣言》等。意大利等国将计算机犯罪与刑法、民法联系起来，对有关条款进行修订。

我国也不例外，目前我国已制订的部分计算机信息安全法律法规有：《中华人民共和国计算机信息系统安全保护条例》《中华人民共和国保守国家秘密法》《计算机软件保护条例》《中华人民共和国计算机网络国际互联网管理暂行规定及实施办法》《中国公众媒体通信管理办法》《计算机病毒控制条例》《中华人民共和国计算机信息系统安全检查办法》《中华人民共和国计算机信息系统安全申报注册管理办法》。

作为一种新兴的高科技，计算机技术的发展非常迅猛，不断有新的技术和应用出现，随之也出现了各种新的安全问题，因此不断调整旧的安全法律法规并生成新的更加完善的法律体系非常必要。

2.2 计算机安全行政管理

计算机安全行政管理指企事业单位为实现信息系统安全而采取的一系列安全行政管理措施，是安全对策的第二个层次，即介于社会和技术措施之间的组织单位所属范围内的措施。从人事资源管理和资产物业管理，从教育培训、资格认证到人事考核鉴定制度，从动态运行机制到日常工作规范、岗位责任制度，方方面面的规章制度是一切技术措施得以贯彻实施的重要保证。安全行政管理措施可以概括为人员的教育与培训及健全机构、岗位设置和规章制度两方面的内容。

1. 人员的教育与培训

对计算机系统的所有工作人员，都要进行不断地教育和系统的培训。从基层终端的操作员到系统管理员，从程序设计员到系统分析师，从软件维护到硬件维护的所有技术和管理人员，都要进行全面的安全保密教育、职业道德和法制教育，职业技术教育与培训。因为其中可能有极少数对系统功能、结构比较熟悉的别有用心的人，可能对系统安全形成威胁。

对于从事涉及国家安全、军事机密、财政金融或人事档案等重要信息系统的工作人员更要重视教育，并且应该挑选素质好、品质可靠的人员担任。

由于计算机技术发展变化很快，所有工作人员都要注重业务技术培训，要增长才干、及时掌握最新技术，不断提高工作效率，不断提高安全意识。尤其是领导班子要有安全责任感。否则就不可能做好教育和培训这项基础管理工作。

2. 健全机构、岗位设置和规章制度

岗位和规章制度的设置从制度角度为系统安全提供保障。基本的安全制度包括：

（1）岗位责任制：针对系统安全需求，分别设置系统管理员、终端操作员、系统设计员、专职安全管理、安全审计人员、保安人员等岗位，并明确岗位职责，使每个人相应的安全责任得到实现。不准串岗、不准兼岗，严禁程序设计师同时担任系统操作员，严格禁止系统管理员、终端操作员和系统设计人员混岗。专职安全管理人员具体负责本系统区域内安全策略的实现，保证安全策略的长期有效，负责软硬件的安装维护、日常操作监视，应急条件下安全措施的恢复和风险分析等，负责整个系统的安全、对整个系统的授权、修改、特权、口令、违章报告、报警记录处理、控制台日志审阅负责，遇到重大问题不能解决时要及时向主管领导报告。安全审计人员监视系统运行情况，收集对系统资源的各种非法访问事件，并对非法事件进行记录、分析和处理。必要时将审计事件上报主管部门。保安人员主要负责非技术性常规安全工作，如信息系统场地的警卫、办公室的安全、出入门验证等。

（2）运行管理维护制度：对系统中的设备、软件、用户、密钥分别制定相应的运行管理和维护制度，确保系统构成的各种对象被用户正确使用，对包括设备管理维护制度、软件维护制度、用户管理制度、密钥管理制度、出入门卫管理值班制度、各种操作规程、各种行政领导部门的定期检查或监督制度。机要机房应规定双人进出制度，不准单人在机房操作计算机。下班时机房门加双锁，即只有两把钥匙同时使用才能打开机房。信息处理机要专机专用，不允许兼作其他用途。终端操作员因故离开终端必须退出登录画面，避免其他人员非法使用。

（3）计算机处理控制管理制度：主要指对计算机系统中的软件和数据等资源进行等级划分和访问权限控制，包括编制及控制数据处理流程、程序软件和数据的管理、拷贝移植和存储介质的管理，文档档案日志的标准化、通讯网络系统的管理。

（4）文档资料管理制度：建立计算机系统相关文档资料的保管和使用制度。记账必须交叉复核。各类人员所掌握的资料要与其身份相匹配，如终端操作员只能阅读终端操作规程、手册，只有系统管理员才能使用系统手册。

计算机安全行政管理措施通常由各系统应用单位自行制订，并在相关行政政策的参与约束下在部分单位内部得到应用。通常对于实现局域性信息系统安全具有非常重要的意义。

2.3 信息安全评估标准

信息安全评估是信息安全生命周期中的一个重要环节，是对企业的网络拓扑结构、重要服务器的位置、带宽、协议、硬件、与Internet的接口、防火墙的配置、安全管理措施及应用流程等进行全面的安全分析，并提出安全风险分析报告和改进建议书。信息安全评估标准是对信息安全产品或系统进行安全水平测定、评估的一类标准。

由于我国与发达国家在超大规模集成电路设计制作能力和系统核心软件编程能力上存在差距，在大量引进使用国外信息设备的现阶段，客观上我们不具备自主的安全信息系统。发达国家对信息系统安全的标准进行了长期的研究，形成了一些指导实践的原则，可以供我们学习和借鉴。

信息安全评估标准最早起源于美国。1967年美国国防部（United States Department of Defense，简称DOD或DoD）成立了一个研究组，针对当时计算机使用环境中的安全策略进行研究并提出了研究结果“Defense Science Board Report”。70年代后期，DOD对当时流行的操作系统KSOS、PSOS、KVM进行了安全方面的研究，并于80年代发布了“可信计算机系统评估准则（TCSEC）”（即桔皮书）。90年代初，英、法、德、荷等四国针对TCSEC准则的局限性提出了包含保密性、完整性、可用性等概念的“信息技术安全评估准则”（ITSEC），定义了从E0级到E6级的七个安全等级。加拿大于1988年开始制订“The Canadian Trusted Computer Product Evaluation Criteria”（CTCPEC）。1993年美国对TCSEC作了补充和修改，制定了“组合的联邦标准”（简称FC）。1993年6月，CTCPEC、FC、TCSEC和ITSEC的发起组织开始联合起来，将各自独立的准则组合成一个单一的、能被广泛使用的IT安全准则，1996年1月完成CC 1.0版，并在1996年4月被ISO采纳。1998年5月该组织又发布CC 2.0版，1999年12月被ISO采纳，并作为国际标准ISO15408发布。

1. 可信计算机系统评估准则TCSEC

作为第一个信息安全评估标准，TCSEC对于我们了解安全评估标准的基本原理很有意义。TCSEC的评估依据包含以下几项：

（1）安全策略：必须有一个明确的、确定的由系统实施的安全策略。

（2）识别：必须唯一而可靠地识别每个主题，以便检查主体/客体的访问请求。

（3）标记：给每个客体一个标号，并指明该客体的安全级别。

（4）可检查性：系统对影响安全的活动必须维持完全而安全的记录。

（5）保障措施：系统含实施安全性的机制并能评价其有效性。

（6）连续的保护：实现安全性的机制必须受到保护以防止未经批准的改变。

在TCSEC中，美国国防部按处理信息的等级和应采用的响应措施，将计算机安全从高到低分为A、B、C、D四个等级八个级别，共27条评估准则。随着安全等级的提高，系统的可信度随之增加，风险逐渐减少。

TCSEC的安全等级如下：

· D级：最小保护

· C1级：自主型安全保护

· C2级：可控访问保护

· B1级：标记安全保护

· B2级：结构化保护

· B3级：安全域

· A级：验证设计

· A1：经过验证的设计

在TCSEC中，D类是最低保护等级，即无保护级，是为那些经过评估，但不满足较高评估等级要求的系统设计的，只具有一个级别。该类是指不符合要求的那些系统。TCSEC中的C类为自主保护级，具有一定的保护能力，主要通过身份认证、自主访问控制和审计等安全措施来保护系统。一般只适用于具有一定等级的多用户环境，具有对主体责任及其动作审计的能力。TCSEC中的C类分为C1和C2两个级别，即自主安全保护级（C1级）和控制访问保护级（C2级）。TCSEC中的C1级通过隔离用户与数据满足TCB自主安全要求，使用户具备自主安全保护的能力。它具有多种形式的控制能力，对用户实施访问控制，为用户提供可行的手段，保护用户和用户组信息，避免其他用户对数据的非法读写与破坏。C1级的系统适用于处理同一敏感级别数据的多用户环境。TCSEC中的C2级计算机系统比C1级具有更细粒度的自主访问控制，细化到单个用户而不是组，C2级通过注册过程控制，审计安全相关事件以及资源隔离，使单个用户为其行为负责。TCSEC中的B类为强制保护级，主要要求是TCB应维护完整的安全标记，并在此基础上执行一系列强制访问控制规则。B类系统中的主要数据结构（客体）必须携带敏感标记，TCSEC中的B类分为三个类别：标记安全保护级（B1级）、结构化保护级（B2级）、安全区域保护级（B3级）。TCSEC B1级系统要求具有C2级系统的所有特性并增加了标记，强制访问控制、责任、审计和保证功能。在B2级系统中，TCB建立于一个明确定义并文档化、形式化。在B3级系统中，TCB必须满足访问监控器需求。TCSEC中的B3级系统支持安全管理员职能。TCSEC中的A类为验证保护级，A类的特点是使用形式化的安全验证方法保证系统的自主，而且强制安全控制措施能够有效地保护系统中存储和处理的秘密信息或其他敏感信息。A类分为两个类别：验证设计级（A1级）和超A1级。TCSEC中的A1级系统在功能上和B3级系统是相同的，没有增加体系结构特性和策略要求。最显著的特点是要求用形式化设计规范和验证方法来对系统进行分析，确保TCB按设计要求实现。TCSEC超A1级在A1级基础上增加了许多安全措施，超出了目前的技术发展。随着更多更好的分析技术的出现，本级系统的要求才会变得更加明确。

2. 开放互联系统OSI安全体系结构ISO7498-2

国际标准化组织开放互联系统OSI安全体系结构ISO7498-2中也描述了五种安全服务项目：

· 鉴别（authentication）

· 访问控制（access control）

· 数据保密（data confientiality）

· 数据完整性（data integrity）

· 抗否认（non-reputation）

为了实现以上服务，制定了8种安全机制，它们分别是：

· 加密机制（enciphrement mechanisms）

· 数字签名机制（digital signature mechanisms）

· 访问控制机制（access control mechanisms）

· 数据完整性机制（data integrity mechanisms）

· 鉴别交换机制（authentication mechanisms）

· 通信业务填充机制（traffic padding mechanisms）

· 路由控制机制（routing control mechanisms）

· 公证机制（notarization mechanisms）

3. 信息技术安全评价准则ITSEC

美国国防部的TCSEC标准带动了国际计算机安全评估研究，但TCSEC标准其主要考虑的安全问题还局限于信息的保密性，因此，1991年西欧四国（英、法、德、荷）提出了信息技术安全评价准则（ITSEC），ITSEC首次提出了信息安全的保密性、完整性、可用性概念，把可信计算机的概念提高到可信信息技术的高度来认识。它并不把保密措施直接与计算机功能相联系，而是只叙述技术安全的要求，把完整性、可用性与保密性作为同等重要的因素，并且将系统安全的功能要求和信任度要求分别加以描述。值得注意的是，ITSEC将安全系统评定从TECSEC式的政府行为改变为由市场驱使的行业行为的意愿十分明显。他们的工作成为欧共体信息安全技术计划的基础，并对国际信息安全的研究、实施带来深刻的影响。

ITSEC的7个安全级别如下：

- E6：形式化验证
- E5：形式化分析
- E4：半形式化分析
- E3：数字化测试分析
- E2：数字化测试
- E1：功能测试
- E0：不能充分满足安全认证

ITSEC还对系统定义了10个安全功能，前5个与TCSEC的C1-B3级要求类似，其他如下：系统完整性要求；系统可用性要求；交换期间数据保密要求；交换期间系统数据完整性要求；信息交换时网络完整性和保密性需求。

4. 组合联邦准则FC

1992年，美国发布了“信息技术安全性评价组合联邦准则FC”。该标准的目的是提供TCSEC的升级版本，FC的主要贡献是定义了保护框架（Protection Profile，PP）和安全目标（Security Target，ST）。用户负责书写保护框架，以详细说明其系统的保护需求，而产品厂商定义产品的安全目标，阐述产品安全功能及信任度，并与用户的保护框架相对比，已证明该产品满足用户的需要。于是在FC的架构下，安全目标便成为评价的基础。安全必须用具体的语言和有力的证据来说明保护框架中的抽象描述如何逐条地在所评价的产品中得到满足。但FC有很多缺陷，只是一个过渡标准。

5. 信息技术安全评价公共准则CC

1993年6月，美国、加拿大及欧洲四国经协商同意，起草了单一的公共准则（CC）并将其推进到国际标准。它的全称是Common Criteria for IT Security Evaluation。CC的目的是建立一个各国都能接受的通用的信息安全产品和系统的安全性评价准则，国家与国家之间可以通过签订互认协议，决定相互接受的认可级别，这样能使大部分基础性安全机制在任何一个地方通过了CC准则评价并得到许可进入国际市场时，不需要再作评价，使用国只需测试与国家主权和安全相关的安全功能，从而大幅节省评价支出并迅速推向市场。CC结合了FC及ITSEC的主要特征，它强调将安全的功能与保障分离，并将功能需求分为9类63组，将保障分为7类29组，1998年经ISO认可成为国际标准ISO/IEC 15408。CC标准吸收了各先进国家关于现代信息系统信息安全的经验与知识，将会对未来信息安全的研究与应用带来重大影响。

6. ISO/IEC27000族标准

ISO/IEC27000族标准是国际标准化组织专门为ISMS（Information Security Management System）预留下来的一系列相关标准的总称。目前该组织已经正式发布的该系列标准有两个ISO/IEC27001：2005信息安全管理体系要求和ISO/IEC27002：2005信息安全管理实用规则。

（1）标准的形成历史

ISO/IEC27001：2005和ISO/IEC27002：2005这两个标准均发展自英国标准BS7799，BS7799于1993年由英国贸易工业部（Department of Trade and Industry，DTI）立项，组织大企业的信息安全经理在英国标准机构（British Standards Institution，BSI）的信息安全管理委员会指导下于1995年制定了世界上第一个ISMS实施标准，即BS7799-1：1995，它提供了一套综合的、由信息安全最佳惯例组成的实施规则，其目的是作为确定企业信息系统所需控制范围的参考基准，并且适用于大、中、小型组织。

由于该标准采用指导和建议的方式编写，因而不宜作为认证标准使用。1998年，为了适应第三方认证的需求，英国又制定了世界上第一个ISMS认证标准BS7799-2:1998，它规定了ISMS要求与信息安全控制要求，可以作为对一个组织的全面或部分ISMS进行评审认证的标准。

1999年，鉴于信息处理技术在网络和通信领域应用的迅速发展，英国又对ISMS标准进行了修订。修订后的BS7799-1:1999取代了BS7799-1:1995标准，修订后的BS7799-2:1999取代了BS7799-2:1998。1999版的标准特别强调了业务工作所涉及的信息安全和信息安全的责任。BS7799-1:1999与BS7799-2:1999是一对配套的标准，其中BS7799-1:1999对如何建立并实施符合BS7799-2:1999标准要求的ISMS提供了最佳的应用建议。

当年10月，英国标准协会将BS7799提交国际标准化组织，国际标准化组织于

2000年12月正式将该项标准转化成国际标准ISO/IEC17799《信息安全管理实施细则》（Code of Practice for Information Security Management），并于2005年6月15日发布最新版本ISO/IEC17799:2005。目前世界上包括中国在内的绝大多数政府签署协议支持并认可ISO/IEC17799标准。

2002年9月5日，BS7799-2:2002发布成为正式标准，BS7799-2:2002进行了重大改版，引入了国际上通行的管理模式-过程方法和PDCA持续改进模式。BS7799-2也已经被国际标准化组织转化成国际标准ISO/IEC27001信息安全管理体系要求（Specification for Information Security Management Systems），并于2005年6月15日发布最新版本ISO/IEC27001:2005，以上标准的发展过程如图2.1所示。

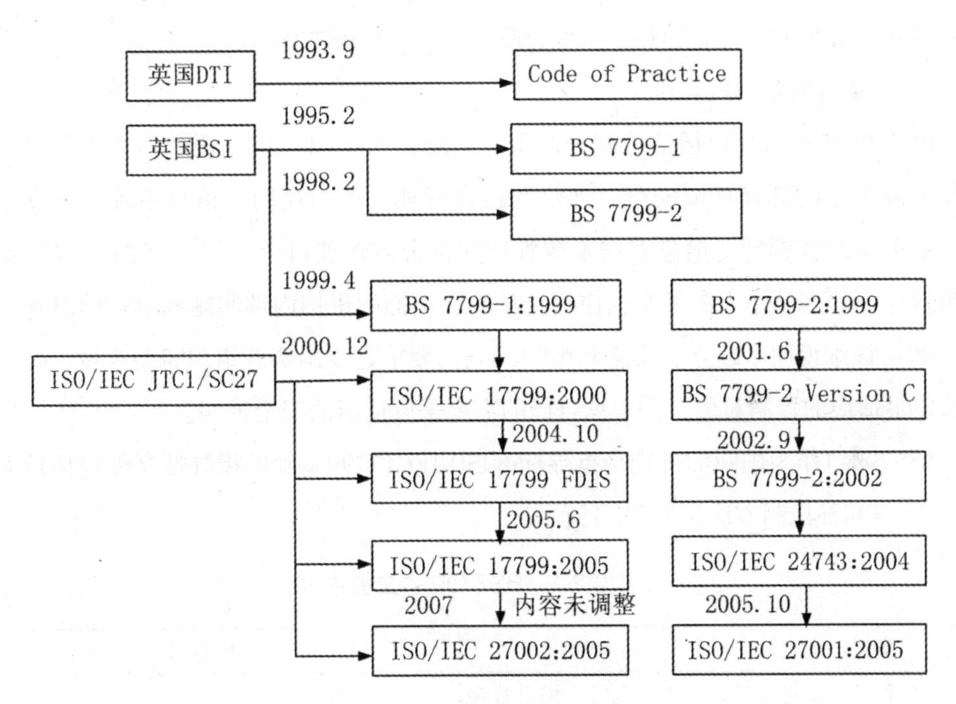

图2.1 BS7799标准的发展过程

BS7799作为信息安全领域的一个权威标准，是全球业界一致公认的辅助信息安全治理的手段，该标准的最大意义就在于它给管理层一整套可“量体裁衣”的信息安全管理要项、一套与技术负责人或组织高层进行沟通的共同语言，以及保护信息资产的制度框架，这正是管理层能够接受并理解的。

BS7799将IT策略和企业发展方向统一起来，确保IT资源用得其所，并使与IT相关的风险受到适当的控制。该标准通过保证信息的机密性、完整性和可用性来管理和保护组织的所有信息资产，通过方针、策略、程序、组织结构和软件功能来确定控制方式并实施控制。按照这套标准管理信息安全风险，可持续提高管理的有效性，不断提高自身的信息安全管理水平，降低安全风险对持续发展造成的影响，最终保障组织的特定安全目标得以实现，进而利用信息技术为组织创造新的战略竞争机遇。

目前，已有二十多个国家引用BS7799作为国标，BS7799（ISO/IEC17799）也是卖出复制最多的管理标准，其在欧洲的证书发放量已经超过ISO9001，越来越多的信息安全公司都以BS7799作指导为客户提供信息安全咨询服务。1999年8月，中国进出口质量认证中心厦门评审中心邀请挪威船级社（DNV）首次在中国举办了BS7799信息安全管理体系培训班。1999年10月，中国进出口质量认证中心厦门评审中心与中国人民保险公司厦门市分公司签订了中国第一份BS7799ISMS认证协议，使中国成为世界上第三个开展ISMS认证的国家。截至2004年，全球共有1000多家各类组织通过了BS7799 ISMS认证。我国的台湾省和香港特别行政区也在推广BS7799。

（2）标准的基本内容

BS7799基本内容包括信息安全政策、信息安全组织、信息资产分类与管理、人员信息安全、物理和环境安全、通信和运营管理、访问控制、信息系统的开发与维护、业务持续性管理、信息安全事故管理和符合性管理11个方面。BS7799-1主要是给负责开发的人员作为参考文档使用，从而在他们的机构内部实施和维护信息安全。BS7799-2详细说明了建立、实施和维护ISMS的要求，指出实施组织需要通过风险评估来鉴定最适应的控制对象，并根据自己的需要采取适当的安全控制。

BS7799-1作为国际信息安全指导标准ISO/IEC17799基础的指导性文件包括11大管理要项、134种控制方法，如表2.1所示。

表2.1 BS7799-1主要内容

管理要项	目的	内容
安全方针/策略（Security Policy）	为信息安全提供管理方向和支持	建立安全方针文档
安全组织（Security Organization）	建立组织内的安全管理体系框架，以便进行安全管理	组织内部信息安全责任；信息采集设施安全；可被第三方利用的信息资产的安全；外部信息安全评审；外包合同安全
资产分类与控制（Asset Classification and Control）	建立维护组织资产安全的保护系统的基础	利用资产清单、分类处理、信息标签等对信息资产进行保护
人员安全（Personel Security ）	减少人为造成的风险	减少错误、偷窃、欺骗或资源无用等人为风险；保密协议；安全教育培训；安全事故与教训总结，惩罚措施

续表

管理要项	目的	内容
物理与环境安全（Physical and Environmental Security）	防止对IT服务的未经许可的介入，防止损害和干扰服务	阻止对工作区与物理设备的非法进入；防止业务机密和信息非法的访问、损坏、干扰；组织资产的丢失、损坏或遭受危险；通过桌面与屏幕管理组织信息的泄漏
通信与运营管理（Communication and Operation Management）	保证通信和设备的正确操作及安全维护	确保信息处理设备的正确和安全的操作；降低系统失效的风险；保护软件和信息的完整性；维护信息处理和通信的完整性和可用性；确保针对网络信息的安全措施和支持基础结构的保护；防止资产被所坏和业务活动被干扰中断；防止组织间的交易信息遭受损坏、修改或误用
访问控制（Access Control）	控制对业务信息的访问	控制访问信息，阻止非法访问信息系统；确保网络服务得到保护；阻止非法访问计算机，检测非法行为；保证在使用移动计算机和远程网络设备时信息的安全
系统开发与维护（Systems Development and Maintenance）	保证系统开发与维护的安全	确保信息安全保护深入到操作系统中，阻止应用系统中的用户数据的丢失、修改或误用；确保信息的机密性、可靠性和完整性；确保IT项目工程机器支持活动在安全的方式下进行；维护应用程序软件和数据的安全
信息安全事故管理（Information Security Incident Management）	保证信息安全事故的及时报告和处理	确保与信息系统有关的信息安全事故和弱点能够以某种方式传达，以便及时采取纠正措施；确保采用抑制和有效的方法对信息安全事故进行管理
业务持续性管理（Business Continuity Management）	防止业务活动中断和灾难事故的影响	防止业务活动的中断，保护关键业务过程免受重大事务或灾难的影响
法律法规符合性（Compliance）	避免任何违反法律、法规、合同约定及其安全要求的行为	避免违背刑法、民法、条例；遵守契约责任以及各种安全要求；确保系统符合安全方针和标准；使系统审查过程的绩效最大化，并将干扰因素降到最小

BS7799-2详细说明了建立、实施和维护ISMS的要求，指出实施组织需要通过风险评估来鉴定最适宜的控制对象，并根据自己的需求采取适当的安全控制。本部分还提出了建立信息安全管理框架的步骤。

BS7799-2的新版本ISO/IEC27001：2005同ISO9001等国际知名管理体系标准采用相同的风格，使ISMS更容易和其他管理体系相协调，减少组织的管理过程，降低管理成本。这在标准的引言部分的总则、过程方法、与其他管理体系的相容性等描述中得到了很好的体现。

（3）ISO/IEC27000系列的部分其他标准

① ISO/IEC27000：ISO/IEC27000信息安全管理体系、基础和术语（Information Security Management System Fundamentals and Vocabulary）提供了ISMS标准族中所设计的通用术语及基本原则，是ISMS标准族中最基础的标准之一，主要用于协调标准族中各标准的术语和定义的一致性。

② ISO/IEC27003：ISO/IEC27003信息安全管理体系实施指南（Information Security Management System Implementation Guidance）为建立、实施、监视、评审、保持和改进符合ISO/IEC 27001的ISMS提供了实施指南和进一步的信息，使用者主要为组织内负责实施ISMS的人员。

③ ISO/IEC 27004：ISO/IEC 27004信息安全管理测量（Information Security Management Measurements）主要为组织测量信息安全控制措施和ISMS过程的有效性提供指南。

④ ISO/IEC 27005：ISO/IEC 27005信息安全风险管理（Information Security Risk Management）给出了信息安全风险管理的指南，其中所描述的技术遵循ISO/IEC 27001中的通用概念、模型和过程。

⑤ ISO/IEC 27006：ISO/IEC 27006信息安全管理体系认证机构的认可要求（Requirments for the Accreditation of Bodies Providing Certification of Information Security Management Systems）的主要内容是对从事ISMS认证的机构提出要求和规范。

⑥ ISO/IEC 27007：ISO/IEC 27007信息安全管理体系审核指南（Guidelines for Information Security Management Systems Auditing）为由认证资格的组织按照ISO/IEC 27001和ISO/IEC 27002来审核待认证企业的ISMS提供指导。

此外还有面向分行业和具体领域的系列安全标准。

7. 我国的计算机安全标准

为提高我国计算机信息系统安全保护水平，从20世纪80年代中期开始，我国自主制定了一批相应的安全标准。1999年9月国家质量技术监督局发布了国家标准GB17859–1999《计算机信息安全保护等级划分准则》，它是建立安全等级保护制度，实施安全等级管理的重要基础性标准。该标准是我国计算机信息系统保护等级系列标准的第一部分，其他数十个相关标准的制订工作还正在进行。该标准的制定参照了美国的TCSEC，共包含5个计算机安全保护级别：

①用户自主保护级：用户具备自主安全保护的能力

②系统审计保护级：审计跟踪记录，自我负责

③安全标记保护级：以访问对象标记的安全级别限制访问者的访问权限，实现强制访问

④结构化保护级：关键部分（存取控制）和非关键部分

⑤访问验证保护级：仲裁访问者的所有访问活动

同时自从CC 1.0版公布后，我国相关部门就一直密切关注着它的发展情况，并对该版本做了大量的研究工作。2001年3月，国家质量技术监督局正式颁布了援引CC的国家标准GB/T18336-2001《信息技术安全技术信息技术安全性评估准则》。

除此之外，我国一些对信息安全要求高的行业和一些信息安全管理负有责任的部门也制定了一些有关信息安全的行业标准和部门标准，例如金融标准化委员会制定的有关银行金融业的相关标准，公安部为了执行《中华人民共和国计算机信息系统安全保护条例》制定了相关的部颁标准。

【本章小结】

本章从行政管理和立法角度讨论了实现信息安全的基本途径。首先介绍了计算机犯罪的基本概念和特点，并进一步展开讨论了安全立法的重要性，分析比较了国内外安全立法的现状。然后从行政管理的角度分析了安全制度的基本构成和建设方法。最后介绍了几种国内外主要的信息系统安全评估标准。

【关键术语】

计算机犯罪	computer crime
安全立法	security legislation
安全制度	security institution
行政管理	administrative management
安全评估准则	security assessment criterion
安全等级	security classification
信息安全管理体系	information security management system

【知识链接】

http://www.itsec.gov.cn/

http://www.djbh.net/webdev/web/HomeWebAction.do?p=init

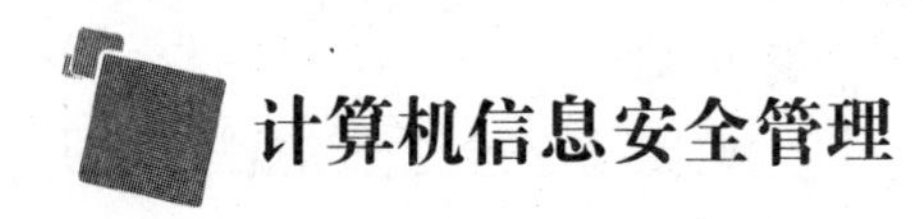

http://www.infosec.org.cn/rule/index.php

http://www.niap-ccevs.org/cc-scheme/

【习题】

1. 计算机犯罪和普通犯罪的主要区别有哪些?

2. 计算机安全评估标准对计算机信息系统构建有什么参考意义?

3. 谈谈你对我国计算机安全立法现状的看法和建议。

第3章　计算机实体安全

【本章教学要点】

知识要点	掌握程度	相关知识
计算机实体安全概念	掌握	计算机实体安全包含的内容和技术
计算机避错技术	掌握	可靠性概念，计算机故障分类和检测方法
用户鉴别技术	了解	用户鉴别方法，口令设置与管理
计算机容错技术	了解	常见容错技术措施
计算机硬件安全	了解	计算机硬件构成和安全威胁

【本章技能要点】

技能要点	掌握程度	应用方向
计算机故障检测方法	掌握	针对具体系统故障进行分析和检测
计算机容错技术	熟悉	根据系统需要采用恰当的容错技术方案

【导入案例】

案例一：美国NASDAQ事故

纳斯达克（NASDAQ）是美国“全国证券交易商协会自动报价系统”，它创立于1971年，是世界上第一个电子化证券市场，它通过计算机网络将股票经纪人、做市商、投资者和监管机构联系起来，是世界上最成功和发展最快的证券市场。

1994年8月1日，由于一只松鼠通过位于康涅狄格网络主计算机附近的一条电话线挖洞，造成电源紧急控制系统损坏，NASDAQ电子交易系统日均超过3亿股的股票市场暂停营业近34分钟。

案例二：战略核武器监视系统事故

某日，A国负责监视B国的战略核武器发射点的计算机系统突然响起了刺耳的警报，计算机终端发出B国洲际导弹和核潜艇开始袭击A国的信号。数秒钟后，A国战略空军司令部发出了全军进入临战状态的命令，军官们正在惶恐不安的气氛下等待总统最后下达核攻击命令。时间一秒秒过去，3分钟后，核袭击警报却出人意料地解除了，原来战略空军司令部没有发现B国发起核攻击的迹象。事后证明，原来是计算机系统出了毛病，一块只有硬币大小的电路板出现异常，几乎引发了一场足以导致人类毁灭的核大战。

【问题讨论】

1. 计算机基础设施和硬件的安全对于信息系统安全有什么意义？

2. 影响系统安全的物理因素还有哪些？

3. 如何避免计算机硬件设施故障的发生？

计算机实体安全（computer physical security）指对场地环境、设施、设备和载体、人员等采取的安全对策和措施，又称物理安全。

环境与实体的安全管理是指为了保证信息系统安全、可靠地运行，确保系统在信息进行采集、传输、存储、处理、显示、分发和利用的过程中，不会受到人为的或自然因素的危害而使信息丢失、泄漏和破坏，对安全区域、信息系统环境、信息系统设备以及存储媒介等所进行的安全管理。环境安全是信息安全的基础，如果环境安全得不到保证，信息系统遭到破坏或被人非法接触，那么其他一切安全措施都是空中楼阁。例如，当计算机系统的构建方式使得硬盘很容易失窃时，存储于其上的信息也将随之被窃取。

3.1 计算机可靠性与故障分析

可靠性是衡量计算机系统物理安全的一个重要指标。在许多应用场合都要求计算机能长期稳定可靠地运行，特别是在航空、航天、国防、军事、金融和财政控制等领域，如果机器发生故障，将会造成巨大的经济损失，甚至导致灾难的发生。

3.1.1 计算机的可靠性

广义的可靠性包括可靠性（Reliability）、可用性（Availability）、可维护性（Serviceability）三个方面，通常称为RAS技术。这一术语是IBM公司在发表IBM-370系统时提出的，它是研究和提高计算机可靠性的一门综合技术。

（1）可靠性：狭义的可靠性指计算机在规定时间与条件下完成规定功能的概

率。这里的规定条件包括环境条件、使用条件、维护条件和操作条件。环境条件是指计算机的工作环境，如实验室、机房或野外等条件。使用条件指计算机的工作温度、湿度、空气洁净度以及电源电压、电流的干扰情况，此外还包括存储、运输和使用技术水平等。

（2）可用性：可用性指计算机的各种功能满足需要要求的程度，也就是计算机系统在执行任务的任何时刻能正常工作的频率。

（3）可维护性：当计算机因故障而失效时，必须维修才能恢复其正常功能。因此可维护性就成为衡量计算机可靠性的另一个重要指标。

计算机的可靠性有两个研究方向：避错技术和容错技术。

（1）避错技术：又称防错技术。在计算机系统中主要是指避免故障的技术。防错的目的是避免错误的发生或降低错误可能引起的负面影响。因此包括了认知错误、预防错误和检测错误等方面的工作。具体来讲，就是需要了解计算机系统可能发生的故障类型，采取措施防止故障的发生。当故障出现时，能及时找到原因，并恢复系统的正常工作。重点是故障检测技术。

（2）容错技术：容错技术容许系统出错，但不会因为故障的发生而使系统中断或影响对客户所提供的服务。容错是和避错完全不同的一种思路，所涉及的具体技术也不同。

3.1.2 计算机故障分类

所谓故障是指造成计算机功能错误的硬件物理损坏或程序错误、机械故障或人为差错。对计算机中的故障，按物理起因和分析角度的不同，可分为多种类型。

1. 按照故障影响范围分类

按故障对计算机影响大小，可以将其分为局部性故障和全局性故障。按故障的相互影响程度又可将其分为独立型故障和相关型故障两种。

局部性故障一般只影响到计算机的某一个或几个功能，而计算机仍可以完成其他功能。而全局性故障则会影响到整个计算机，使其丧失全部功能。例如，打印机故障只影响计算机输出打印，而计算机仍可正常执行其他功能，而电源故障或时钟故障则使计算机不能工作。

独立型故障是由一个元件自身引起的故障，只会影响到计算机的局部，不会导致别的故障。如IY寄存器某一位损坏会影响到变址操作；扩充板上RAM某一位损坏，只会影响到该位信息的正确性。相关型故障是指一个故障与另外几个故障相互关联，它们之间相互影响，或由同一原因造成。如DMA控制器故障不仅使软盘驱动器无法工作，也会使硬盘驱动器和磁带机无法工作。

2. 按持续时间分类

计算机的故障按其持续时间可分为暂时性故障、永久性故障和边缘性故障。

暂时性故障占计算机故障的70%~80%，指可以自动消失的故障，包括了瞬时故障和间歇故障。瞬时故障是不可再生的暂时性故障，通常由α粒子辐射、电源波动等引起。它的特点是持续时间很短，时隐时现，对硬件没有物理损伤，无需人工干预就可以自行恢复正常功能。在半导体存储器械中，它是器件故障的主要原因，因此无需修复。对于这种故障，通常采用指令复执或程序卷回重试予以克服。间歇故障是可再生的故障，可以有规律地出现。这种故障由外部影响或内部缺陷造成。如由于振动、冲击造成的接触不良，或因环境条件变化，如温度、湿度、灰尘、烟雾等影响使局部有缺陷的元器件功能出错都可能引起间歇故障。由于元器件老化、损坏引起的间歇故障，最终将变为永久性故障。

永久性故障是由于元器件失效、电路短路、开路、机械故障等物理损坏或程序中的错误造成的。这种故障的特点是故障现象可以重复出现，在无校正设备的情况下，需人工干预才能消失。如果不对其采取措施，故障就一直呈现某种状态。

边缘性故障指由于元器件参数变差、逐渐损坏造成的故障。如因材料缺陷，如硅片裂纹、表面效应、密封不好、连接不牢等，在某种应力条件下发生衰减畸变故障，或无缺陷而性能正常的元件因受到外界环境条件的影响而造成元件参数变差，并且逐渐损坏的元器件故障都属于边缘性故障。与间歇故障不同，它是元器件性能变差并且逐渐变坏引起的，而间歇故障中元器件往往并未损坏，仅是因为各种原因导致功能暂不正常。

3. 按计算机软硬件界面分类

按计算机软硬件界面分类，可将计算机故障分为硬件故障、软件故障、机械故障和人为故障等几类。

硬件故障指元器件、接插件和印刷电路板等引起的故障。器件故障按其系统功能不同分为电源故障、总线故障、关键性故障和非关键性故障。电源故障是由于电源任何一路无输出信号或“电源好”信号失效而产生的；总线故障是由处理器模块损坏及系统总线故障、扩充总线驱动器及扩充总线故障、总线响应逻辑电路及总线等待逻辑电路故障而产生；关键性故障是由于中央处理器芯片或ROM BIOS芯片出错，无动态存储刷新信号、动态存储器基本芯片出错而产生的故障；非关键性故障是由于动态存储器高端芯片出错、键盘控制芯片故障、软盘系统出错等产生。

软件故障指系统软件和应用软件本身的缺陷引起的故障，属于先天性设计故障。现代计算机系统和应用软件日趋多样化、复杂化，这种故障只有在软件设计中不断更新和完善，以及在使用中巧妙合理地设置运行环境才能解决。

机械故障指外围设备的机械部分所产生的故障，如电机卡死或齿轮啮合不好，存储驱动器机械变形移位、键盘按键失效等。

人为故障指机器运行环境不符合要求或使用者操作不当而造成的故障。如键盘输入错误、插错电源、不按规则开机和关机，带电插拔扩充卡、电缆等。

病毒故障由电脑病毒引起，虽然可以用硬件手段、杀毒软件和防病毒系统预防和解毒，但由于病毒的隐蔽性和多样性，其发展趋势很难被预测和估计。

为了便于分析和处理故障，可以将上述故障统分为两大类：硬故障和软故障。硬故障主要是由于器件、接插件和印刷板的衰老、失效或损坏而引起的；软故障则是由于用户对计算机内部参数设置、软件所需环境配置不当引起的软件不能正常执行的现象，或是由于病毒感染而使系统及软件遭到破坏的现象，或者是因为用户操作失误，造成对软件或数据的误删除、覆盖等现象。计算机系统故障的分类如图3.1所示。

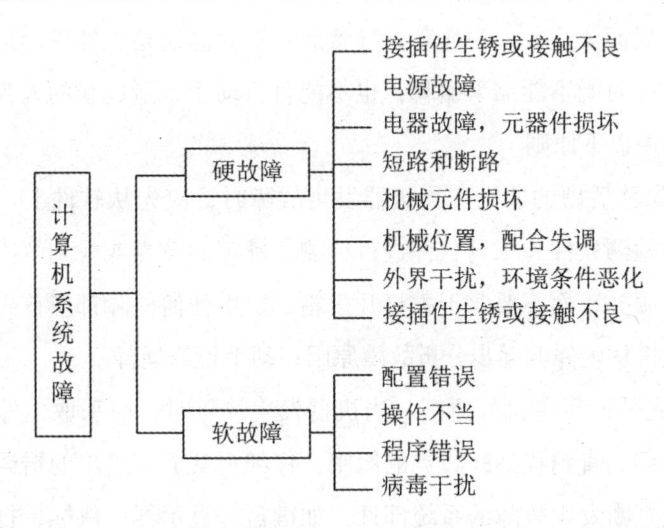

图3.1 计算机系统故障的分类

3.1.3 计算机故障检测

1. 故障检测前的准备

在进行计算机故障检测前，应做好以下准备工作，起到事半功倍的作用。

（1）充分了解机器、熟悉机器性能。对于所调试、维护的计算机的结构、功能、特点，应通过阅读资料及上机实践搞清楚，弄清什么是正常现象，什么是非正常现象。

（2）掌握机器器件的主要参数和测试方法。对于计算机系统中使用较多的集成电路器件，要熟悉其型号、管脚、电压、电流、波形等参数及测试方法，以便于正确判断片子的好坏。当被测组件损坏时，知道可用什么型号的组件来代替。

（3）熟悉常用测试仪器设备和诊断程序的功能及作用。在计算机的调试及维护、维修过程中，经常用到一些测试仪器设备和诊断测试软件。对这些测试仪器设备和诊断测试软件的功能、特征、使用方法及特点要搞清楚，熟悉计算机故障信息的输出形式、测试及查错方法。

（4）准备性能完好的板卡部件备份，并使其处于完好状态。

（5）认真做好故障记录。计算机的故障具有连续性、偶发性等特征。为了便于分析故障的性质，便于检测和定位，应事先做好故障记录，并充分利用现有的故障统计软件包，捕捉故障现场信息。对于那些时隐时现的故障，要特别注意跟踪记录。

2. 计算机故障的检测原则

计算机在使用过程中出现这样或那样的故障是难免的。面对故障，一些用户束手无策，一些用户则打开机箱，东敲敲，西碰碰，企图一下子找到故障点，结果不但故障点没有找到，反而会造成人为故障，导致故障扩大。这是检修中最忌讳的。因此进行计算机故障维修时既不能缩手缩脚，也不能盲目动手，造成新的人为故障。进行故障检测时应该遵循以下原则。

（1）采取先软后硬的原则。当机器发生故障时，应先从软件上、操作系统上来分析原因，利用检测软件和工具软件进行检测，确定故障点或找到解决方法。充分利用软件来为硬件服务，而不要急于去打开机箱。发生任何故障都应首先排除由软件引起的故障，然后再从硬件上逐步分析故障原因，动手检修硬件。

（2）采取先外设后主机的原则。当机器发生故障时，应采取先外设后主机、由大到小、逐步压缩、直到找到故障点的原则，仔细观察屏幕给出的错误信息及故障现象。首先应设法判断发生故障的系统部件，如键盘、显示器、鼠标、打印机等，先检查一下电源插好没有、信号线接好没有，端口接得是否正确等外界容易发生故障的地方。因为有些故障是由连接电缆外接插头引起的，可先解决这些外部设备问题，再排除其他设备故障，最后排除主机故障。其次，设法将故障范围压缩到板卡级，通过更换插件板来排除故障。

（3）采取先电源后负载的原则。由于电源故障是全局性故障，检修过程中应先检查电源部分，看看保险丝是否正常，直流电压输出等是否正常，然后再检查各负载部件。

（4）采取先一般后特殊的原则。故障分析过程中，应先考虑最可能、最常见的原因。如打印机突然不工作了，应先考虑可能是电源插头松动，或打印线缆有问题，尝试更换一条打印线缆；如不认光驱，则检查是否光驱驱动程序加载的不正确，也许可以轻而易举地解决问题。若还不行，再分析特殊的原因。

（5）先公用后专用。公用性问题往往影响范围更大一些，专用性问题通常只影响局部。如总线部分发生故障应先解决，然后设法排除某一局部问题。

（6）采取先简单后复杂的原则。先解决简单容易的故障，再解决难度较大的问题。遇到一台故障较多的计算机时，应先易后难地排除故障。在解决简单故障的过程中，难度嵌套的问题往往也变得容易了，或在排除简单故障时受到启发，难题会比较容易地解决。

在维修过程中，还应注意在弄清故障原因前不能贸然加电，否则可能会造成更多的元器件被烧坏，使维修工作更加困难。在维修中，切忌带电插拔，因为带电插拔控制卡会产生较强的瞬间反激电压，足以把芯片击毁。带电插拔键盘或串并口等外部设备电缆，常常造成相应接口损坏。

3. 计算机故障的一般检测方法

计算机主机板、软硬盘、显示器、键盘、电源等部件都有可能发生故障。要排除故障必须设法找出产生故障的原因。下面是一些常用的检测和分析故障原因的方法。

（1）原理分析法。按照计算机原理，根据机器安排的顺序关系，从逻辑上分析各点应有的特征，进而找出故障原因，这种方法称为原理分析法。例如，在某一时刻，某个点应该满足哪些条件，这些条件正确的表现是怎样的，然后测试和观察该点的具体现象，分析和判断故障原因的可能性，缩小范围观察、分析和判断，直至找出故障原因。这是排除故障的基本方法。

（2）诊断程序测试法。指采用一些专门为检查诊断机器而编制的程序来帮助查找故障原因，也是考核计算机性能的重要手段。诊断程序测试法包括简易程序测试法、检查诊断测试法和高级诊断法。

①简易程序测试法：针对具体故障，通过编制一些简单而有效的检查程序来帮助测试和检测计算机故障的方法。这种方法依赖于检测者对故障现象的分析和对程序的熟悉程度。

②检查诊断测试法：采用系统提供的专用检查诊断程序来帮助寻找故障。这种程序一般具有多个测试功能模块，可对处理器、存储器、显示器、软硬盘、键盘和打印机等进行检测，通过显示错误码标志或发出不同声响，为用户提供故障原因和故障

分析。

③高级诊断法：利用厂家和软件供应商提供的诊断程序进行故障诊断，这种程序提供了多种菜单，菜单中又提供了多项选择检测项目。它可以对系统各部分，包括各种接口和适配器以及电缆进行检测，检测后通过反馈问题流程编码，使用户迅速找到故障原因。

（3）直接观察法。通过看、听、摸、闻等方式检查计算机比较典型或比较明显的故障。如观察计算机是否有异味和烟雾、异常声音、插头及插座松动。电缆损坏、插件板上元件发烫、烧焦、封蜡熔化、元件损坏或管脚断裂、机械损伤、卡死、接触不良、虚焊、短线等现象。用手摸、眼看、鼻嗅、耳听等方法作辅助检查，一般组件外壳正常温度不超过50摄氏度，手摸上去有点温，大的组件只有点儿热。如果手摸上去发烫，则该组件内部电路可能有短路现象，因电流过大而发热，应将该组件换下来。对电路板可以用放大镜仔细观察有无断线、金属线、锡片、螺丝、杂物和虚焊等，发现后应及时处理。观察组件的表面字迹和颜色有无焦色、龟裂、组件的字迹颜色变黄等现象，如有则更换此组件。耳听一般可听有无异常声音，特别是驱动器更应仔细听，如果与正常声音不同，则应立即检修。

（4）拔插法。通过将插件板或芯片拔出和插入来寻找故障原因的方法。这是一种虽然简单却非常有效的方法，如计算机在某时刻出现“死机”或某个部件失灵现象，从理论上分析故障原因很难，甚至不可能，而采用插拔法可以迅速查找到故障原因。一块一块地依次拔出插件板，每拔出一块，即开机测试一下机器状态。一旦拔出某块插件板后机器工作正常了，即可确定故障原因就在这块插件板上，很可能是该插件板上的芯片或相关部分有保障。拔插法不仅适用于插件板，而且也适用于集成电路芯片。

（5）更换法。把相同的插件或器件互相交换，以观察故障变化的情况，帮助判断寻找原因的一种方法。计算机内部有不少功能相同的部分，它们是由完全相同的一些插件或器件组成。如故障发生在这些部位，用交换法能较迅速地查找到。

（6）比较法。用正确的参量（如波形、电流、电压等）与有故障机器的波形或电压及电阻值进行比较，检查哪一个组件的相应参数与之不符，根据逻辑电路图逐级测量。

（7）静态芯片测量与动态分析。把计算机暂停在某一特定状态，根据逻辑原理，用万用表来测量所需检测的各点电阻、电平、波形，从而分析判断故障原因的一种方法。元器件故障大部分能用测量法来检查。如果有些组件是脉冲或脉冲序列，则无法用测量法来检查。有些故障在静态时不出现，只有在连续工作的动态情况下才出现。动态分析法就是设置某些条件或编制一些程序，让计算机运行，用仪器观察有关组件的波形或记录脉冲个数，并与正常情况相比较从而找出故障。按照所测量的特征参量不同，又可分为电阻测量法、电压测量法、电流测量法、波形测量法等。

（8）升温降温法。有时计算机工作很长时间或环境温度升高以后会出现故障，而关机检查时却是正常的，再开机工作一段时间后又出现故障。这时可以用加温法或降温法来确定故障。升温法就是人为地将环境温度升高，用来加速高温参数较差的器件“故障发作”，来帮助查找故障原因的方法；降温法是对怀疑有故障的部分元件逐一蘸点酒精进行降温处理，当某一元件降温后故障消失，说明该元件热稳定性差，是引起故障的根源。此时更改元件可消除故障。

在故障检测与维修中，除以上方法外，还有电源拉偏法和综合法等。前者指人为地将电源电压在器件允许范围内提高或降低，形成恶劣的工作环境，让故障暴露出来，从而进一步确定故障原因。在拉偏电源时应特别注意在电源允许范围内进行，以免电压过高造成其他元件的损坏。综合法是在采用某一种方法不能找出故障点时，同时综合采用上述几种方法来检测和查找故障。但对于这两种方法需要慎重使用。

3.2 场地和机房安全

实体安全除了物理设备的安全外，还包括设备的位置安全和物理环境安全。即所有基础设施都应该放置在严格限制来访人员的地方，以降低出现未经授权访问的可能性，同时还应保证场地环境免受各种来自外界的威胁。

中国电子工业部1988年4月26日批准并于1988年10月1日实施的GB/T9361-1988《计算机场地技术要求》将计算机机房的安全分为A、B、C三个基本类别。

A类：对计算机机房的安全有严格的要求，有完善的计算机机房安全措施。

B类：对计算机机房的安全有较严格的要求，有较完善的计算机安全措施。

C类：对计算机机房的安全有基本的要求，有基本的计算机机房安全措施。

信息系统机房条件应符合国家标准GB/T2887-2000《电子计算机场地通用规范》的有关具体规定，应满足标准规定的选址条件：温度、湿度条件；照明、日志、电磁场干扰的技术条件；接地、供电、建筑结构条件；媒体的使用条件和存放条件；腐蚀气体的条件等。信息存储场地，包括信息存储介质的异地存储场所应符合国家标准GB/T9361-1988《计算机场地技术要求》第9章的规定，应具有完善的防水、防火、防雷、防磁、防尘措施。

保障场地和机房安全实现的主要问题是考虑电力供应和灾难应急。信息系统的电力供应在负荷量、稳定性和净化等方面应满足需要且有应急供电措施。计算机设备、设施以及其他媒体容易遭受地震、水灾、火灾、有害气体和其他环境事故（如电磁污染等）的破坏。信息系统的灾难应急方面应符合国家标准GB/T9361-1988《计算机场地技术要求》中第9章的规定，应有防火、防水、防静电、防雷击、防鼠害、防辐射、防盗窃、火灾报警及消防等设施和措施，并应制定相应的应急计划。应急计划应包括紧急措施、资源备用、恢复过程、演习和应急计划等关键信息。应急计划应有明确的负责人与各级责任人的职责，并应便于培训和实施演习。

以下为一些常见的机房安全问题及其相应防范措施：

火灾：据国外有关调查，在计算机机房事故中，有52%是由于火灾造成的，因此防火非常重要。机房内外严禁堆放易燃易爆的物品，建筑和内饰应采用防火材料，机房应具备烟雾和热辐射等火灾检测手段，以及时发现灾情。并要配备足够数量的消防器材。

防水：信息系统大量使用电源，出水对计算机也是致命的威胁，它可以导致计算机设备短路，从而损害设备。所以，对机房必须采取防水措施。

自然灾害：自然界存在着种种不可预料或者可预料却不能避免的灾害，比如洪水、地震、大风和火山爆发等。对此应该积极应对，制定一套完善的应对措施，建立合适的检测方法和手段，以期尽可能早地发现这些灾害的发生，采取一定的预防措施，针对可能出现的情况预先制定相应的对策。

3.3 计算机硬件安全

3.3.1 用户鉴别

用户鉴别是用户进入系统的第一道安全防线。用户鉴别从用户登录注册输入一个身份标识（ID）开始，然后鉴别用户的身份。鉴别是验证某些事务的过程，如用户身份、网址或数据串的完整性等。如果通过鉴别，即可实现两个实体之间的连接，例如，当一个用户被服务器标识与鉴别后，就可对服务器进行授权访问。

在计算机网络中，用户可以根据一些秘密情况进行鉴别：用户已知的事（如口令）、用户拥有的物品（如钥匙、磁卡、IC卡）、用户特征（如指纹、声音等）。这些秘密仅为用户和系统已知，通过发送这几种秘密的其中一个或几个，用户使系统确信他是一个合法使用者。

1. 根据用户已知的事进行鉴别

用户常常将一个秘密数字传送到系统，该秘密数字仅为用户和系统已知，根据此秘密数字，系统对用户进行鉴别。例如，用户通过输入身份标识和口令在系统上注册。口令是一种鉴别用户是否有权使用计算机及软件的比较脆弱的手段。但由于它使用起来比较简单，因此得到了广泛的应用。

对口令的有效管理和使用将大大提高系统的安全性。管理员在进行系统口令管理时应注意以下问题：

（1）口令不会通过屏幕直接显示，采用隐藏方式，防止附近他人的窥视。

（2）限制注册失败的次数，阻止通过枚举方式的强力攻击。

（3）定期更换口令，包括系统口令和强制用户更换个人口令。

（4）可以采用双口令保护。

（5）限制口令的最小长度或者复杂度。

（6）加强对根口令的保护。

（7）可以采用系统生成口令的方式提高口令的随机性，但这种方法产生的口令可能不便于记忆。

对于一般用户可以从以下方面提高口令的安全性：

（1）选择长口令。

（2）增强口令保护意识，防止被偷看，不告诉他人。

（3）避免在口令中使用有特殊意义的字符串。

（4）在口令中混合使用字母（区分大小写）、数字、特殊字符以增加复杂度。

（5）经常变换口令，不长时间使用同一口令。

（6）最好使用自己易记，别人难猜的口令。

2. 根据用户拥有的物品进行鉴别

用户可能拥有钥匙、磁卡、IC卡（Integrated Circuit Card，集成电路卡）和证章等物品，借助这些物品使系统鉴别用户。在鉴别时，用户手持此类物品，通过外围设备鉴别。通过用户身份标识卡鉴别用户身份是常用的方法，其表面有磁、电或光的编码，该码是一个唯一的专用编码，用以区别用户。

IC卡是该领域具有广阔应用前景的一种新型技术。IC卡，也称智能卡（Smart Card）、智慧卡（Intelligent Card）、微电路卡（Microcircuit Card）等。它是通过嵌入卡中的电擦式可编程只读存储器集成电路芯片（EEPROM）来存储数据信息的。如图

3.2所示。IC卡中的CPU卡采用特殊的加密技术，不仅可以验证信息的正确性，同时还能检查通信双方身份的合法性，从而保证信息传送的安全性。这是通过IC卡中存储的银行密钥与读卡器兼黑盒子中存储的银行密钥的相互校验来实现的，从而保证了持卡者本身和读卡器双方都具有合法身份。

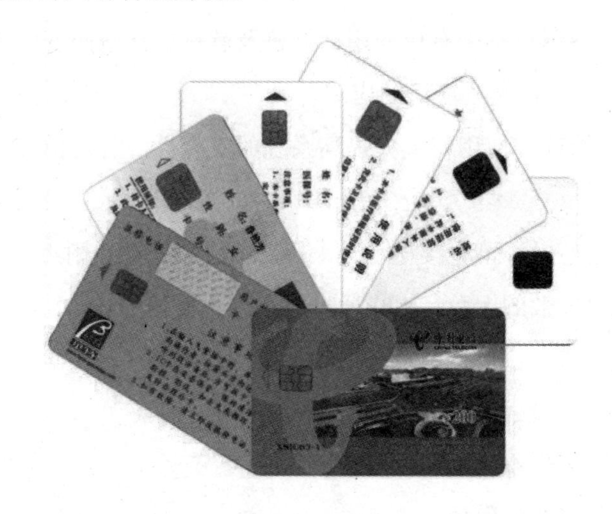

图3.2　IC卡

IC卡虽然比磁卡成本要高，但具有以下优点：

（1）存储容量大。磁卡的存储容量大约在200个字符；IC卡的存储容量根据型号不同，小的几百个字符，大的上百万个字符。

（2）安全保密性好，不容易被复制。IC卡上的信息能够随意读取、修改、擦除，但都需要密码。

（3）CPU卡具有数据处理能力。在与读卡器进行数据交换时，可对数据进行加密、解密，以确保交换数据的准确可靠；而磁卡则无此功能。

（4）使用寿命长，可以重复充值。

（5）IC卡具有防磁、防静电、防机械损坏和防化学破坏等能力，信息保存年限长，读写次数在数万次以上。

IC卡由于其固有的信息安全、便于携带、比较完善的标准化等优点，在身份认证、银行、电信、公共交通、车场管理等领域正得到越来越多的应用。

标记有用户标识的证件类物品耐用、使用方便且难仿制，目前常将此方法与口令结合共同实现鉴别。

3. 根据用户特征进行鉴别

上述两种方法均存在诸如磨损、被盗、仿冒、复制、遗忘和破解等问题，并存在资源共享性（即鉴别方可以确定标记物的真伪却无法有效确认其持有人的合法性，其他人一旦获取标记物便可共享合法持有者的信息资源），给信息系统安全带来了很大的隐患。

生物特征身份鉴别技术作为新兴的身份鉴别方法，能够克服传统方法的弊端，更安全、可靠、准确、方便。随着计算机及网络技术的迅速发展，在电子商务、政务、金融、司法及社会事务管理等领域有广泛的应用前景，日益引起人们的关注并成为研究热点。每一个用户都有一些可以被记录并进行比较的生理或举止方面的特征，这些特征被系统观察和记录，通过与系统中存储的内容相比较而实现鉴别。

用户特征鉴别中常用的有生理特征与举止特征两类。生理特征有指纹、手纹和视网膜特征等。被授权用户的这些特征预先记录在系统中，鉴别时进行比较。举止特征有声音、签字和击键特征等。例如，每个人都有敲击键盘的特征，用户第一次进行注册时，要求其几次输入ID和口令，用户的输入特征将被作为用户的电子签名被记录下来，用户再次注册时，系统比较用户的电子签名，以决定是否确认为合法用户。

生物特征身份鉴别技术具有以下特点：

（1）唯一性：每个人拥有的该项特征各不相同，独一无二。

（2）稳定性：该特征不随时间、外界条件变化。

（3）广泛性：即每个人都应该具有这种特征。

（4）可采集性：所选择的特征应便于测量。

以下为几种主要的生物特征身份鉴别技术。

（1）人脸识别：人脸识别研究热潮出现在计算机视觉兴起的初期，用人脸进行身份识别直观、方便、用户接受程度高。但计算机对人脸的识别还远达不到人眼对脸部的识别程度。目前在限制性输入条件下，在小样本数据库中人脸识别取得了较好的效果，但识别准确率低于指纹和虹膜识别。人面部表情、姿态、化妆、年龄等的变化及采集图像时光线、角度、距离、面部遮挡等问题一直是人脸识别领域中的难题。

（2）视网膜识别：利用人眼视网膜上分布的毛细血管网的差异性来鉴别身份，是目前生物特征中可靠性最高的身份鉴别方法。视网膜隐藏在眼球中，不磨损，不易受老化和一般疾病的影响，更具独特性和稳定性。因鉴别时需用红外线扫描眼底视网膜以获得血管网图像，存在长期使用会对使用者健康构成伤害的问题，所以该方法接受程度最低。另外，系统技术含量及成本很高，使用推广难度大。

（3）虹膜识别：虹膜是位于瞳孔和巩膜间的环状区域，每个人虹膜上的纹理、血管和斑点等细微特征各不相同，且一生中几乎不发生变化。用摄像机捕获用户眼睛的图像，从中分隔出虹膜图像，进行定位校准，特征提取，编码用以匹配。到目前为止，虹膜识别的错误率是各种生物特征中最低的。但虹膜因受到眼睑、睫毛的遮挡，准确捕获虹膜图像很困难，图像采集设备复杂昂贵，且虹膜一旦有病变或损伤会影响识别，虹膜识别对盲者和患有如白内障等眼部疾病的人是无效的。

（4）手形识别：手形识别是利用手掌、手指及手指个关节的长、宽、厚等三维尺寸和连接特征来进行身份鉴别，这些特征采集简单，不易受噪声干扰，对设备要求不高。其识别速度在所有生物特征识别系统中是最快的，但因识别率相对较低，一般用作身份验证。手形识别系统使用方便，价格合理，已在机场、海关、高级住宅和进出口控制等方面获得广泛使用，市场占有量仅次于指纹识别系统。当手部因劳动、外伤或疾病等原因造成外形上的变化时，会影响系统鉴别的准确性。

（5）指纹识别：指纹是手指末梢突纹突起形成的纹线图案，指纹的稳定性、唯一性早已获得证实，目前指纹识别主要利用指纹纹线所提供的细节特征（即纹线的起终点、中断处、分叉点、汇合点、转折点）的位置、类型、数目和方向的对比来鉴别身份。指纹识别在所有生物特征识别中无论从硬件设备还是软件算法上都是最成熟、应用最早、使用最广泛的。尽管如此，指纹识别技术也有不足之处，对指纹质量较差的人群，如皮肤干燥、有疤痕、老茧、表面磨损严重和有病变的人无法取得好的识别效果。指纹使用接触式采集，传感器表面灰尘、油污附着物等会影响识别，留在传感器上的指纹存在被盗取复制的可能性。

（6）掌纹识别：掌纹指手掌内侧表面的纹线图案，一般由3~5条明显的屈肌纹、众多皱纹和乳突纹交错构成。掌纹形态受遗传基因控制，一旦形成终生不变。每个人的掌纹形态均不相同，掌纹纹理复杂，所提供的信息量较指纹丰富，利用掌纹的线特征、点特征、纹理特征及几何特征完全可以确定人的身份。掌纹主要特征明显，可在低分辨率图像中提取，不易受噪声干扰，特征空间小，可实现快速检索和匹配。乳突纹形成的细节特征与指纹相似，但比指纹纹型丰富，从理论上说有更高的鉴别能力，但需要在较高分辨率图像中获得。因掌纹面积大，导致图像数据量及特征空间太大，为图像处理带来一定难度。掌纹采集方便，设备成本低，可接受度高，是很具潜力的身份识别方式，但因研究起步晚，理论和应用上都还有待进一步深入。

（7）语音识别：语音识别利用说话者发声频率和幅值的不同来辨别身份。语音识别大体分两类：一是以特定文字来识别，如让说话者说某个特定的词语或几个特定词语中随机的某几个来识别真伪，这种方式系统设计简单，较易实现，但安全性较差；另一种是不依赖特定文字识别，即说话者可随意说任何词语，由系统找出说话者发音中具有共性的特征进行识别，因语音远程传递的方便性，在电话拨入系统中有其他生物特征不可取代的优势，但也仍存在不足，如语音受心理状态、疾病等自身因素和语音环境、采集设备、传输通道等外部因素的干扰，会影响识别效果。

（8）签名识别：签名识别是日常生活中接触最多的一种身份识别方法，接受程度高，多用于身份验证中。签名识别按获取方式分为离线和在线识别两种。离线识别通过扫描仪获取已书写好的文字图像，利用计算机从中提取文字的几何特征，由笔画本身特征和相互关系来进行识别。这种方式简单但易被伪造因笔迹动态范围变化大，即使同一个人在不同时期和精神状态下的笔迹也不会完全相同。在线识别需用专用手写板和压敏笔来记录整个书写过程，包括书写的笔画顺序、笔尖压力、倾斜度及书写时的速度和加速度等丰富的动态特征，弥补了离线识别只取静态特征的不足，难以伪造。

每种生物特征都既有其特有的优势和适用范围，同时也存在着特征本身的不足和局限性，没有哪种特征可在所有方面优于其他特征，每种类型都有其存在发展的必要性，他们不是替代关系而是相互补充的关系。根据系统安全水平、系统通过率、用户可接受性、成本等因素，可以选择适当的组合来设计实现一个身份鉴别系统。

3.3.2 计算机硬件的使用与维护

组成信息系统的硬件设施主要有计算机、网络设备、传输介质及转换器、输入/输出设备等。为了便于叙述，在此也将存储介质和环境场地所使用的监控设备包含在硬件设备之中。

1. 计算机

计算机是信息系统的基本硬件平台。常见的计算机有大型机、中型机、小型机和个人计算机（PC）。大/中/小型计算机主要在信息系统中作为服务器来使用，因此要求此类计算机存在的风险应当尽可能地少，特别是电磁辐射、老化等方面更是主要考虑的因素。一般要求关键部件如CPU、硬盘等有一定的冗余，并定期对关键信息进行备份。在信息系统中有多数终端使用的都是PC，也有一些信息系统的服务器选用性能较好的PC。虽然随着IT技术的发展，PC的运算速度越来越快，但是也不排除设计缺陷和兼容性问题。PC主机的电磁辐射和电磁泄漏主要出现在磁盘驱动器方面，虽然从理论上讲主板上的所有电子元器件都有一定的辐射，但由于辐射量较小，一般都不予考虑。

2. 网络设备

要组成信息系统，网络设备是必不可少的。常见的网络设备主要有交换机、集线器、网关设备或路由器、中继器、桥接设备、调制解调器等。所有的网络设备都存在自然老化、人为破坏和电磁辐射等安全威胁。

（1）交换机：随着数字式交换机广泛用于构建分布式网络，对交换机常见的威胁有物理威胁、欺诈、拒绝服务、访问滥用、不安全的状态转换、后门和设计缺陷等。

（2）集线器：集线器包含多个独立的但又相互连接的网络模块和互连装置，为网络分段提供交换连接功能。其常见的威胁有人为破坏、后门、设计缺陷等。

（3）网关设备或路由器：以路由器为代表的网关设备是一类专用的网络设备，它连接两个或更多的计算机网络，在这些网络之间转发数据包，对网关设备的威胁主要有物理破坏、后门、设计缺陷、修改配置等。

（4）中继器：将电信号从一个以太网上拷贝到另一个以太网上的硬件设备。对中继器的威胁主要是人为破坏。

（5）桥接设备：桥接设备是在两个局域网段，或在使用同一通信协议的两个网络段之间进行连接和传送数据包的设备。对桥接设备的威胁常见的有人为破坏、自然老化、电磁辐射等。

（6）调制解调器：调制解调器是一种转换数字信号和模拟信号的设备。在信号发送端，调制解调器按某种调制方式把数字信号转换为适合模拟信道传输的模拟信号；在信号接收端，将被转换的模拟信号还原为数字信号。常见的调制解调器有拨号、无线、光学等多种，对调制解调器常见的威胁有人为破坏、自然老化、电磁辐射、设计缺陷、后门等。

3. 传输介质及转换器

常见的传输介质有同轴电缆、双绞线、光缆、卫星信道、微波信道等，相应的转换器有光端机、卫星或微波的收/发转换装置等。

（1）同轴电缆：由硬铜线芯、空心圆柱形的金属屏蔽网外层和保护层组成。同轴电缆分为粗缆和细缆。常见的威胁有电磁辐射、电磁干扰、搭线窃听和人为破坏等。

（2）双绞线：双绞线由两根自绝缘的铜导体按一定的密度互相绞在一起组成。双胶线分为非屏蔽双绞线和屏蔽双绞线。常见的威胁有电磁辐射、电磁干扰、搭线窃听和人为破坏等。

（3）光纤（光端机）：光纤是一种能够传输调制光的通信介质。其最大的特点是对电磁干扰不敏感，具有很高的数据传输率。在光纤的两端通过光端机来调制并发射光波，实现数字通信，常见的主要威胁是人为破坏。随着技术的发展，也可能出现搭线窃听和辐射泄露等威胁。

（4）卫星通道：卫星通道是在多个地面站之间运用卫星来转发信号的通信信道。在利用卫星通信时，需要在发射端装配发射转换装置，在接收端装配接收转换装置。常见的威胁有对信道的窃听和干扰，以及对收/发转换装置的人为破坏。

4. 输入/输出设备

常见的输入/输出设备主要有键盘、磁盘驱动器、磁带机、打孔机、电话机、传真机、识别器、扫描仪、电子笔、打印机、显示器和各种终端设备等。

（1）键盘：键盘是计算机最常见的输入设备。在风险分析时，对键盘的考虑主要是其电磁辐射泄露信息和人为滥用造成信息泄露，如随意尝试输入用户口令。

（2）磁盘驱动器：磁盘驱动器也是计算机中重要的输入输出设备。在风险分析时，主要考虑磁盘驱动器的电磁辐射以及人为滥用造成信息泄露，如拷贝系统中重要的数据。

（3）磁带机：磁带机一般用于大/中/小型计算机以及一些工作站中，是一种早期使用的输出设备。其受到的威胁主要有人为滥用。

（4）打印机：打印机是一种常见的输出设备，但是部分打印机也可以将部分信息主动输入计算机。常见的打印机有激光打印机、针式打印机、喷墨打印机三种。打印机的主要威胁有电磁辐射、设计缺陷、后门、自然老化等。

（5）显示器：显示器作为最常见的输出设备，负责将不可见数字信号还原为人可以理解的符号，是人机对话所不可缺少的设备。其受到的威胁主要是电磁辐射泄露信息。

5. 存储介质

信息的存储介质有许多种，常见的主要有纸介质、磁盘、磁光盘、光盘、磁带、录音/录像带，以及集成电路卡、非易失性存储器、芯片盘等存储设备。

（1）纸介质：虽然信息系统中信息以电子形式存在，但许多重要的信息也通过打孔机、打印机输出，以纸介质形式存放。纸介质存在保管不当和废弃处理不当导致信息泄露的威胁。

（2）磁盘：磁盘是常见的存储介质，它利用磁记录技术将信息存储在磁性材料上。常见的磁盘有软盘、硬盘。对磁盘的威胁有保管不当、废弃处理不当和损坏变形等。

（3）光盘：光盘是一种非磁性的用于存储数字数据的光学存储介质。常见的光盘有只读、可擦写等种类。其受到的威胁主要有保管不当、废弃处理不当和损坏变形等。

（4）磁带：磁带主要用于大/中/小型机或工作站上，由于其容量比较大，多用于备份系统数据。其受到的威胁主要也是保管不当、废弃处理不当和损坏变形等。

（5）其他存储介质：除以上列举的常见的存储介质以外，还有磁鼓、IC卡、非易失性存储器、芯片盘、Flash Disk、Zip Disk等介质都可以用于存储信息系统中的数据，对这些介质的威胁主要有保管不当、损坏变形、设计缺陷等。

6. 监控设备

依据国家标准规定和场地安全考虑，重要的信息系统所在场地应有一定的监控规程并使用相应的监控设备，常见的监控设备主要有摄像机、监视器、电视机、报警装置等。对监控设备而言，所受到威胁主要有断电、损坏或干扰等。

3.3.3 计算机容错技术

容错（Fault-tolerance）即容忍故障，指的是故障一旦发生时能够自动检测出来并使系统能够自动恢复正常运行。当出现某些指定的硬件故障或软件错误时，系统仍能执行规定的一组程序，或者说程序不会因系统中的故障而中止或被修改，并且执行结果也不包含系统中故障所引起的差错。在发生故障或存在软件错误的情况下仍能继续正确完成指定任务的计算机系统称为容错计算机系统。

设计与分析容错计算机系统的各种技术称为容错技术，容错技术从系统结构出发来提高系统的可靠性，与排错技术相互补充，构成高可信度的系统。实现容错的一种重要途径是冗余，即采用多个设备同时工作，当其中一个设备失效时，其他设备能够接替失效设备继续工作的体系。在PC服务器上，通常在磁盘子系统、电源子系统采用冗余技术。冗余技术的代价是增加成本。

常见的容错技术有：

（1）用户容错：用户自行进行数据备份等方法以减少系统故障造成的损失。

（2）电源冗余：采用UPS不间断电源冗余或者备用发电机可提防瞬间掉电或为系统在电源故障时正常供电。

（3）线路容错：通过采用适当的网络拓扑结构，保证关键数据能通过不止一条线路从源传输到目的。

（4）存储容错：国际数据公司IDC的调查报告显示，在用户失误之后，驱动器或控制器故障是数据丢失的第二个领先的原因，占14%，如图3.3所示。因此对存储器的容错可以大大降低数据的损失，可以由系统自行定期拷贝数据到其他海量存储器上。

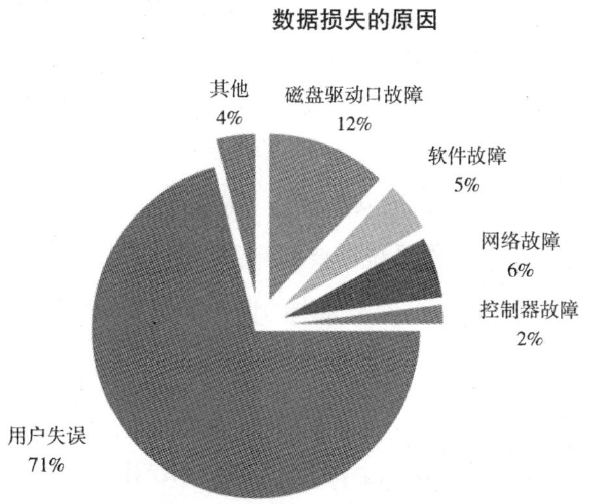

数据损失的原因

图3.3　数据损失的原因调查数据

作为计算机系统中的重要环节，服务器中使用了较多的容错技术。部件冗余是服务器采用的一种常见做法，即同时使用多块网络接口卡、处理器、硬盘等，主要目的是实现负载平衡，容错效果较低。除部件冗余外，目前主流的服务器容错技术有以下几种：

1. RAID

所谓“RAID（Redundant Array of Inexpensive Disks）”是指将多张磁盘连成一个阵列，然后以某种方式书写磁盘，这种方式可以在一张或多张磁盘失效的情况下防止数据丢失。该技术于1987年由加州大学伯克利分校提出，最初的研制目的是组合小的廉价磁盘来代替大的昂贵磁盘，以降低大批量数据存储的费用，同时开发出一定水平的数据保护技术。RAID技术需要依赖软硬件结合实现。

根据磁盘阵列的不同组合方式，可以将RAID分为不同级别。常见的规范有如下几种：

RAID 0：无差错控制的带区组。数据不是保存在一个硬盘上，而是分成数据块保存在不同驱动器上。因为将数据分布在不同驱动器上，所以数据吞吐率大大提高，驱动器的负载也比较平衡。它不需要计算校验码，实现容易。在所有的级别中，RAID 0的速度是最快的。但是RAID 0没有冗余功能，如果一个磁盘（物理）损坏，则所有的数据都无法使用。因此不应该将它用于对数据稳定性要求高的场合。

RAID 1：镜像结构。镜像硬盘相当于一个备份盘，因为是镜像结构，在一组盘出现问题时可以使用镜像，提高系统的容错能力。对于使用RAID 1结构的设备来说，

RAID控制器必须能够同时对两个盘进行读操作和对两个镜像盘进行写操作。它比较容易设计和实现。每读一次盘只能读出一块数据，也就是说数据块传送速率与单独的盘的读取速率相同。因为RAID 1的校验十分完备，因此对系统的处理能力有很大的影响，通常的RAID功能由软件实现，而这样的实现方法在服务器负载比较重的时候会大大影响服务器效率。这种硬盘模式的安全性是非常高的，RAID 1的数据安全性在所有的RAID级别上来说是最好的。当系统需要极高的可靠性时，使用RAID 1比较合适。而且RAID 1技术支持“热替换”，即不断电的情况下对故障磁盘进行更换，更换完毕只要从镜像盘上恢复数据即可。但是其磁盘的利用率却只有50%，是所有RAID级别中最低的。

RAID 2：带海明码校验。从概念上讲，RAID 2同RAID 3类似，两者都是将数据条块化分布于不同的硬盘上，条块单位为位或字节。然而RAID 2使用一定的编码技术来提供错误检查及恢复。由于海明码的特点，它可以在数据发生错误的情况下将错误校正，以保证输出的正确。这种编码技术需要多个磁盘存放检查及恢复信息，使得RAID 2技术实施更复杂，因此在商业环境中很少使用。

RAID 3：带奇偶校验码的并行传送。不同于RAID 2，RAID 3使用单块磁盘存放奇偶校验信息。如果一块磁盘失效，奇偶盘及其他数据盘可以重新产生数据。如果奇偶盘失效，则不影响数据使用。这种校验码与RAID 2的不同还在于，只能查错不能纠错。需要实现时用户必须要有三个以上驱动器，写入速率与读出速率都很高，因为校验位比较少，因此计算时间相对而言比较少。它主要用于图形（包括动画）等要求吞吐率比较高的场合。另外，利用单独的校验盘来保护数据虽然没有镜像的安全性高，但是硬盘利用率得到了很大的提高。

RAID 4：带奇偶校验码的独立磁盘结构。RAID 4和RAID 3很像，不同的是，它对数据的访问是按数据块进行的，也就是按磁盘进行的，每次是一个盘。在图上可以这么看，RAID 3是一次一横条，而RAID 4一次一竖条。它的特点和RAID 3也挺像，不过在失败恢复时，它的难度可要比RAID 3大得多了，控制器的设计难度也要大许多，而且访问数据的效率不怎么好。

RAID 5：分布式奇偶校验的独立磁盘结构。RAID 5也是以数据的校验位来保证数据的安全，但它不是以单独硬盘来存放数据的校验位，而是将数据段的校验位交互存放于各个硬盘上。这样，任何一个硬盘损坏，都可以根据其他硬盘上的校验位来重建损坏的数据。因为奇偶校验码在不同的磁盘上，允许单个磁盘出错，所以提高了可靠性。硬盘的利用率为n-1。但是它对数据传输的并行性解决不好，而且控制器的设计也相当困难。RAID 5是RAID级别中最常见的一个类型。

此外，还有RAID 6、RAID 7、RAID 10、RAID 50等类别。

2. 服务器集群

服务器集群就是指将很多服务器集中起来一起进行同一种服务，在客户端看来就像是只有一个服务器，如图3.4所示。集群可以利用多个计算机进行并行计算，从而获得很高的计算速度，也可以用多个计算机做备份，使任何一个机器坏了时整个系统仍能正常运行，具有更高的系统稳定性和数据处理及服务能力。

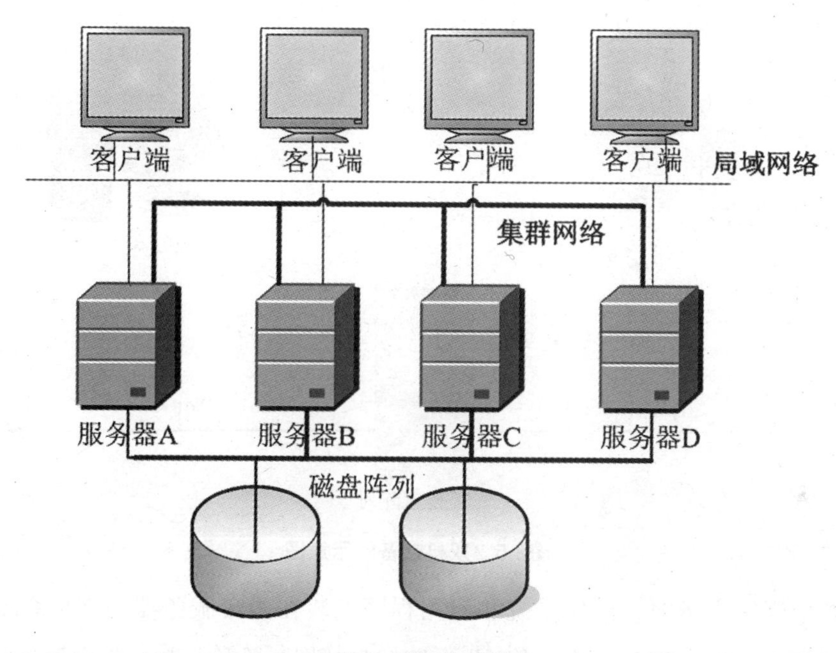

图3.4　服务器集群

大多数模式下，集群中的所有计算机拥有一个共同的名称，集群内任一系统上运行的服务都可被所有的网络客户所使用。集群必须可以协调管理各分离的组件的错误和失败，并可透明地向其中加入组件。一个集群包含多台（至少两台）拥有共享数据存储空间的服务器，任何一台服务器运行一个应用时，应用数据被存储在共享的数据空间内。每台服务器的操作系统和应用程序文件存储在其各自的本地储存空间上。集群内各节点服务器通过一内部局域网相互通讯。当一台节点服务器发生故障时，这台服务器上所运行的应用程序将在另一节点服务器上被自动接管。当一个应用服务发生故障时，应用服务将被重新启动或被另一台服务器接管。当以上任一故障发生时，客户将能很快连接到新的应用服务上。

集群系统的不足之处在于新旧服务的更换可能引起系统一段时间的中断。这是因为集群中的应用只在一台服务器上运行，如果这个应用出现故障，其他的某台服务器会重新启动这个应用，接管位于共享磁盘柜上的数据区，进而使应用重新正常运转。整个应用的接管过程大体需要三个步骤：侦测并确认故障、后备服务器重新启动该应用、接管共享的数据区。因此在切换的过程中需要花费一定的时间，原则上根据应用的大小不同，切换的时间也会不同，越大的应用切换的时间越长。

3. 双机热备份技术

双机热备份技术是一种软硬件结合的较高容错应用方案。该方案是由两台服务器系统和一个外接共享磁盘阵列柜（也可没有，而是在各自的服务器中采取RAID卡）及相应的双机热备份软件组成，如图3.5所示。

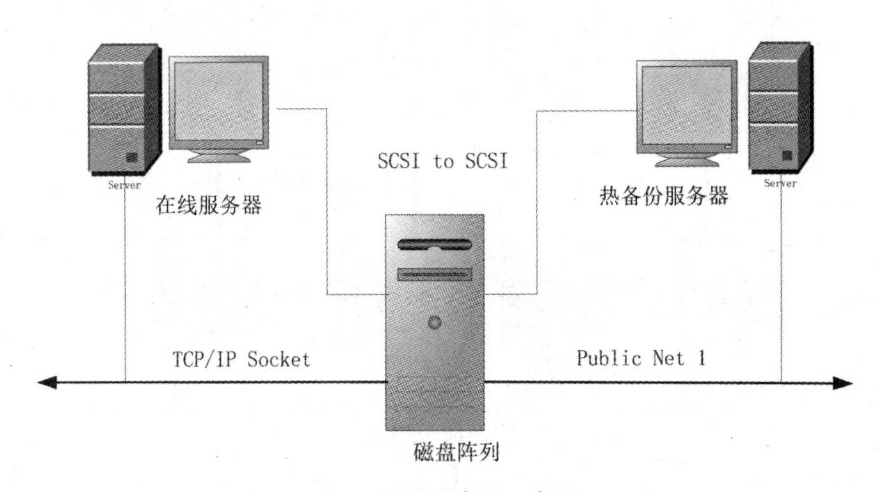

图3.5　双机热备份示意图

在这个容错方案中，操作系统和应用程序安装在两台服务器的本地系统盘上，整个网络系统的数据是通过磁盘阵列集中管理和数据备份的。数据集中管理是通过双机热备份系统，将所有站点的数据直接从中央存储设备读取和存储，并由专业人员进行管理，极大地保护了数据的安全性和保密性。用户的数据存放在外接共享磁盘阵列中，一台服务器出现故障时，备机主动替代主机工作，保证网络服务不间断。

双机热备份系统采用“心跳”方法保证主系统与备用系统的联系。所谓“心跳”，指的是主从系统之间相互按照一定的时间间隔发送通讯信号，表明各自系统当前的运行状态。一旦“心跳”信号表明主机系统发生故障，或者备用系统无法收到主机系统的“心跳”信号，则系统的高可用性管理软件认为主机系统发生故障，主机停止工作，并将系统资源转移到备用系统上，备用系统将替代主机发挥作用，以保证网络服务运行不间断。

双机热备份方案中，根据两台服务器的工作方式可以有三种不同的工作模式：双机热备模式、双机互备模式和双机双工模式。

（1）双机热备模式，即目前通常所说的active/standby方式，active服务器处于工作状态，而standby服务器处于监控准备状态，服务器数据包括数据库数据同时往两台或多台服务器写入（通常各服务器采用RAID磁盘阵列卡），保证数据的即时同步。当active服务器出现故障的时候，通过软件诊测或手工方式将standby机器激活，保证应用在短时间内完全恢复正常使用。这种方式典型应用在证券资金服务器或行情服务器，是目前采用较多的一种模式，但由于另外一台服务器长期处于后备的状态，从计算资源方面考量，就存在一定的浪费。

（2）双机互备模式，是两个相对独立的应用在两台机器同时运行，但彼此均设为备机，当某一台服务器出现故障时，另一台服务器可以在短时间内将故障服务器的应用接管过来，从而保证了应用的持续性。但其对服务器的性能要求比较高。配置相对要好。

（3）双机双工模式，是目前cluster（群集）的一种形式，两台服务器均为活动，同时运行相同的应用，保证整体的性能，也实现了负载均衡和互为备份，需要利用磁盘柜存储技术（最好采用San方式）。WEB服务器或FTP服务器等用此种方式比较多。

与服务器群集比较起来，双机热备份由于服务的切换时间相对较短，因此容错能力要更好。另外双机热备份通常要求两对路服务器的配置完全一样，而服务器群集则没有这方面的严格要求。

4. 单机容错技术

单机容错技术指在一台服务器实现高性能容错，容错服务器是通过CPU时钟锁频，通过对系统中所有硬件的备份，包括CPU、内存和I／O总线等的冗余备份。通过系统内所有冗余部件的同步运行，实现真正意义上的容错，系统任何部件的故障都不会造成系统停顿和数据丢失。

具有容错技术的容错服务器的优势在于它能够自动分离故障模块，在不中断运行的情况下进行模块调换，对损坏的部件进行维护，并且在一切物理故障消除后，系统会自动重新同步运行，从而有效地避免了服务器中断可能引起的时间和成本损失。它的容错能力要远比服务器集群和双机热备份高，所以更加适合那些如证券、电信、金融、医疗等对容错能力特别苛刻的行业。另外，容错服务器还具有成本的优势，因此正越来越被人们所关注。

对于以上提到的服务器集群技术、双机热备份技术和单机容错技术，它们各自所对应的容错级别是从低到高的，也就是说服务器集群技术容错级别最低，而单机容错技术级别最高。由此可知它们各自应用的行业容错级别需求也是从低到高的。

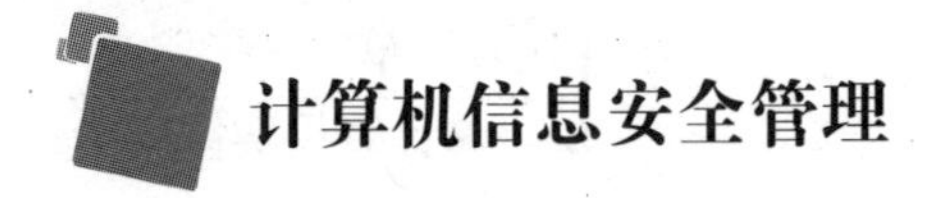

【本章小结】

本章由可靠性的基本概念分析出发，从避错和容错两个角度介绍了实现实体安全的基本途径。在避错技术中分别从计算机系统的故障诊断、排除的原则、准备和方法等方面进行了讨论。对于容错技术，首先介绍了一般的容错方法，然后重点对服务器容错进行了展开讨论。同时，还介绍了场地环境安全、用户鉴别和计算机硬件系统安全的基本内容。

【关键术语】

计算机实体安全	computer physical security
计算机硬件	computer hardware
机房	computer room
可靠性	reliability
可维护性	matainability
可用性	usabliltiy
容错技术	fault-tolerant technology
廉价冗余磁盘阵列	Redundant Array of Inexpensive Disks （RAID）
镜像服务器	mirror server
服务器集群	server cluster

【知识链接】

http://www.infosec.org.cn/rule/index.php

http://www.niap-ccevs.org/cc-scheme/

【习题】

1. 分别为自己的个人电脑、银行账户和网络会员账户设计一个你认为既好记又安全的密码。

2. 如何为系统选择恰当的用户鉴别技术？

3. 避错技术和容错技术的出发点有何不同？在实现实体安全的过程中如何将两者结合？

4. 选择一种计算机硬件组件查阅相关资料，并结合自己使用的心得体会，撰写一份有关该硬件的使用与维护相关知识的报告。

第4章　软件安全

【本章教学要点】

知识要点	掌握程度	相关知识
软件安全的范畴	掌握	软件本身的安全，软件数据的安全，软件运行的安全
软件的本质	了解	软件的基本特点
软件知识产权问题	了解	知识产权的根源和解决难点
软件质量保证技术	熟悉	软件缺陷产生的根源和对策
软件加密技术	掌握	软件加密原理和实现方案

【本章技能要点】

技能要点	掌握程度	应用方向
软件质量保证方法	熟悉	提高软件开发质量
防拷贝和防跟踪技术	掌握	在软件开发中使用恰当的加密技术
软件加密技术选择	熟悉	选择恰当的软件知识产权商业化保护方案

【导入案例】

案例：谷歌数字图书馆侵权事件

谷歌公司开始寻求与图书馆和出版商合作，大量扫描图书，欲打造世界上最大的数字图书馆，使用户可以利用“谷歌图书搜索”功能在线浏览图书或获取图书相关信息。

自2004年开始对图书进行大规模数字化以来，在过去几年，谷歌已经将全球尚存有著作权的近千万种图书收入其数字图书馆，而没有通报著作权所有者本人。谷歌此举，激起了欧洲各国的反应，2005年4月27日，由法国国家图书馆牵头的欧洲19所国家图书馆负责人，在巴黎发表联合共建欧洲数字图书馆的声明，以对抗谷歌的“文化入侵”。2008年10月，谷歌公布其与美国作家协会和美国出版商协会达成的和解协议。根据该协议，谷歌将其通过合法途径获得的图书进行数字化制作，建立数字图书馆，进行多功能开发利用，包括团体订阅、个人用户购买、公众免费查阅以及对有关数据进行技术研究和开发等使用方式。

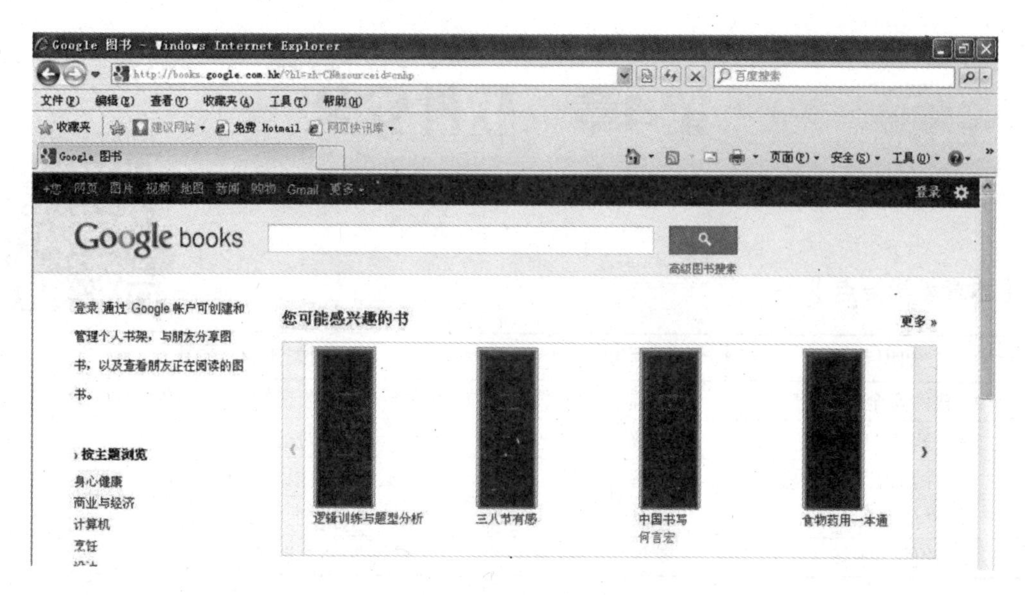

图4.1　谷歌数字图书馆页面

2009年10月13日，央视《朝闻天下》栏目报道称，谷歌数字图书馆涉嫌大范围侵权中文图书，从中国文字著作权协会获悉，570位权利人17 922部作品未经授权已被谷歌扫描上网。

中国文字著作权协会相关负责人表示，这570位包括国家领导人、政府官员和作家在内的权利人对此毫不知情，且没有证据表明谷歌公司取得了权利人的授权。法学专家认为，谷歌的这种未经许可的复制和网络转载的行为均涉嫌侵犯著作权。2009年10月16日，中国文字著作权协会也通过中国作家网发出《就谷歌侵权致著作权人》，呼吁“中国权利人应该有组织地与谷歌交涉，维护中国权利人的正当权利”。

根据谷歌提出的和解声明，表示每本著作可以获得至少约60美元的赔偿。谷歌的这份和解方案公布在中国作协官网“中国作家网”上。在这份方案中，谷歌把条款分为“同意和解”和“不同意”两类。同意者，每人每本书可以获得“至少60美元”作为赔偿，以后还能获得图书在线阅读收入的63%，但前提是需本人提出“申请”。2010年6月5日之后还未申请，则被视为自动放弃权利。如果作家选择“不同意”，则可提出诉讼，但不得晚于2010年1月5日。

国家版权局已经明确表示支持中国文字著作权协会在法律范围内维权。据悉，中国内地很多出版社如北大出版社、高教出版社等已经明确授权中国文字著作权协会为其主张权利，出面与谷歌交涉，维护合法权益。

面对讨伐声谷歌选择了沉默。谷歌方面仍似乎没有改变扩张在线图书馆的意思，并且称2008年由美国作家协会与美国出版商协会曾就谷歌未经授权即对图书进行数字化一事达成的和解协议只在美国有效。也就是说，美国本土以外的著作权人接下来想要维权将更加不容易。

对谷歌数字图书馆的争议实际上由来已久。一些人认为谷歌做了件大好事，使人们有机会接触许多本来无法接触到的孤本和珍贵史料，不仅为研究人员提供了便利，也为发挥史料的科研价值和史料的永久保存作出了重要贡献。部分作者和出版商则认为，谷歌不征得作者本人和出版商的同意就将图书扫描，并通过互联网向用户提供，构成了对著作权和版权的侵犯，他们指责谷歌“盗窃”全球文化成果，想垄断数字图书市场。孰是孰非，一时难有公断。

【问题讨论】

1. 谷歌数字图书馆是公益还是私益性质？试谈谈其利弊。

2. 数字图书馆的未来发展趋势如何？

3. 网络环境下如何保护知识产权？

4.1 软件安全的基本要求

4.1.1 软件安全的范围

计算机系统分为硬件系统和软件系统两部分，计算机软件作为支配计算机硬件进行工作的“灵魂”，不仅是工具、手段、知识产品，同时也可以是一种武器，存在着潜在的不容忽视的不安全因素及破坏性。具体而言，软件安全涉及的范围包括：

（1）软件本身的安全保密：指软件完整，即保证操作系统软件、数据库管理软件、网络软件、应用软件及相关资料的完整和保密。包括软件开发规程、软件安全保密测试、软件的修复与复制、口令加密与限制技术、防动态跟踪技术等。

（2）数据的安全保密：指系统拥有和产生的数据信息完整、有效、使用合法，不被破坏或泄露。包括输入、输出、识别用户、存储控制、审计与追踪、备份与恢复等。

（3）软件系统运行的安全：指系统资源和信息使用的安全。包括电源、环境、人事、机房管理、出入控制、数据与介质管理体制等。

4.1.2 软件的本质

从软件安全技术角度出发，软件具有两重性，即软件具有巨大的使用价值和潜在

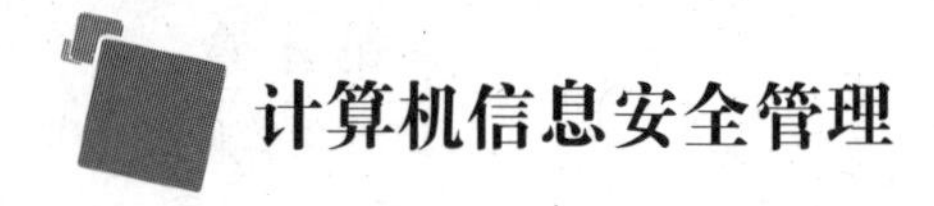

的破坏性能量。软件的本质与特征如下：

（1）软件是计算机系统的一种资源，是信息传输和交流的工具。

（2）软件是知识产品，是人类社会的财富，已成为现代社会的一种商品形式。

（3）软件可以在相同或不同的机器或介质上进行移植。

（4）软件需要借助于一定的存储介质得以存在。

（5）在信息传输过程中或共享系统资源的环境下，软件存在着非线性增长模式。

（6）软件可以接受一定的外部或内部的条件刺激，实现预先设定的功能。

（7）软件在运行过程中可以搜索并消灭对方的计算机程序，具有攻击性。

（8）软件具有破坏性，一个人为设计的特定软件可以破坏指定的程序或数据文件，足以造成计算机系统的瘫痪。

这里所讨论的对象是广义软件，既包括合法软件也包括非法软件。软件以其丰富的本质和特征出现在人们的面前，我们需要对其进行充分的认识，才能采取适当的措施保护软件、更好地使用软件，同时防范软件引起的安全威胁。

4.1.3 知识产权与软件盗版

软件作为一种知识密集的商品化产品，在开发过程中需要大量的人力，为开发程序而付出的成本往往是硬件价值的数倍乃至数百倍。软件盗版现象严重侵犯了软件的知识产权，对软件的发展带来了不利的影响。

据软件发行联合会统计，盗版软件的存在使软件销售量至少降低20%，1995年软件盗版引起的损失有130亿美元，2005年全球软件业因盗版而遭受的损失高达340亿美元，比2004年增加16亿美元。全球个人电脑软件盗版率为35%，而且有扩大的趋势。目前盗版软件的类型有以下几种：

（1）企业盗版，指企业未经授权在其内部计算机系统中使用软件。

（2）硬盘预装盗版，指电脑销售环节在机器上预先安装未经授权的系统软件或应用软件。

（3）软件仿冒盗版，指对已有商品软件的内容或形式进行仿制。

（4）光盘盗版，指以光盘形式进行盗版软件的传播。

（5）互联网盗版，指盗版者在Internet的站点上发布广告，出售假冒软件或汇编软件或允许下载软件产品。

盗版现象的存在有外在的原因，软件本身的一些特点也促成了这种现象的发生和维权的难度：

（1）相对传统商品，软件商品交易形式多样，不透明，传统商标标识方法在该领域不适用。

（2）盗版方法简捷，通过程序的破解甚至简单的拷贝就可以实现，使得盗版成本极低。

（3）软件内含知识具有隐蔽性，针对的内容的知识产权问题维权困难。

软件知识产权的保护是软件安全领域一个重要的研究分支，目前提出的相关安全技术有防拷贝、防静态分析、防动态跟踪等。

4.2 软件安全技术

4.2.1 软件质量安全保证体系

作为一种现代的商业产品，计算机软件的可靠性对计算机系统的运行和使用有着极大的影响。20世纪60年代，美国第一个飞往金星的宇宙探测器“水手一号”在发射后因软件故障而炸毁，造成重大经济和政治损失。20世纪60年代后期，美国范登堡空军中心多次发生导弹发射试验失败的重大事故，也是因软件错误造成的。在实际使用中，往往会发现某些软件无法正常运行，不是整个系统的功能出现紊乱、瘫痪，就是虽然可以执行，但结果却是错误的。一个可靠性不高、可维护性差的软件，无论其功能多么强，也没有使用价值。

软件存在不可靠问题的原因主要在于：

（1）计算机软件是人工制造的复杂产品，生产过程中的各种因素均可使软件造成差错或故障。

（2）软件的研制技术至今尚未成熟，缺乏坚实的科学基础和完善的管理制度。

（3）至今尚无一套完善的程序正确验证方法和工具。一个软件研制出来以后，无法进行彻底、有效的验证，只能在实际使用中边用、边改、边提高。往往有一些软件在使用多年后，仍发现有很大的潜在错误，造成巨大的损失。

软件的可靠性可以定义为软件在特定的环境条件下，在给定的时间内不发生故障的性质；或者是指软件在规定的时间内和规定的条件下，能正常地完成规定的功能而无差错的概率。软件的可靠性与软件错误、软件故障和软件失效等概念有关。降低软件错误率是提高软件可靠性的主要途径，软件错误一般是指软件中存在的缺陷造成软件的全部功能或部分功能中断。应用软件常见故障类型有：

（1）逻辑错误，包括采用不正确的、无效的或不完全的逻辑；死循环或循环次数错，或循环结束确认有错；分支判断转向有错；重复步长不正确的判断；逻辑或条件不完全的测试等。

（2）算法错误，指不精确的计算结果与非期望的运算结果，向量运算错，混合运算次序不对，错误运用符号的习惯表示法，使用不正确的表达与习惯表示法等。

（3）操作错误，包括装入数据错，数据准备错，使用了错误的主结构，测试执行错，磁盘或磁带用错输出等。

（4）I/O错误，指输入形式不正确，输出信息丢失或丢失数据项，输出与设计文档不一致，设计未定义必要的I/O形式等。

（5）用户接口错误，包括操作接口设计不完善，程序对输入数据的错误解释，程序拒绝接收有效的数据输入，对合法的数据输入作不正确的处理，接收并加工处理非法的输入数据等。

从流程、技术、组织管理、人员技能发展等多个角度着手可以有效地提高软件质量，降低软件错误引起的系统故障。

4.2.2 软件加密技术

狭义的软件加密指将软件代码和数据进行适当的变换，使之成为一般人和系统无法识别的密码信息。反过来，将加密后的信息还原成本来面目则称为软件的解密。广义的软件加密指所有对软件采用的保护技术。

软件加密的目的是实现软件防拷贝和防跟踪。防拷贝技术指通过某种技术，使得操作系统的拷贝方法甚至拷贝软件不能将软件完整复制，或者复制后不能使用。防拷贝技术是防止软件扩散的主要手段，主要实现方法有硬件防拷贝、软件防拷贝和软硬件结合。反跟踪技术则指防止利用程序调试工具跟踪软件的运行、窃取软件源码、取消防拷贝和加密功能，从而实现对软件的动态破译。

防跟踪又包括防静态分析和防动态跟踪。

（1）防静态分析。防静态分析指防止用户对代码的静态分析与阅读。一般方法为将程序放在隐蔽的位置，或者对程序代码进行变换，以密文形式存在执行文件中。被加密的程序不能执行，必须先解密，从而达到保护静态代码的作用。

（2）防动态跟踪。反动态跟踪技术的目的是使得无法使用debug，codeview，soft-ice，trw2000等跟踪工具进行动态跟踪。例如debug就是操作系统自带的动态调试程序，具有反汇编、单步跟踪程序运行、查看内存、查看和读写任何存储区域等功能，是强有力的跟踪工具。

常用的防动态跟踪技术有：

①设置显示器的显示性能：通过改变显示器的显示颜色、位置和方式等，达到隐藏程序输出信息的效果。

②程序运行环境自检：在程序中添加一定的代码实现在程序运行过程中，可以动态检查系统环境，达到发现动态跟踪进程的作用。

③迷惑、拖垮解密者：在程序中针对动态分析编写相应的代码段，起到迷惑和拖垮解密者的作用。

④混合编程法：采用两种以上的程序设计和开发语言来进行系统设计，提高分析的难度。

目前在商业软件保护实践中，根据软件加密实现方法的不同可以分为两类：依赖硬件的加密方案和不依赖硬件的加密方案。

依赖硬件的加密方案包括以下几种：

①软盘加密。在软盘的特殊位置写下信息，软件运行时先检查这些信息，符合检测要求的软件才可以继续使用。包含这种特殊信息的软盘又称为钥匙盘。这种方案加密简单，成本低。但是在程序运行时必须插入软盘，在一定程度上造成用户软件使用的不便。另外在软件检测方式上也存在一些问题，如果在运行中多次检查软盘会影响程序的运行速度，如果仅在启动软件时进行一次检查则可能造成多次启动的漏洞，例如一个软件盘被多个用户使用，进行软件启动。软件加密还存在软盘易损、硬解密技术目前已相对比较成熟的缺点。由于软盘作为存储介质，使用场合日渐减少，所以这种软件加密技术也使用较少。

②卡加密：把与软件对应的板卡插入计算机扩展槽，卡内可以存放数据和简单的算法，实现对相关版权信息的检测。这种加密方式对系统速度影响较小，而且与计算机总线交换数据的通讯协议可以自行开发，让解密者无法下手。缺点是安装麻烦，会占用计算机扩展槽，还容易与现有硬件冲突。目前这种方案应用也不多。

③软件锁加密：又称软件狗，是一种插在计算机打印口上的小设备。早期软件狗一般有火柴盒大小，内部存有一定的数据。其优点是安装方便、可以随时访问、访问速度快，并且提供可编程接口。因此是一种主流的软件加密方案。缺点是会占用打印机口，而对于计算机系统来说，要提供全面的打印驱动较为困难。目前逐渐普及的USB接口加密锁成为新的替代方案，不仅解决上面的问题，而且制作成本也大大降低。

④光盘加密：需要制作特殊的光盘，该光盘上某些非数据性的特征信息放置在复制不到的地方。制作这种光盘必须在特定生产线上实现，而且一旦加密有错则无

法修复。

不依赖硬件的软件加密方案则包括：

①密码表加密。密码信息隐藏在密码表中，甚至是软件说明书中某一部分，软件运行时要求用户根据屏幕的提示信息输入特定的答案。这种方案使用户使用软件时不够方便；而且由于无法防止密码表的扩散，基本上是一种防君子不防小人的加密方式。

②序列号加密。又称为注册码，注册文件。用户通过输入合法的序列号可以实现软件的正常安装。而且通常是一次安装永久使用，实现和使用都比较方便，缺点是由于验证过程在本地机上进行，给黑客破解造成可趁之机。而且用户可能随意扩散其合法的序列号。

③许可证加密。软件在安装或运行时对本地计算机进行检测生成该机的特定指纹，通过提交给开发商，开发商提供一个与指纹相关的注册码，用户采用此注册码注册后，软件方能使用。这种方案可以防止许可证的非法扩散，能够较好的保护软件知识产权。但是由于该方案会限制可以使用该软件的计算机，当用户更换硬件时可能使注册码失效，造成使用上一定的不便。

除了以上软件加密技术外，软件限制技术也经常为软件开发者所使用。例如限制软件的使用时间期限或者软件运行次数期限等。这些方法实现原理简单，通常在一些试用或测试版本中被采用。

【本章小结】

本章基于对软件本质特点的分析，讨论了软件安全的基本概念和范畴。重点从软件知识产权保护、软件质量提高和软件加密技术方面介绍了相关知识。其中着重介绍了软件防拷贝技术、防跟踪技术。对于目前常用的商业软件保护方案，根据其实现方法分为不依赖硬件实现的方案和依赖硬件实现的方案。

【关键术语】

软件安全	software security
盗版软件	pirate software
反跟踪技术	anti-tracking technology
静态分析	static analysis
动态跟踪	dynamic tracking

钥匙盘	key floppy disk
软件狗	softdog
密码表	cipher key
序列号	serial number
注册码	registration code
软件许可证	software license
软件限制	software restriction

【知识链接】

http://www.infosec.org.cn/rule/index.php

http://www.cnipr.com/

http://www.wipo.int/portal/en/

【习题】

1. 软件安全包含哪些内容?
2. 不同类型的软件面临的安全问题有何不同?
3. 关于实现软件知识产权的保护你有哪些建议?

第5章　操作系统安全

【本章教学要点】

知识要点	掌握程度	相关知识
操作系统基本功能	了解	操作系统主要功能及在信息系统中的重要性
操作系统安全功能	了解	操作系统安全需求及安全漏洞
访问控制机制	掌握	访问控制实现原理
Windows操作系统安全机制	熟悉	Windows系统内含安全功能

【本章技能要点】

技能要点	掌握程度	应用方向
访问控制基本原理	掌握	根据安全需求制定系统访问控制策略
Windows系统安全机制	熟悉	具有对常见操作系统进行安全设置的能力

【导入案例】

案例：微软评测操作系统安全性引发争议

2007年微软在对其发布的Vista操作系统进行相关分析后，认为vista比Linux、Mac OS X更为安全。Windows Vista上市后前6个月仅修复12个安全漏洞，相比之下，Linux发行版似乎有些相形见绌了。但是很多人提出了不同看法，主要有以下三种说法：

一、有分析人士和微软观察员表示，计算漏洞数并不是最佳衡量标准。

“我觉得用漏洞数量来衡量系统安全性是不妥当的。”专门研究微软公司的研究机构Directions on Microsoft公司分析师迈克尔·彻里（Michael Cherry）表示，“如果我们总是不断纠缠于漏洞数目，我们几乎等于是变相地施压力于他们来伪造这一数字，不报告系统漏洞情况。我希望我们能有一个比漏洞数量更好的衡量标准。”

迈克尔·彻里指出，不管怎么说，漏洞数量的计算多少带有些主观性。“让我们假设您正在对一个代码模块进行操作。您进入这个模块来修复A问题，但当您修复A问题的同时您发现了B问题。那么这种情况下您是算做一个问题还是两个？我可以拿些案例来说明这两种算法都是可能的。”

二、Vista发布时间不长，人们对它的了解还不够深入。

Microsoft Watch编辑乔·威尔科克斯（Joe Wilcox）表示：操作系统卫士中可能针对Linux发行版和Mac OS X的更多些。而越多的卫士，当然检查出来的问题也就更多了。

迈克尔·彻里表示：从一份6个月安全评估中是难以看出一种趋势的。多数操作系统都有10年生命周期，且到目前为止Vista的部署还十分有限。

三、漏洞数目可能与实际不符。

安全博客赖安·纳瑞恩（Ryan Naraine）6月20日在他的博客中写道："微软一直在暗地里修复不在其公告上的漏洞。他认为这是一种极具争议性的做法，它很大地减少公开记录在案的bug数目并影响到补丁管理以及部署决策。"

不过，Directions on Microsoft公司的彻里对此并不认同："我不理解这有什么可意外的。微软不断发现代码中的问题，并不断地加以修复。假如没有人报告过这一问题，由此我并未看出有什么损害，为什么他们必须告诉人们漏洞所在。而当它们被加入到补丁包时，就等于告诉了我们漏洞情况。补丁包中有一份它所修复的补丁列表，这其中总会存在一些您从未听过的部分。"

正如琼斯在微软评估报告中提及的："Windows XP未受益于SDL（安全开发生命周期）开发流程，且其他与之竞争的工作台操作系统也未受益于一种类似SDL的流程。"所以，不容忽视的是，Vista客户端是首个通过微软安全开发生命周期流程开发出来的产品，有着微软至为骄傲的安全性能。SDL流程包括每个新功能威胁模式的建立以及通过外部安全研究人员进行的审查。

"对于Windows Vista，从一开始我们每每提及它的任何一个新功能，都先从威胁模式着手。"威尔逊表示，"每个功能都必须有相应的一个威胁模式。当进行开发时您必须知道，如果发现一个不法分子正攻击一个功能，您必须做的事情是评估威胁模式。它在Vista中是崭新的一个开始环节。"

如何根据功能的威胁模式反应来对功能进行改动？UAC（用户账户控制）功能就是其中很好的一个例子。微软通过假设以下一种场景加以说明：如果用户正以一个标准用户身份在运行系统且想采取一个管理行动，他（她）将需提升权限来作为一个管理员才能继续进行操作。威胁模式定位这个问题之前，如果有人通过诳骗使用户错误地认为他（她）正输入密码来进入系统，但事实上用户确实曾给予第三方这个登录名及密码，这时会发生什么呢？

总而言之，判断一个操作系统是否更为安全，在发布之初就下结论还是太早。

【问题讨论】

1. 什么样的操作系统是安全的?

2. 操作系统安全与信息系统安全的关系如何?

3. 如何提高操作系统的安全性?

5.1 操作系统安全基础

作为一种系统平台软件，操作系统安全仍然属于软件安全的范畴。操作系统是硬件和软件应用程序之间接口的程序模块，是计算机资源的管理者，因此操作系统是保证信息系统安全的重要基础。对于一个设计上不够安全的操作系统，事后采用增加安全特性或打补丁的办法是一个艰巨的任务。

操作系统的主要功能包括：进程控制和调度、存储器管理、文件管理、输入/输出管理、资源管理等。操作系统的安全是信息系统深层次的安全，主要的安全功能包括：

（1）用户认证，识别请求访问的用户权限和身份。

（2）存储器保护，限定存储区和地址重定位，保护存储的信息。

（3）文件与I/O设备的访问控制，保护用户和系统文件及I/O设备，防止非授权用户访问。

（4）对一般目标的定位与访问控制，保护其他目标免受非授权用户访问。

可能造成安全威胁的操作系统安全漏洞通常有以下几种：

（1）I/O非法访问，OS仅在I/O操作初始阶段进行访问检查，一旦检查通过之后，该操作系统就继续执行下去而不再检查，从而造成后续操作的非法访问；使用公共的系统缓冲区，任何用户都可以搜索这个缓冲区，其中的机密信息有可能被泄露。

（2）访问控制的混乱，安全访问强调隔离和保护措施，但资源共享则要求公开和开放，这是一对矛盾问题。安全访问与资源共享间的关系处理不善，就可能因为操作界限不清而造成操作系统的安全问题。

（3）不完全的中介，完全的中介必须检查每次访问请求以进行适当的审批。省略必要安全保护造成保护机制不全面。

（4）操作系统陷门，某些操作系统为了安装其他公司的软件包而保留了一种特殊的管理程序功能。虽然这些管理功能的调用需要以特权方式进行，但是并未受到严密的监控，缺乏必要的认证和访问权的限制，有可能被用于安全访问控制，从而形成操作系统陷门。

构建安全信息系统的根本途径是建立安全的操作系统并向之进行转移。为了构建安全的操作系统，首先必须构造操作系统的安全模型和不同的实施方法。其次应该采用诸如隔离、最小特权和环结构（开放设计和完全中介）等安全科学的操作系统设计方法。另外，还需要建立和完善操作系统的评估标准、评价方法和质量测试。

5.2 操作系统的访问控制机制

操作系统安全的核心在于访问控制，即确保主体对客体的访问只能是授权的，未经授权的访问是不能进行的，并且需要保证授权策略是安全的。

对访问对象的控制可以采用不同的粒度，包括Bit级、节级、字级、字段级、文件级、目录级、卷级等。受控目标级别越大，实现访问控制越容易。但粒度越粗，控制的精度越低。为了更好地描述控制策略，可以采用矩阵模型对控制主体、控制对象和权限进行描述。访问控制矩阵模型如下所示。

主体集合$S=\{s_1, s_2, \cdots, s_m\}$

客体集合$O=\{o_1, o_2, \cdots, o_n\}$

权利类型集合$R=\{r_1, r_2, \cdots, r_l\}$

权利矩阵$A=\{a_{ij}\}i=1, \cdots, m; j=1, \cdots, n$；$a_{ij}$表示主体$S_i$对客体$O_j$拥有的权利

三元组Q=（S，O，A）为系统的权利配置或保护状态，简称状态

主体S_i对客体O_j访问时，检查是否拥有权力，即a_{ij}的取值，然后决定是否进行接受访问请求。这种控制模式称为基本访问控制模型，大部分操作系统采用此方法。

在实际使用中，通常不采用存储整个访问存储矩阵的方法，因为效率太低。通常采用两种方法进行存储：基于行的方法或者基于列的方法。前者以主体为对象进行分别存储，后者以被访问客体为对象进行所有主体对其访问权限集合的存储。具体做法为：

（1）基于矩阵行的自主性访问控制。在每个主体上附加一个该主体可以访问的客体明细表。

（2）基于矩阵列的自主性访问控制。对每个客体附加一份可以访问它的主体明细表。

访问控制安全策略可以分为自主访问控制策略和强制访问控制策略两种。前一种

策略中通常有一个对其他主体具有授予某种访问权利的主体，能够自主地（可能是间接地）将访问权或访问权的某一个子集，授予其他主体。强制控制策略指由系统对用户所创建的对象进行统一的强制性控制，按照规定的规则决定哪些用户可以对哪些对象进行什么样的操作。

自主安全策略不能抵御特洛伊木马。用户可以修改对文件的控制信息，而且不能确认修改来源是用户还是木马。而强制控制访问可以阻止部分木马。但强制控制访问策略对用户限制过多、不够灵活。

5.3 Windows OS安全技术

Windows NT是Microsoft公司的第一个网络操作系统，与Windows平台之前的其他版本相比，在安全性方面有了很大的提升，其后新推出的Windows 2000、Windows XP、Windows 7等版本的核心安全功能均是由此继承而来。

Windows NT的安全性具体体现在登录安全、存取控制、用户权限、审计管理、备份管理等方面。

1. 登录

交互式登录过程是Windows抵御非法存取的第一道防线，这个过程以用户同时按下CTRL+ALT+DEL三键登录界面开始。用这种键的组合来登录可以防止后台恶意程序运行，防止特洛伊木马截取用户的登录信息。接下来系统询问用户名、口令及用户希望存取的服务器或域名。如果用户输入正确，系统将进行下一步进行用户身份确认。系统通过安全子系统将欢迎对话框中的用户输入传递给安全账号管理器，以此验证一个用户。安全账号管理器将用户名和口令与域的安全账号数据库进行比较，如果用户名和口令与数据库中的一个账号匹配，服务器就通知工作站这次登录通过了。服务器还下载该用户的信息，如账号权限、本地目录位置及其他工作站变量。

如果用户有账号，口令也有效，并且该用户有存取该系统的许可，安全子系统就创建一个访问令牌。访问令牌代表该用户。它就像代表用户资格的一把钥匙。访问令牌含有用户安全标识、用户名及用户所属组等信息。

Windows NT通过用户登录识别用户，并被非法闯入者拒之门外。不同的人以相同的用户身份登录，Windows NT会识别为同一个用户。因此，如果非授权盗用用户账号的入侵者闯入系统进行破坏活动，Windows NT是无能为力的。

2. 设置登录安全

管理员可以使用域用户管理器为用户建立和修改用户属性，同时也可以设置其他账号安全属性。

（1）设置工作站登录限制：它可以限制用户从哪些工作站上上网。一旦用户的用户名和密码泄露，也只能访问指定的机器，大大提高了安全性。

（2）设置时间登录限制：在系统指定时间内登录的用户如果超过登录时限，可以根据系统设置切断用户连接，或者允许用户继续工作直到他离开系统。

（3）设置账号失效日期：在高度安全的系统中，定期使用户账号失效，让用户被重新授权访问系统是一项重要的安全策略。但开销较大。

（4）设置用户登录失败次数：在设置的用户登录失败次数内如未成功登录，系统将锁定用户账号，必须由管理员来解锁。

3. 存取控制

每个文件或目录对象都有一个存取控制列表，这个列表里有一个存取控制项的清单。存取控制项提供了一个用户或一组用户在对象的访问或审计许可权方面的信息。存取控制列表与文件系统一起保护着对象，使它们免受非法访问的侵害。共有三种不同类型的存取控制项：系统审计、允许访问和禁止访问。

系统审计是一类系统的存取控制项，负责处理登录安全事件和审计信息。允许访问和禁止访问也被称为可自由决定的存取控制项。由其访问类型决定其各自的优先级，即禁止总是比允许的优先级高。如果用户所属的组被禁止对某一对象进行访问，那么，不管用户自己的账号和用户所属的别的组是否对该对象访问具有允许的访问权，用户都不能够对该对象进行访问。如果没有为某个对象设定可自由决定的存取控制列表，系统将自动为该对象设定一个默认值，文件的默认存取控制列表将自动继承其所处目录的存取控制属性。

4. 用户权限

用户在系统中能进行特定操作的权力称为用户权限。它适用于用户所处的整个系统。通常都是由系统管理员来为用户或组指定各自的权限。用户具有的权限一般包括从网络上访问某台计算机或在备份系统启动时登录某些服务程序账号。

5. 所有权

对象所有权用户有权改变他们拥有的对象的许可权。通常，文件或目录的创建者就是文件或目录的拥有者。用户不能放弃自己对某对象的所有权，但可以让别的用户也同时拥有该对象的所有权。从而使拥有者对自己创建的对象负责。

6. 访问许可权（文件/目录）

NTFS文件系统增强了文件和目录的安全性，从而提供了用户安全和物理安全保护。通过赋予文件和目录的许可权，NTFS文件系统保证用户不能访问未授权的文件和目录，且不能进行超过权限的操作。NTFS文件系统的自动恢复等功能提供了文件和目录的物理安全保障。

在Windows NT中，许可权决定了用户访问某些资源的权限。这些资源包括文件、目录、打印机和其他对象及服务程序。适用于特定对象的许可权取决于对象的类型。例如，用于打印机的许可权不同于用户访问文件的许可权。此外，访问文件的许可权又随着所用文件系统类型的不同而各有差异。与FAT文件系统相比，可以更加严密地控制对NTFS文件系统的访问。可以对NTFS文件系统中的目录使用下列许可权：

（1）No access本许可权，禁止用户以任何方式访问目录，即使用户属于有权访问该目录的组。

（2）List使用本许可权，用户只能列出该目录中的文件和子目录，并只能修改该目录的子目录，用户不能访问该目录中创建的新文件。

（3）Read本许可权，允许用户读取和执行目录。

（4）Add使用本许可权，用户可以将新文件添加给该目录，但不能修改所有文件。

（5）Add & Read本许可权是Read和Add这两种许可权的结合。

（6）Change用户可以读取文件，将文件添加给一个目录，并可修改现有文件的内容。

（7）Full control用户可以读取文件、修改文件、添加新文件、修改该目录及修改其文件的许可权。用户可拥有该目录及文件的所有权。

可以将下列访问权赋予NTFS文件系统中的文件：

（1）No access本访问权，禁止用户访问该文件，即使他属于有权访问该文件的组。

（2）Read本访问权，允许用户读取和执行文件。

（3）Change用户可以读取、修改和删除该文件。

（4）Full control本访问权允许用户读取、修改和删除文件，并可设置对该文件的访问许可权，可以拥有该文件的所有权。

7. 访问许可权

在共享一个对象时设置对它的访问许可权，可以随时修改这些许可权。可以用多种方法设置许可权，设置的方法随资源类型的不同而有所差异。例如设置磁盘资源的访问许可权和设置打印机资源的访问权等。

8. 共享许可权

共享许可权类似于NTFS文件目录许可权，提供一组规则，来控制用户对文件和目录的访问。不同的是，文件目录的许可权无论对于本地或者远程的访问，同样进行访问许可验证，而共享许可权则是对于网络共享资源的过程访问而言的。

这样，共享许可权为网络共享资源提供了另外一层的安全性保护。文件目录及打印机等共享资源的共享许可权可以用Windows的“资源管理器”授予。

9. 审计

审计就是对那些可能危及系统安全的系统级属性进行逻辑评估。它还可以报道并跟踪企图对系统进行破坏的行为。在使用监视程序后，审计系统可以确保系统的遵循性。

另外，审计也可用于安全活动中。安全审计有两种类型：状态审计和事件审计。状态审计包括对系统当前状态的审计，时间审计则评估程序停止运行后产生的审计记录。

评估控制及访问风险、判决遵循性、报告例外事件和改善系统的工作等都是由审计来完成。审计按照机构的安全策略和实施安全标准的适应性平台来对系统进行评估。

10. 备份

Windows NT还提供相应系统备份功能以防止系统和用户数据的丢失。用户可以制作系统紧急启动盘、备份系统及应用的配置数据、备份用户数据等。

Windows系列各新操作系统版本除了对发现的各种系统漏洞进行了修补外，又逐步添加了一些新的安全功能。比如从Windows XP开始集成了内部的网络防火墙，在Windows Vista系统中进行了网络访问保护和系统服务功能的增强，Windows 7.0则对Vista中的部分安全功能进行了完善。

【本章小结】

本章从操作系统的功能出发讨论了其安全性对信息系统的重要性。介绍了操作系统安全的基本内容和实现途径，并重点对操作系统安全的核心——访问控制的概念和方法进行了介绍。最后从Windows NT操作系统所具有的主要安全功能出发，讨论了Windows操作系统的安全性能。

【关键术语】

操作系统	operating system
访问控制	access control
陷门	trap door
登录安全	login security
用户权限	user rights
访问许可权	access permission
文件所有权	file ownership
共享许可权	sharing permission
安全审计	security audit
系统备份	system backup

【知识链接】

http://www.microsoft.com/zh-cn/default.aspx

http://linux.cn/

【习题】

1. 如何更好地发挥Windows操作系统的安全性能？

2. 查阅相关资料，列举目前三种主流的个人计算机操作系统并对其安全性进行比较。

第6章　数据库安全

【本章教学要点】

知识要点	掌握程度	相关知识
数据库系统安全需求	了解	数据库系统应用特点和安全需求
数据库存取控制	了解	存取控制的方法和策略
数据库并发控制	掌握	并发冲突产生的原因，并发控制的常用方法
数据库备份与恢复	掌握	数据库备份的方法和策略制定，数据库恢复的方法
数据库加密	了解	数据库加密的基本方法

【本章技能要点】

技能要点	掌握程度	应用方向
数据库存取控制	掌握	应用数据库用户存取控制管理
数据库备份与恢复	熟悉	不同需求下的应用数据库的备份与恢复方案

【导入案例】

案例：腾讯工程师盗卖Q币被判刑

2010年6月南山区人民法院对南山区人民检察院起诉的蔡某职务侵占案作出了一审判决，判处蔡某有期徒刑六个月，缓刑一年。

案情显示，蔡某是深圳市腾讯计算机信息系统有限公司数据平台部工程师，主要负责声讯、发行系统的维护，同时也是QQ数据卡系统备份的负责人。2009年11月底，蔡某利用自己能登录QQ卡数据系统并进行操作的职务便利，使用自己的操作权限更改过期的QQ卡的使用期限及余额，然后将QQ卡按其所含Q币的价值以7.8或8折的价格在淘宝网进行销售，共售出Q币约4万元，非法获利人民币35234.23元。

这起监守自盗的案件显示了IT企业的内控的重要性，尤其是对于像腾讯这样的维护虚拟财富（货币）的公司而言，所有的虚拟财富都是以数字记录的形式存放在数据库中，一旦监管失控，后果不堪设想，并可能侵犯虚拟财富所有人的合法权利。因此，针对存放虚拟财富的数据库系统进行严格的内控审计成为一项重要的安全工作。

这种内控不仅仅是安全防护，防止黑客非法入侵，更要防范具有合法权限的管理人员的违规行为。

除腾讯外，我国目前还有众多各类网游公司，以及各种通过记录积分回报吸引会员的网站，他们的虚拟财富都应该得到更加严格的监管，确保没有被非法篡改、删除，这不仅是对公司负责，更是对用户和网民负责。

【问题讨论】

1. 数据库中有哪些类型的数据需要得到特别的安全保护？
2. 数据库面临的安全威胁有哪些？
3. 如何实现数据库技术和管理两方面的安全？

6.1 数据库安全概述

6.1.1 数据库的安全特性

数据库系统是计算机技术的一个重要分支，从60年代后期开始发展，目前已经成为一门新兴学科。应用设计面很广，几乎所有领域都要用到数据库。数据库数据量庞大、用户访问频繁，有些数据具有保密性，因此数据库要由数据库管理系统DBMS进行科学地组织和管理，以确保数据库的安全性和完整性。

很多数据库应用于客户机/服务器（client/server）平台，这已成为目前主流的计算模式，在server端，数据库由sever上的DBMS进行管理，多个客户端共享服务器端的数据，因此就涉及管理数据库的安全性与可靠性问题。例如：在一个企业中，各个部门要共用一个或几个服务器，要分别对不同的或相同的数据库进行读取、修改、增删，而且各个部门之间很有可能有交叉浏览的需求，但是各部门无权修改其他部门的资料，另外还要防止一些别有用心的人的蓄意破坏。

面对数据库的安全威胁，必须采取有效的安全措施。这些措施可分为两个方面，即支持数据库的操作系统和同属于系统软件的DBMS。后者的安全使用有以下几点要求：

（1）数据量庞大。数据库中集中存储着一个组织或部门的相关数据信息，往往具有庞大的数据量，对存储空间和处理性能方面都有较高的要求。

（2）多用户。局域网上的数据库是供多个用户访问的，因此任何数据库管理操作，包括备份，都会影响到许多用户的工作效率。

（3）高可用性。与多用户的问题相关的是，数据库系统要求被访问和更新的时间长度。虽然办公自动化文件服务器在非工作时间很少进行操作，但数据库系统却经常需要运行更多时间以完成批处理任务或为其他时区的用户提供访问。

（4）频繁更新。文件服务器在白天一般没有大量的磁盘写入操作。一个办公自动化文件被打开之后，可能每隔15分钟该文件的改动被保存一次。如果有250个用户在该服务器上工作，这就意味着平均每4秒就有一个文件需要被保存。

（5）大文件。数据库一般有很多的文件，像文字处理这样的办公自动化应用的文件，平均大小是在5KB~10KB之间。数据库文件经常有几百KB甚至几个GB。

为满足以上安全需求，数据库安全系统应具有以下特征：

1. 数据独立性

数据独立于应用程序之外。理论上数据库系统的数据独立性分为物理独立性和逻辑独立性。

（1）物理独立性。数据库物理结构的变化不影响数据库的应用结构，从而也就不能影响其相应的应用程序。这里的物理结构是指数据库的物理位置、物理设备等。

（2）逻辑独立性。数据库逻辑结构的变化不会影响用户的应用程序，数据类型的修改、增加、改变各表之间的联系都不会导致应用程序的修改。

这两种数据独立性要靠DBMS来实现。到目前为止，物理独立性已经能基本实现，但逻辑独立性实现起来非常困难，数据结构一旦发生变化，一般情况下，相应的应用程序都要作或多或少的修改。追求这一目标也成为数据库系统结构复杂的一个重要原因。

2. 数据安全性

一个数据库能否实现防止无关人员得到他不应该知道的数据，是数据库是否实用的一个重要指标。如果一个数据库对所有的人都公开数据，那么这个数据库就不是一个可靠的数据库。

一般，比较完整的数据库应对数据安全性采取以下措施：

（1）隔离。将数据库中需要保护的部分与其他部分相隔离。

（2）授权。使用授权规则，是数据库系统经常使用的一个办法，数据库给用户ID号和口令、权限。当用户用此ID号和口令登录后，就会获得相应的权限。不同的用户或操作会有不同的权限。比如，对于一个表，某人有修改权，而其他人只有查询权。

（3）加密。将数据加密，以密码的形式存于数据库内。

3. 数据完整性

数据完整性这一术语泛指与损坏和丢失相对的数据状态。它通常表明数据在可靠性与准确性上是可信赖的，同时也意味着数据有可能是无效的或不完整的。数据完整性包括数据的正确性、有效性和一致性。

（1）正确性。数据在输入时要保证其输入值与定义这个表相应域的类型一致。如表中的某个字段为数值型，那么它只能允许用户输入数值型的数据，否则不能保证数据库的正确性。

（2）有效性。在保证数据正确的前提下，系统还要约束数据的有效性。例如：对于月份字段，若输入值为16，那么这个数据就是无效数据，这种无效输入也称为“垃圾输入”，当然，若数据库输出的数据是无效的，相应称为“垃圾输出”。

（3）一致性。不同的用户使用数据库，应该保证他们取出的数据必须一致。

4. 并发控制

如果数据库应用要实现多用户共享数据，就可能有同一时刻多个用户要存取数据，这种事件叫做并发事件。当一个用户取出数据进行修改，在修改存入数据库之前如有其他用户再取此数据，那么读出的数据就是不正确的。这时就需要对这种并发操作施行控制，排除和避免这种错误的发生，保证数据的正确性。

5. 故障恢复

当数据库系统运行时出现物理或逻辑上的错误时，尽快将它恢复正常，这就是数据库系统的故障恢复功能。

6.1.2 数据库管理系统

DBMS（Data Base Management System）是一个专门负责数据库管理和维护的计算机软件系统。它是数据库系统的核心，对数据库系统的功能和性能有着决定性影响。DBMS不但负责数据库的维护工作，还要按照数据库管理员的要求保证数据库的安全性和完整性。

DBMS的主要职能为：

（1）有正确的编译功能，能正确执行规定的操作。

（2）能正确执行数据库命令。

（3）保证数据的安全性、完整性，能抵御一定程度的物理破坏，能维护和提交数据库内容。

（4）能识别用户，分配授权和进行访问控制，包括身份识别和验证。

（5）保证网络通信功能，顺利执行数据库访问。

另一方面，数据库的管理不但要靠DBMS，还要靠人员。这些人员主要是指管理、开发和使用数据库系统的数据管理员（DBA，Data Base Administrator）、系统分析员、应用程序员和用户。用户是对应用程序员设计的应用程序模块的使用者，系统分析员负责应用系统的需求分析和规范说明，而且要和用户及DBA相结合，确定系统的软硬件配置并参与数据库各级应用的概要设计。这些人中最重要的是DBA，他们负责全面地管理和控制数据库系统，具体职责包括：

（1）决定数据库的信息内容和结构。

（2）决定数据库的存储结构和存取策略。

（3）定义数据的安全性要求和完整性约束条件。

（4）DBA的重要职责是确保数据库的安全性和完整性。不同用户对数据库的存取权限、数据的保密级别和完整性约束条件也应由DBA负责决定。

（5）监督和控制数据库的使用和运行。DBA负责监视数据库系统的运行，及时处理运行过程中出现的问题。尤其是遇到硬件、软件或人为故障时，数据库系统会因此而遭到破坏，DBA必须能够在最短时间内把数据库恢复到某一正确状态，并且尽可能不影响或少影响计算机系统其他部分的正常运行。为此，DBA要定义和实施适当的后援和恢复策略，例如周期性转储数据、维护日志文件等。

（6）数据库系统的改进和重组。

6.1.3 数据库的故障类型

数据库的威胁来源于三个方面：系统内部、人为的和外部环境的。

来自于系统内部的威胁包括：数据库中允许未授权的访问、复制和窃取；计算机系统中硬件的保护机构不起作用，或不能提供软件保护，或者操作系统没有安全保护机构，造成信息泄漏等；终端安装在不安全的环境中，通讯网络中产生电磁辐射，以及通讯网线路上的串音泄漏等。

人为的安全威胁指数据库系统相关人员造成的威胁因素包括：授权者给出了不适当的安全规则说明；操作者复制机密报告，装入不安全系统和窃取机密材料；系统程序员通过改变安全检查机构，使安全机构失效和安装不安全的操作系统；应用程序员编写违反规定的程序侵入；终端用户伪装或欺骗鉴别机构，非法泄露授权信息和不正确地输入数据等。

来自外部环境的威胁包括：自然灾害、来自外部的各种有意的袭击、外部人员未经许可进入计算机机房。

以上威胁因素会引起数据库的各种故障。这里的数据库故障是指从安全角度出发，数据库系统中可能发生的各种故障，主要包括事务内的故障、系统范围内的故障、介质故障、病毒与黑客。

1. 事务内部的故障

事务（transaction）是指并发控制的单位，它是一个操作序列。在这个序列的所有操作只有两种行为，要么全都执行，要么全都不执行。因此，事务是一个不可分割的单位。事务以commit语句提交给数据库，以rollback作为对已经完成的操作撤销。

事务故障多表现为数据的不一致性，主要表现为以下几种：

（1）丢失修改。两个事务T1和T2读入同一数据，T2提交的结果破坏了T1提交的结果，T1对数据库的修改丢失，造成数据库中数据错误。

（2）不能重复读。事务T1读取某一数据，事务T2读取并修改了同一数据，T1为了对读取值进行校对再读取此数据，便得到了不同的结果。例如：T1读取数据B=200，T2也读取B并把它修改为300，那么T1再读取B得到300，与第一次读取的数值便不一致。

（3）"脏"数据的读出。即不正确数据的读出。T1修改某一数据，T2读取同一数据，但T1由于某种原因被撤销，则T2读到的数据为"脏"数据。例如：T1读取数据B值为100，修改为200，则T2读取B值为200，但由于事务T1被撤销，其所做的修改宣布无效，B值恢复为100，而T2读到的数据是200，与数据库内容不一致。

2. 系统范围内的故障

系统范围内的故障又称软故障，是指系统突然停止运行时造成的数据库故障。如CPU故障、突然断电、操作系统故障，这些故障不会破坏数据库，但会影响正在运行的所有事务，因为数据库缓冲区中的内容会全部丢失，运行的事务非正常终止，从而造成数据库处于一种不正确的状态。这种故障对于一个需要不停运行的数据库来讲，损失是不可估量的。

恢复子系统必须在系统重新启动时让所有非正常终止事务rollback，把数据库恢复到正确的状态。

3. 介质故障

介质故障又称硬故障，主要指外存故障，如：磁盘磁头碰撞，瞬时的强磁场干扰。这类故障会破坏数据库或部分数据库，并影响正在使用数据库的所有事务。所以，这类故障的破坏性很大。

4. 病毒与黑客

病毒是一种计算机程序，然而这种程序与其他程序不同的是它的功能在于破坏计算机中的数据，破坏计算机系统，使计算机处于一种不正确的状态，妨碍计算机用户的使用。而且病毒具有自我繁殖的能力，传播速度很快。有些病毒一旦发作就会马上摧毁系统。

针对计算机病毒，现在已出现了许多种防毒和杀毒的软硬件。但病毒发作后造成的对数据库系统的破坏还是需要操作者去恢复的。

各种故障可能造成数据库本身的破坏，也可能不破坏数据库，但使得数据不正确。对于数据库的恢复，其原理就是“冗余”，即数据库中的任何一部分数据都可以利用备份在其他介质上的冗余数据进行重建。这种恢复的原理非常简单，但要付出时间和空间的代价。

黑客和病毒不同。从某种程度上讲，黑客的危害要比计算机病毒更大。黑客往往是一些精通计算机网络和软硬件的计算机操作者。他们利用一些非法手段取得计算机的授权，非法却又随心所欲地读取甚至修改其他计算机数据，造成巨大的损失。

对于黑客，更需要计算机数据库加强安全管理。这种安全管理对于那些机密性的数据库显得尤为重要。

6.1.4 数据库事务处理安全检查过程

要实现完整的数据库安全，在数据库事务处理过程中应采取以下安全流程：

（1）身份鉴别及登录机构，用户请求访问时根据用户给定的身份证明，检验其身份，确定以什么级别进入系统，登记用户进入的时间。

（2）经鉴定机构核查，用户可向系统申请事务处理。

（3）由存取控制机构对用户被授权使用的事务处理，对其权力表进行核对，然后排队调度事务处理。

（4）事务执行时可能要调用应用程序库中的程序。

（5）应用程序执行时，访问请求进入数据库管理系统（DBMS），通过查数据字典，组织和完成对数据库的访问。

（6）DBMS进行必要的证明，以组织对数据库的数据访问，并完成必要的授权检查。

（7）DBMS应在执行前或执行中进一步核对事务处理请求的权力，并对并发用户的更新操作提供同步控制，以避免改变数据库的完整。而且还要保留数据访问的每次登录或审计追踪，以供审计和恢复DB时使用。

（8）请求DB生效后，DBMS就按子模式到内模式，再到物理存储的映射，把访问转换成为一个I/O请求，然后通过操作系统来完成，这期间可能要进行操作系统的检查。

（9）对操作系统的功能以及文件的使用做进一步核查，并提供硬件保护，确保数据的正确传送。

（10）存放在数据库里的信息可能是加密存放，或是留有后援副本以作恢复之用。

（11）数据库事务处理的安全检查。

6.2 数据库存取控制

6.2.1 授权

授权指对于存取权限的定义。这些定义经过编译后存储在数据字典中。每当用户发出数据库的操作请求后，DBMS查找数据字典，根据用户权限进行合法权检查。若用户的操作请求超出了定义的权限，系统拒绝此操作。授权编译程序和合法权检查机制一起组成安全性子系统。

数据库系统中，不同的用户对象有不同的操作权力。对数据库的操作权限一般包括查询权、记录的修改权、索引的建立权、数据库的创建权。把这些权力按一定的规则授予用户，以保证用户的操作在自己的权限范围之内。授权规则可以用表6.1表示。

表6.1　授权规则表

用户	关系A	关系B	关系C
用户1	NONE	SELECT	ALL
用户2	SELECT	UPDATE	SELECT DELETE UPDATE
用户3	NONE	NONE	SELECT
用户4	NONE	INSERT SELECT	NONE
用户5	ALL	NONE	NONE

数据库的授权由SQL的GRANT（授权）和REVOKE（回收）来完成。例如：①将表TABLE1查询权力授予所有用户GRANT SELECT ON TABLE TABLE1 TO PUBLIC，②将表TABLE1的所有权力授予用户L1GRANT ALL PRIVILGES ON TABLE TO L1，③把用户L1对TABLE1的查询权收回REVOKE SELECT ON TABLE TABLE1 FROM L1。

下面是三个安全性公理，第②和第③公理都假定运行用户更新数据。

①如果用户I对属性集A的访问是有条件地选择访问（带谓词P），那么用户I对A的每个子集也可以有条件地选择访问（但没有一个谓词比P强）。

②如果用户I对属性集A的访问是有条件地更新访问（带谓词P），那么用户I对A也可以有条件地选择访问（但谓词不能比P强）。

③如果用户I对属性集A不能进行选择访问，那么用户I也不能对A有更新访问。

6.2.2 数据分级

有些数据库系统对安全性的处理是把数据分级。这种方案为每一个数据对象赋予一定的保密级。例如：绝密级、机密机、秘密机和公用级。对于用户，也分成类似的级别。系统便可规定两条规则：

①用户I只能查看比他级别低的或同级的数据。

②用户I只能修改和他同级的数据。

在第②条中，用户I显然不能修改比他级别高的数据，但同时他也不能修改比他级别低的数据，这是为了管理上的方便。如果用户I要修改比他级别低的数据，那么首先要降低用户I的级别或提高要查看的人的级别使得两者之间的级别相等才能进行修改操作。

数据分级法是一种独立于值的简单的控制方式。它的优点是系统能执行“信息流控制”。在授权矩阵方法中，允许有权查看秘密数据的用户把这种数据拷贝到非保密的文件中，那么就有可能使无权用户也可接触秘密数据了。在数据分级法中，可以避免这种非法的信息流动。

然而，这种方案在通用数据系统中不十分有用，只在某些专用系统中才有用。

6.2.3 存取控制策略

进行存取控制时，通常有6种可选策略：

（1）最小特权策略。该策略是数据库安全保护的最主要的策略，适合于任何系统的安全保护。该策略使用户只了解自己工作所需的信息，对于其他信息都加以屏蔽和保护，使信息泄漏的可能性最小，从而使数据库完整性受到损害的程度也最小。最小策略也称为“知所必需”的策略。

（2）最大共享策略。它是一个基本的可供选择的策略，使数据信息得到最大程度的共享。这要求在保密控制的条件下得到最大的共享，不是任何人都可以随意存取数据库中的信息。

（3）开放与封闭系统。存取控制的一种策略问题就是究竟是建立一个开放系统，还是建立一个封闭系统。在开放系统中，只有当明确地禁止时，才不能对该系统进行存取操作。而封闭系统正好相反，仅当明确地授权后才能对该系统进行存取操作。从安全保密的角度来讲，封闭系统具有比较安全的特点，且符合“最小特权”原则。

（4）按名存取控制。这种控制策略是最小特权策略的扩展，能达到细化求精的目的。它要求数据库管理系统提供允许的最小的“颗粒”，以达到最小特权的存取控制。

（5）取决于上下文的存取控制策略。该策略是指存取控制项的组合。一方面它限制了组合在一起的存取域，另一方面有时又要求某些属性组合在一起存取。

（6）取决于历史的存取控制策略。该策略控制存取过程，在存取时，不仅要考虑当前的请求，还要考虑用户过去的存取历史。因为有些数据本身不会泄露秘密，但是如果和以前历史上查询得到的数据联系起来，就可能泄露机密。可以根据用户过去已经执行的存取来拒绝他现在的存取请求。这一策略对统计数据库安全非常重要。

前述的策略都是对数据存取的控制，而对合法程序使用数据的控制却有局限。例如：信息的泄露可能是从一个授权的合法程序向一个未授权的程序泄露。要想实现这一点，必须进行信息流的控制，例如采取数据分级的方法，规定数据属于某类别或者某部门，不能由用户随便传递到其他类别去。

6.3 数据库并发控制

目前，多数数据库都是大型多用户数据库，所以库中的数据资源必须是共享的。为了充分利用数据库资源，应允许多个用户并行操作数据库。数据库必须能对这种并行操作进行控制，即并发控制，以保证数据在不同用户使用时的一致性。

6.3.1 并发操作问题

以财务部门对数据库CWBM的操作为例，分析并发操作带来的问题。操作员A1与A2，对于工资字段GZ（值200）进行：

未加控制的并发操作。如表6.2所示，操作员A2在T4时刻对GZ的修改，冲掉了T3时刻操作员A1对GZ的修改，本来A1将GZ改为400元，而最后GZ的值却由于A2的操作变为100元。这种操作无论是A1的事件先发生，还是A2的事件先发生，其结果都是不正确的。

表6.2　未加控制的并发操作过程

时刻	操作员A1	操作员A2	GZ值
T1	读取GZ		200
T2		读取GZ	
T3	修改GZ=GZ*2		
T4		修改GZ=GZ-100	
T5	COMMIT		
T6		COMMIT	100

未加控制的并发操作读取造成数据不一致，如表6.3所示。表中的事件发生后，GZ字段的值为300，而操作员A2读出的数据却仍然是200，这就说明数据的一致性不能得到保证。

表6.3　并发操作读取造成数据不一致

时刻	操作员A1	操作员A2	GZ值
T1	读取GZ		200
T2		读取GZ	200
T3	修改GZ=GZ+100		300
T4	COMMIT		300

未提交更新发生的并发操作错误，见表6.4所示。表中所发生的错误是由于未提交更新而发生的。操作员A1在T2时刻将GZ值改为150后，操作员A2读取GZ值为150，在T4时刻由于某种原因，操作员A1将所做的操作撤销，GZ值恢复为200，但操作员A2所使用的GZ值却仍为150，数据的完整性同样遭到破坏。

表6.4　未提交更新而发生的并发操作错误

时刻	操作员A1	操作员A2	GZ值
T1	读取GZ		200
T2	修改GZ=GZ-50		150
T3		读取GZ	150
T4	ROLLBACK		200

以上操作都是数据库操作中经常遇到的，对于数据的并发操作所引起的错误必须要有相应的办法进行管理和控制。

6.3.2 封锁技术

并发控制的主要方法是封锁技术（Locking）。当事务1修改数据时，将数据封锁，这样在事务1读取和修改数据时，其他的事务就不能对数据进行读取和修改，直到事务1解除封锁。

基本的封锁类型叫做排他型锁，又称X封锁。如果事务T向系统申请得到数据A的封锁权，则只允许T对数据A进行读取和修改，其他一切事务对A的封锁申请只能到事务T释放封锁才能成功，期间一致为等待状态。

利用X封锁可以解决表6.2、表6.3、表6.4中的问题，如表6.5、表6.6、表6.7所示。

表6.5　原表6.2加锁后的执行状态

时刻	操作员A1	操作员A2	GZ值
T1	读取GZ		200
T2		读取GZ	200
T3	修改GZ=GZ*2	wait	400
T4	COMMIT	wait	400
T5	释放封锁	wait	400
T6		再读取GZ	400
T7		修改GZ=GZ-100	300
T8		COMMIT	300

表6.6　原表6.3加锁后的执行状态

时刻	操作员A1	操作员A2	GZ值
T1	读取GZ		200
T2		读取GZ	200
T3	修改GZ=GZ+100	wait	300
T4	释放封锁	wait	300
T5		再读GZ	300
T6	COMMIT		300

表6.7 原表6.4加锁后的执行状态

时刻	操作员A1	操作员A2	GZ值
T1	读取GZ		200
T2	修改GZ=GZ-50		150
T3		读取GZ	150
T4	ROLLBACK	wait	200
T5	释放封锁	wait	200
T6		再读取GZ	200

6.3.3 封锁带来的问题

封锁的控制方法有可能会引起死锁和活锁的问题。

某个事务永远处于等待状态称为活锁，例如：事务1操作数据A时的请求封锁后，事务2和事务3操作数据A的请求处于等待状态。当事务1完成之时，首先满足了事务3的请求，事务3操作过程中，事务4进行请求，于是事务3完成之后，封锁权交给事务4……所以事务2永远处于等待状态，这叫做活锁。解决活锁的最常见方法是对事务进行排队，按“先入先出”的原则进行调度。

两个或两个以上事务彼此都在等待对方解除封锁，永远无法结束，这种封锁叫做死锁。如表6.8所示。

表6.8 造成事务永远等待的死锁过程

时刻	事务1	事务2
T1	读取数据A（对A进行封锁）	
T2		读取数据B（对B进行封锁）
T3	读取数据B（等待）	
T4		读取数据A（等待）

上表中事务1等待读取数据B，事务2等待读取数据A，而事务1对数据A已加封锁，事务2对数据B已加封锁，造成两个事务在无限期等待，从而出现死锁现象。数据库解决死锁问题的主要方法有以下几种：

（1）要求每个事务一次就对所有要使用的数据全部加锁，否则就不能执行。如上例中，事务1将数据A、B一次全部加锁，则事务1执行时，事务2等待，这样就不会发生死锁。

（2）预先规定一个封锁顺序，所有事务都必须按这个顺序对数据执行封锁。例如在树形结构的文件中，可规定封锁的顺序必须从根节点开始，然后一级一级地逐级封锁。

（3）不做死锁预防，而是由系统判断是否有死锁现象。如果发生死锁再设法解除，使事务继续运行。这种方法一般以某个事务作为牺牲品，把它的封锁撤销，恢复到初始状态。它所释放出来的资源就可以分配给其他事务了，由此便可解除死锁现象。

6.3.4 时标技术

时标技术是避免因出现数据不一致而造成的破坏数据库的完整性的另外一种方法。由于它不是采用封锁的方法，所以不会产生死锁的问题。

在事务运行时，它的启动时间就是事务的时标。如果两个事务T1、T2的时标分别为t1和t2，若t1>t2，则称T1是年轻的事务，T2是年长的事务。

时标和封锁技术之间的基本区别是：封锁是使一组事务的并发执行（即交叉执行）同步，使它等价于这些事务的某一串行操作；时标法也是使一组事务的交叉执行同步，同时它等价于这些事务的一个特定的串行执行，即由时标的的时序所确定的一个执行。如果发生冲突，则通过撤销并重新启动一个事务解决。如果事务重新启动，则赋予新的时标。

在数据库所有的物理更新推迟到COMMIT的时候，未提交的那些修改实际上根本没有建立。对于给定事务，如果某物理更新由于某理由而不能完成，则该事务的物理更新全都不能完成，事务被赋予新的时标并重新启动。

这样，如果一个事务要求查看被较年轻事务更新了的记录，或者一个事务要求更新被较年轻的事务查看过或更新过的记录，就会发生冲突。这类冲突是通过重新启动发出请求的事务来解决的。由于物理更新决不在COMMIT之前就写外存，因此事务重启动不需要任何回退（ROLLBACK）。

如果若干事务访问同一个数据库记录R，那么系统必须对R保持两个同步值：FMAX（成功执行了一个“Find R”操作的最年轻的事务的图标和UMAX（成功地执行了一个“UPD R”操作的最年轻的事务的时标）。设T是企图既要“Find R”又要“UPD R”的一个事务，t是T的时标。那么时标控制规则如下：

```
Find R:   if t>=UMAX
               Then
                     FMAX=MAX（t，FMAX）
               Else
                     Restart T;
```

```
UPD R:    if t>=FMAX and t>=UMAX
                  Then
                          UMAX=t
                  Else
                          Restart T;
```

这里“restart T”表示事务T重新启动，并赋予新的时标。

例如，对于表6.2，假设操作员A1的事务（T1）比操作员A2（T2）年轻，即T1>T2，结果将在时间T6使操作员A2的事务T2的更新失败，T2将重新启动，这是表6.2中丢失更新的另外一种解决方法。

6.4 数据库的备份与恢复

备份对数据库的安全来说是至关重要的。备份是指在某种介质上，如磁带、磁盘等，存储数据库或部分数据库的拷贝。恢复是指及时将数据库返回到原来的状态。

6.4.1 数据库的备份

数据库的备份大致有三种类型：冷备份、热备份和逻辑备份。

1. 冷备份

冷备份又称静态备份。冷备份的思想是关闭数据库，在没有最终用户访问它的情况下将其备份。这是保持数据完整性的最好办法，但如果数据库太大，无法在备份窗口中完成对它的备份，该方法就不适用了。

2. 热备份

热备份又称动态备份。热备份是在数据库更新正在被写入的数据时进行。热备份严重依赖日志文件。在进行时，日志文件将业务指令“堆起来”，而不真正将任何数据值写入数据库记录。当这些业务被堆起来时，数据库表并没有被更新，因此数据库被完整地备份。

该方法有一些明显的缺点。首先，如果系统在进行备份时崩溃，则堆在日志文件中的所有业务都会被丢失，因此也会造成数据的丢失。其次，它要求DBA仔细地监视系统资源，这样日志文件就不会因占满所有的存储空间而不得不停止接受业务。最后，日志文件本身在某种程度上也需要被备份以便重建数据。需要考虑另外的文件并使其与数据库文件协调起来，给备份增加了复杂度。

由于数据库的大小和系统可用性的需求，没有对其进行备份的其他办法。在有些情况下，如果日志文件能决定上次备份操作后哪些业务更改了哪些记录的话，对数据库进行增量备份是可行的。

3. 逻辑备份

逻辑备份是使用软件技术从数据库提取数据并将结果写入一个输出文件。该输出文件不是一个数据库表，但是表中的所有数据是一个映像。不能对此输出文件进行任何真正的数据库操作。在大多数客户机/服务器数据库中，结构化查询语言（SQL，structured query language）就是用来创建输出文件的。该过程有些慢，对大型数据库的全盘备份不实用。尽管如此，当仅想备份那些上次备份之后改变了的数据，即增量备份时，该方法非常好。

为了从输出文件恢复数据，必须生成逆SQL语句。该过程也相当耗时，但工作的效果相当好。

另外，根据备份的数据对象和数量又可以分为海量备份和增量备份。前者指每次备份全部数据，增量备份则只备份上次备份后更新过的数据。

针对不同的数据库规模和不同的用途，在制定备份的策略时，一般需要考虑以下几个因素：

（1）备份周期，是按月、周、天，还是小时。

（2）使用冷备份还是热备份。

（3）使用增量备份还是全部备份，或者两者同时使用。

（4）使用什么介质进行备份，备份到磁盘还是磁带。

（5）是人工备份还是设计一个程序定期自动备份。

（6）备份介质的存放是否防窃、防磁、防火。

6.4.2 数据库的恢复

恢复也称为重载或重入，是指当磁盘破坏或数据库崩溃时，通过转储或卸载的备份重新安装数据库的过程。一些破坏是不可避免的，数据库恢复技术是一种可采取的补救措施。

数据库的恢复大致有以下三种方法：

利用操作系统提供的功能，将被错误删除或修改的数据恢复，或将送到回收站的数据恢复。

定期地将整个数据库复制到软盘上保存起来，或刻录到光盘上保存起来，当数据库遭到破坏后，就可以利用备份将数据恢复。

利用各数据库之间的关系，用未遭到破坏的数据库恢复已遭到破坏的数据库。

日志文件是进行数据库恢复时一个非常重要的工具。日志文件中记录了对数据的更新操作，其中包含事务的开始、结束和操作，其中操作通常以记录为单位，包括操作类型、操作对象、操作前后数据值等。

利用日志文件恢复事务首先需要登记日志文件。事务运行过程中，系统把事务开始、事务结束以及对数据库的插入、删除、修改等每一个操作作为一个登记记录（log记录）存放到日志文件中。每个记录包括的主要内容有：执行操作的事务标识、操作类型、更新前数据的旧值（对插入操作而言，此项为空值），更新后的新值（对删除操作，此项为空值）。

登记的次序严格按并行事务执行的时间次序。同时遵循“先写日志文件”的规则。我们知道，写一个修改到数据库和写一个表示这个修改的log记录到日志文件中是两个不同的操作。有可能在这两个操作文件发生故障，即这两个操作只完成了一个。如果先写了数据库修改，而在运行记录中没有登记下这个修改，则以后就无法恢复这个修改了。因此为了安全应该先写日志文件，即首先把log记录写到日志文件上，然后写数据库的修改。这就是“先写日志文件”的原则。

利用日志文件恢复事务的过程分为两步：

第一步，从头扫描日志文件，找出哪些事务在故障发生时已经结束（这些事务有BEGIN TRANSACTION 和COMMIT记录），哪些事务尚未结束（这些事务只有BEGIN TRANSACTION，无COMMIT记录）。

第二步，对尚未结束的事务进行撤销（也称为UNDO）处理，对已经结束的事务进行重做（REDO）。

进行UNDO处理的方法是：反向扫描日志文件，对每个UNDO事务的更新操作执行反操作。即对已经插入的新记录执行删除操作，对已删除的记录重新插入，对修改的数据恢复旧值（即用旧值代替新值）。

进行REDO处理的方法是：正向扫描日志文件，重新执行登记操作。

对于非正常结束的事务显然应该进行撤销处理，以消除可能对数据库造成的不一致性。对于正常结束的事务进行重做处理也是需要的，这是因为虽然事务发出COMMIT操作请求，但更新操作有可能只写到了数据库缓冲区（在内存），还没来得及物理地写到数据库（外存）便发生了系统故障。数据库缓冲区的内容被破坏，这种情况仍可能造成数据库的不一致性。由于日志文件上更新活动已完整地登记下来，因此可能重作这些操作而不必重新运行事务程序。

利用转储和日志文件可以有效地恢复数据库。当数据库本身被破坏时（如硬盘故障和病毒破坏）可重装转储的后备副本，然后运行日志文件，执行事务恢复，这样就可以重建数据库。当数据库本身没有被破坏，但内容已经不可靠时（如发生事务故障和系统故障），可利用日志文件恢复事务，从而使数据库回到某一正确状态。这时不必重装后备副本。

6.5 数据库加密

安全策略为数据库的安全性提供了一定的保障，但有经验的攻击者可避开应用程序而直接进入系统访问数据。解决这一问题的有效方法之一是数据库管理系统对数据库文件进行加密处理，使得即使数据不幸泄露或者丢失，也难以被人破译和阅读。

以下为对数据库加密的三种方法：

（1）库内加密。库内加密包括数据元素加密和记录加密。数据元素加密是将一条记录的某个属性值作为一个文件进行加密，而记录加密是将一个记录作为一个文件而加密。

（2）整个数据库加密。整个数据库加密则是指将整个数据库包括数据库结构及数据库内容当做一个文件进行加密。在这种加密方式中加密、解密及密钥管理比较简单。但也存在一定的缺点，例如，有时仅访问数据库中某一记录的某一属性值，也要解密整个数据库，时空效率低。

（3）硬件加密。硬件加密则需要设计硬件来实现数据库的加密。

数据库密码系统的基本流程是将明文数据加密成密文数据，数据库中存储密文数据，查询时将密文数据取出解密得到明文信息。

由于数据库系统的特殊性，在对数据库进行加密时有一些特殊的要求：

（1）数据库数据保存的时限相对可以认为是无穷长，加密几乎不可能采取一次一密的方式，所以对于加密强度的要求就更加严格和苛刻，最好是无法破译的。数据库数据的加密技术对强度的要求是最主要的，或者说是第一位的。

（2）数据库中数据最大量的使用方式是随机访问，因此对加密或解密的时间要求是比较高的，否则数据加密、解密过程可能导致整个数据库系统的性能大幅度下降。数据库加密、解密技术要能够保证不会明显降低系统性能，其中数据库操作中解密操作与查找操作是成正比的，所以解密速度对于数据库而言尤为重要。

（3）数据库数据组织结构对于数据库管理系统而言不能有大的变动，如果可能，应当尽量做到明文和密文长度相等，至少要相当。

（4）数据库中的数据处于开放的数据共享的环境中，一个数据库中的数据是由多个用户所共享的，并且大多数用户又只能访问数据库中的一小部分数据，因此数据库中的加密机制要和数据库的存取访问控制机制包括授权机制有机地配合和集成在一起，从某种角度上说应当是不可分割的。

（5）数据库系统中也要求密钥管理机制，并且要求更加灵活和坚固。数据库系统加密体制中采用的密钥比通信系统中的密钥要更加复杂，由于其时限需要认为是无穷长，所以密钥的管理也就相对而言更加复杂。密钥管理中的失误，例如密钥丢失，会导致信息的泄露和失密；密钥管理的混乱则又会导致数据服务的中断、拒绝服务的发生。

（6）数据库系统的加密机制应当保证数据库的查询、检索、修改、更新等数据访问的基本操作效率。同时要保证数据共享访问的完整性和数据访问操作的粒度上的灵活性。

【本章小结】

本章详细分析了数据库系统的基本安全需求，介绍了数据库安全管理的特征和基本流程。重点针对数据库安全中存在的存取控制、并发控制、数据库完整性等问题进行了探讨，介绍了时标技术、封锁技术等方法。另外，对数据库的备份和恢复以及加密技术进行了介绍。

【关键术语】

数据库管理系统	Data Base Management System（DBMS）
数据库管理员	Data Base Administrator（DBA）
事务故障	transaction failure
存取控制	I/O control
并发控制	concurrent control
数据库完整性	database integrity
封锁技术	locking technology
时标技术	time stamp technology
数据库备份	database backup
数据库恢复	database restoration
结构化查询语言	Structured Query Language（SQL）

【知识链接】

http://www.infosec.org.cn/rule/index.php

http://www.niap-ccevs.org/cc-scheme/

【习题】

1. 数据库安全在计算机信息安全中的地位如何?

2. 不同应用环境下的数据库安全需求有哪些不同，试举例说明。

3. 选择一种熟悉的应用数据库进行相关的安全设置。

第7章　计算机病毒防治

【本章教学要点】

知识要点	掌握程度	相关知识
计算机病毒的定义及特征	掌握	病毒的基本定义，主要特征
计算机病毒的发展历史	了解	计算机病毒变化历程及分类
计算机病毒的结构	掌握	计算机病毒构成及基本工作原理
典型计算机病毒	了解	典型病毒的工作原理及防护办法
常见杀毒软件技术	熟悉	病毒特征码，内存扫描，行为扫描，完整性检查

【本章技能要点】

技能要点	掌握程度	应用方向
防病毒软件的原理及评价	掌握	针对安全需求选择恰当的防毒软件
信息系统病毒防护措施	熟悉	对企业和个人用户部署病毒防护方案

【导入案例】

案例：微病毒侵袭手机购物类APP

随着O2O模式的深入探索、支付技术的更新升级，并得益于智能手机的大量普及，手机用户数量和使用手机上网用户数量大幅度攀升，手机支付市场呈现爆发式增长。据中国人民银行数据显示，2013年共发生手机支付业务257.83亿笔，金额1075.16万亿元人民币，同比分别增长27.4%和29.46%。

目前，国内众多厂商推出手机客户端，纷纷抢滩移动支付市场。除了淘宝、京东商城等商业巨头频频发力外，商业银行以及运营商等也不甘落后，纷纷试水移动支付模式。据腾讯移动安全实验室最新的报告显示，今年一季度手机支付类软件共有364款，其下载量占全部软件下载量的30.38%。然而，在各类应用如雨后春笋般不断涌现的背景下，智能手机的安全问题却愈发凸显。

手机病毒正出现快速增长的趋势，严重威胁移动支付安全。据腾讯手机管家的信息显示，一季度截获手机病毒包143945个，感染手机病毒用户数达到4318.81万。

其中，手机支付类病毒增长迅速，电商类APP下载量和该类别感染的病毒包数均排名第一。2013年，更是手机支付类病毒集中肆虐的一年，典型代表有“伪淘宝”病毒、“银行窃贼”及“洛克蛔虫”等。

“伪淘宝”手机病毒是一款针对淘宝用户的病毒，它通过伪装淘宝客户端来骗取用户的淘宝账号、密码及支付宝密码。当用户登录后，病毒执行指令，将支付宝密码发送到指定的手机号码，同时诱骗用户安装恶意安装包，导致用户的核心隐私泄露。手机病毒的仿真度及隐蔽性日益提高，让消费者防不胜防。

手机病毒泛滥，导致移动支付领域风波不断，资费消耗、恶意扣费、隐私及财产窃取等时有发生。一些手机病毒可以读取用户短信，进而获取用户交易支付的验证码。而不法分子则利用验证码来破解用户的支付账号，绕开数字证书等设置，从而窃取用户财产。另外，有些病毒还能监听键盘输入或于后台监控手机用户支付账号密码输入等信息。手机病毒的肆虐，引发用户对移动支付的担忧。据调查发现，在移动支付各因素中，安全问题受到用户的关注度最高，达93.7%。

手机支付领域频频失守，存在多方面的原因。首先，移动支付领域蕴含巨大的市场前景，不法分子受到利益驱使，利用手机病毒吸金。由于智能机底层技术平台的开放性，尤其是Android操作系统，允许第三方应用进入，加上一些应用软件本身存在安全漏洞和缺陷，容易被不法分子利用，植入恶意代码或修改并二次打包，从而产生严重的软件盗版情况。其次，因为各家银行、运营商和第三方支付平台的支付流程没有统一标准，在一定程度上增加了移动支付的隐患。最后，一些用户的不良支付习惯也纵容了不法分子的为所欲为。比如，“见码就扫”，使用支付应用后没有安全退出，不及时清除手机中临时存储的账户、密码等信息，给违法分子留下了可趁之机。

另外，平台审核门槛低、黑客的猖狂、手机病毒的多元化等等都加大了用户遭受侵害的可能性，解决手机安全问题成为了当务之急。

【问题讨论】

1. 智能手机还有哪些应用程序容易遭受病毒侵袭?

2. 政府、运营商和安全厂商对于净化移动支付环境应该采取什么手段?

3. 个人用户应该如何提升手机支付的安全性?

7.1 计算机病毒概述

7.1.1 计算机病毒的定义

在生物学中，病毒是那些能够侵入动物体并给动物体带来疾病的一种微生物。而计算机病毒则是在计算机之间传输，并自己进行复制而给计算机系统带来一定不良后果的一类程序。计算机病毒是随着计算机软件技术的发展而逐渐产生的，是计算机技术高度发展与计算机文明得不到完善这样一种不平衡发展的结果。

从本质上看，计算机病毒是一种人为制造的，侵入计算机系统、寄生于应用程序或系统可执行部分，并可以自我复制、传播，具有激活性、攻击性的程序代码。

计算机病毒大多不以文件形式存在，而是寄生在合法程序上，计算机病毒的宿主可以是引导程序、可执行程序或者word文档等。染有引导型病毒的磁盘在启动机器时（无论该磁盘是否真正的DOS引导盘，是否真正将机器启动成功），病毒被执行。文件型病毒在执行染毒EXE和COM等文件时被执行。

7.1.2 计算机病毒的起源

早在1949年计算机诞生初期，计算机之父冯·诺依曼在他的《复杂自动机组织论》一书中便对计算机病毒进行了阐述，提出“一部事实上足够复杂的机器能够复制自身”，当时的人们认为计算机程序可以繁殖的概念过于离谱。在此后的数十年间，计算机病毒不仅出现而且逐渐泛滥成灾。

关于计算机病毒的起源有多种不同的说法，其中之一便是游戏程序起源说。20世纪50年代末60年代初，在美国电话电报公司（AT&T）下设的贝尔实验室里，H. Douglas McIlroy、Victor Vysottsky 和Robert T. Morris三个20岁左右的年轻程序员受到冯·诺依曼理论的启发，在工休之余玩一个叫Core War（磁芯大战）的游戏。磁芯大战的基本玩法是参与者在同一台计算机内各自创建进程，这些进程相互展开竞争，通过不断复制自身的方式摆脱对方进程的控制并占领计算机，取得最终的胜利。这个游戏的特点在于双方的程序一旦进入电脑，玩游戏的人只能看着屏幕上显示的战况，而不能做任何更改，一直到某一方的程序被另一方的程序完全“吃掉”为止。磁芯大战是个笼统的名称，事实上还可细分成好几种。H. Douglas Mcilroy所写的程序叫“达尔文”（Darwin），这包含了“物竞天择，适者生存”的意思。它的游戏规则跟以上所描述的最接近，双方以汇编语言（Assembly Language）各写一套程序，称为有机体（Organism），这两个有机体在电脑里争斗不休，直到一方把另一方杀掉而取代之，便算分出胜负。在比赛时Robert T. Morris经常匠心独具，击败对手。另外有个叫“爬行者”（Creeper）的程序，每一次把它读出来时，它便自己复制一个副本。此外，它也会从一台电脑“爬”到另一台联网的电脑。很快地电脑中原有资源便被这些爬行者挤掉了，爬行者的唯一生存目的是繁殖。为了对付“爬行者”，有人便写出了“收割者”（Reaper）。它的唯一生存目的便是找到爬行者，并把它们毁灭掉。当所有爬行者都被消灭掉之后，收割者便执行程序中最后一项指令：毁灭自己，从电脑中消失。“侏儒”（Dwarf）并没有“达尔文”等程序聪明，却是个极端危险的“人物”。它在计算机存储系统中迈进，每到第五个地址（Address），便把那里所储存的东西变为零，这会使原来的程序停止运行。“双子星”（Germini）也是个有趣的家伙。它的作用只有一个，把自己复制，送到下一百个地址后，便抛弃掉“正本”，从双子星衍生出一系列程序。“牺牲者”（Juggeraut）把自己复制后送到下十个地址。而“大脚人”（Bigfoot）则是把正本和复制品之间的地址定为某一个大质数，想抓到“大脚人”是非常困难的。此外，还有John F. Shock所写的“蠕虫”（Worm），它的目的是要控制侵入的电脑。“磁芯大战”这种游戏当时仅严格控制在实验室内部，但最终因为这种游戏会引起计算机系统瘫痪而被禁止了。

病毒的另一个起源可以追溯到科学幻想小说。1975年，美国科普作家约翰·布鲁勒尔（John Brunner）写了一本名为《震荡波骑士》（Shock Wave Rider）的书，该书第一次撰写了在信息社会中，计算机作为正义和邪恶双方斗争的工具的故事，为当年最佳畅销书之一。1977年夏季Tknomas J. Ryan推出了轰动一时的美国科幻小说《THE ADOLESCENCE OF P-l》，在这本书中，作者构造了一种神秘的、能自我复制、利用信息通道传播的计算机程序，称为计算机病毒。这些病毒漂泊于电脑之内，游荡于硅片之间，控制了7000多台计算机的操作系统，引起混乱和不安。

作为计算机病毒起源的另一种说法是恶作剧说，即一些人为了显示自己的计算机知识方面的天资，或出于报复心理，编写了恶作剧程序，并通过软盘交换特别是游戏盘的交换，引起计算机病毒的广泛传染。

除此之外，也有人认为，软件制造商为了保护自己的软件不被非法复制，而在软件产品中加入病毒程序并在一定条件下进行传染（如软件被非法拷贝时），这就是软件自我保护起源说。

7.1.3 计算机病毒的发展历史

1983年美国计算机安全专家Fred Cohen通过实验证明了产生计算机病毒的现实性，制造了世界上第一例计算机病毒。并在1984年9月的加拿大多伦多国际信息处理联合会计算机安全技术委员会举行的年会上，发表了题为《计算机病毒：原理和实验》的论文。其后，又发表了《计算机和安全》等论文。但这些论文并没有引起新闻界的重视，因为这种病毒只是在实验室中作为一种研究行为而产生，被称为研究性病毒。

20世纪80年代起，IBM公司的PC系列微机因为性能优良、价格便宜，逐渐成为世界微型计算机市场上的主要机型。但是由于IBM PC系列微型计算机自身的弱点，尤其是DOS操作系统的开放性，给计算机病毒的制造者提供了可乘之机。因此，装有DOS操作系统的微型计算机成为病毒攻击的主要对象。

1986年初，在巴基斯坦的拉合尔，巴锡特（Basit）和阿姆杰德（Amjad）两兄弟经营着一家IBM PC机及其兼容机的小商店。他们编写了Pakistan病毒，即Brain病毒（国内称为“巴基斯坦大脑病毒”或“大脑”病毒），在一年内流传到了世界各地。这是世界上第一例传播的病毒，使人们认识到计算机病毒对计算机的影响。1987年10月，Brain病毒在美国被发现，世界各地的计算机用户几乎同时发现了形形色色的计算机病毒，如大麻病毒、IBM圣诞树病毒、黑色星期五病毒等。病毒以强劲的势头蔓延开来。面对计算机病毒的突然袭击，众多计算机用户甚至专业人员都惊慌失措。就这样，经过10年的时间，计算机病毒的幻想终于变成了现实。

1988年11月2日，世界上有史以来最严重的一次计算机病毒侵袭事件发生。当年以玩“磁芯大战”出名的罗伯特·莫里斯的儿子、美国康乃尔大学23岁的研究生小罗伯特·莫里斯（Robert T. Morris Jr.）利用UNIX操作系统一个小小的漏洞制作了一个蠕虫计算机病毒（莫里斯蠕虫），将其投放到美国Internet网络（ARPANET），致使计算机网络中几乎所有UNIX系统受到感染，共15000多台计算机受到攻击，许多联网计算机被迫停机，其中包括美国国家航空和航天局、军事基地和主要大学，直接经济损失达9600万美元。这一事件迫使美国政府立即作出反应，成立了计算机应急行动小组，而新闻媒体的现场报道和采访更是震撼世界，掀起了一股谈论计算机病毒的高潮。小莫里斯也因此被叛3年缓刑，罚款1万美元，还被命令进行400小时的社区服务。由于小莫里斯成了入侵ARPANET网的最大的电子入侵者，被获准参加康乃尔大学的毕业设计，并获得哈佛大学Aiken中心超级用户的特权。

1988年底在我国国家统计部门发现的小球病毒是我国发现的首例计算机病毒感染事件。1989年，全世界计算机病毒十分猖獗。“米开朗基罗”病毒给我国计算机用户造成极大损失。

1990年1月发现首例隐蔽型病毒“4096”，它不仅攻击程序，而且还破坏数据文件。

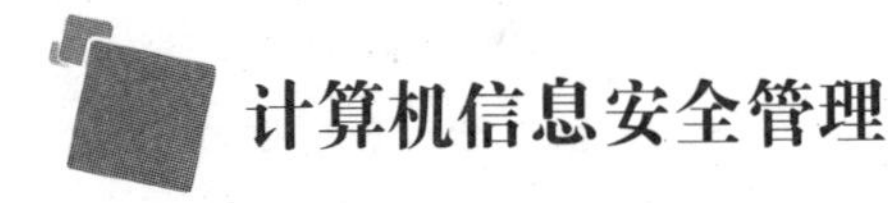

1991年，在“海湾战争”中，美军第一次将计算机病毒用于实战，在空袭巴格达的战斗中，成功破坏了对方的指挥系统，使之瘫痪，保证了战斗的顺利进行，直至最后胜利。这是计算机病毒首次在战争中作为武器使用。同年发现首例突破NOVELL公司的Netware网络安全机制的网络病毒“GPl”。

1992年，多态型病毒出现，病毒生产工具VCL出现，病毒生成从手工进入自动化生产阶段，病毒生产机软件可以很快编出上万种不同的计算机新病毒。并且由此产生的病毒代码长度都不相同，自我加密、解密的密钥也不相同，原文件头重要参数的保存地址不同，病毒的发作条件和现象不同，但主体构造和原理基本相同。病毒产生机的品种有专门能生产变形病毒的，有专门能生产普通病毒的。对于由病毒生产机产生的计算机病毒，目前没有广谱查毒软件，只能是知道一种，检查一种，难于应付由此产生的大量计算机病毒。病毒生产机有可能导致计算机病毒的暴增。同年，出现首例windows病毒。

1994年南非第一次多种族全民大选计票工作因计算机病毒的破坏而停顿30余小时，被迫推迟公布选举结果，世界为之哗然。外电发表评论：病毒不仅对人类的正常工作生活造成破坏，扰乱正常的社会秩序，而且已开始对人类的历史进程产生严重的影响。

1995年，出现了能够变换自身代码的变形病毒，使得一些病毒扫描软件时常漏查漏杀。像“台湾2号变形王”，其病毒代码可变无限次，并且变形复杂。“Mutation Engine”（变形金刚或称变形病毒生产机）遇到普通病毒后能将其改造成为变形病毒，给清除计算机病毒带来极大困难。

1996年，出现了针对微软公司Office软件的“宏病毒”（Macro Virus）。1997年被公认为计算机反病毒界的“宏病毒年”。宏病毒主要感染Word、Excel等程序制作的文档。宏病毒自1996年9月开始在国内出现并逐渐流行。如Word宏病毒，早期是用一种专门的Basic语言即Word Basic所编写的程序，后来使用Visual Basic for Application（VBA），与其他计算机病毒一样，它能对用户系统中的可执行文件和文档造成破坏，常见的如Concept等宏病毒。

1998年8月，中央电视台在《晚间新闻》中播报公安部要求各地计算机管理监察处严加防范一种直接攻击和破坏计算机硬件系统的新病毒（CIH）的消息，立即引起人们对计算机病毒的恐慌，在我国掀起一股“病毒热”的狂潮。1998年被公认为计算机反病毒界的CIH病毒年。CIH病毒是继DOS病毒、Windows病毒、宏病毒后的第四类新型病毒。这种病毒与DOS下的传统病毒有很大不同，是第一个直接攻击、破坏硬件的计算机病毒。它发作时破坏计算机主板上Flash BIOS芯片中的系统程序，导致主板损坏，无法启动，同时破坏硬盘中的数据。1999年4月26日，CIH病毒在我国大规模爆发，造成巨大损失，造成直接经济损失人民币8000万元。

随着互联网技术的发展，1999年3月26日出现一种通过因特网传播的Mellissa病毒（美丽莎病毒）。2000年5月4日，爱虫病毒在全世界范围内大爆发，至少4500万台计算机受到影响，损失高达100亿美元。到2001年"红色代码""蓝色代码""Nimda"等大量针对微软IIS服务器漏洞进行传播和破坏的计算机病毒接踵而至。

综上所述，计算机病毒在抗病毒技术不断发展的同时，自己也在不断发展，编制者手段越来越高明，病毒结构也越来越特别，而变形病毒、病毒生产机和与黑客技术合二为一将是今后计算机病毒的发展主要方向。经统计，1989年1月计算机病毒种类不过100种，1990年1月超过150种，1990年12月超过260种。目前计算机病毒总数超过6万，以每天200个的速度诞生。抗击病毒将成为一项艰巨的任务。

7.1.4 病毒命名方法

在国际上没有对计算机病毒命名方法的规定。一般来说各个厂商对计算机病毒有自己的一套命名方法。但在国际上通行一个计算机病毒命名的准则，即同一厂商对同一病毒及变种的命名一致。也就是说，在同一厂商的反病毒产品中，对同一病毒（包括变种）的各种存在形式的检测和报警的病毒名必须一致。

一般常见的计算机病毒命名方法有：

（1）采用病毒体字节数，如1055、4099病毒等。

（2）病毒体内或传染过程中的特征字符串，如CIH、爱虫病毒等。

（3）发作的现象，如小球病毒等。

（4）发作的时间以及相关的时间，如黑色星期五病毒等。

（5）病毒的发源地，如合肥2号等。

通常还会加上指明病毒属性的前后缀，如W32/xxx、mmm.W97M等。此外，对病毒的命名除了标准名称外，还可以有"别名"（Alias），也就是说可以通过上述几种命名方式来对一个病毒命名。

7.1.5 计算机病毒的分类方法

对病毒可以从不同的角度进行分类。按破坏性来分类存在恶性病毒（如CIH）和良性病毒（如"杨基"病毒，发作时在计算机上播放歌曲）两种。按所攻击的操作系统划分有DOS病毒、Windows病毒、Linux病毒、Unix病毒等。按病毒的表现来划分，可以分成简单病毒和变形病毒等。按病毒的感染途径以及所采用的技术划分，存在引导型病毒（Boot Virus）、文件型病毒（File Virus）和混合型病毒（Mixed Virus）等三大类。其中引导型病毒修改系统启动扇区，启动时取得控制权，进行传播破坏；文件型病毒一般感染可执行文件，在调用文件时运行；混合型病毒既感染引导区，又感染文件。

通常所采用的是根据计算机病毒的感染途径以及所采用的技术来划分，随着病毒制造技术的不断提高，变形病毒、宏病毒、电子邮件病毒（Email Virus）、脚本病毒（Script Virus）、网络蠕虫（Network worm）、黑客程序（Hack program）、特洛伊木马/后门程序（Trojan/Backdoor program）、Java/Active恶意代码等新的分类也逐渐被人们所采用。随着科学技术的不断进步，还会有手机病毒、PDA病毒、PALM病毒等新的分类。

7.1.6 计算机病毒的特点

一般来说，计算机病毒通常具有主动破坏性、传染性、寄生性、隐蔽性和不可预见性等特征。这些特性在计算机病毒的定义中均有所体现。

（1）刻意编写、人为破坏。破坏性是计算机病毒的一个基本特性。计算机病毒往往带有某种破坏功能，比如破坏数据、删除文件、格式化磁盘、破坏主板等。这些功能通常是有人刻意制作完成的。

（2）主动传染性。计算机病毒具有主动传染性，这是病毒区别于其他程序的一个根本特性。病毒能够将自身代码主动复制到其他文件或扇区中，这个过程并不需要人为干预，从而实现其扩散传播。

（3）隐藏性。计算机病毒往往采用某些技术来防止被发现，潜伏期越长的病毒传播的范围通常来说也会越广。造成的破坏也就越大。病毒通常采用使体积短小、加密和变形等方法增加自身的隐蔽性。

（4）可激活性。病毒往往具有潜伏期，在感染目标后并不马上实施破坏行为，只有在满足触发条件后才发作。这个触发器可以通过系统时钟、病毒自带计数器或用户的某种特定操作来实现。

（5）不可预见性。人们永远无法预见在下一分钟会出现什么病毒，会造成什么样的后果。同样，谁也无法准确地预见计算机病毒什么时候会入侵，什么时候会爆发。

7.1.7 计算机病毒的传播途径

计算机病毒可以通过各式各样的手段进行传播，经常检查这些传播途径可以尽早地、有效地发现计算机病毒。计算机病毒的传播途径一般有以下几种：

1. 通过不可移动的计算机硬件设备传播

即利用专用集成电路芯片进行传播。这种计算机病毒虽然极少，但破坏力却极强，目前尚没有较好的检测手段对付。

2. 通过移动存储设备传播

包括软盘、U盘等，盗版光盘上的软件和游戏及非法拷贝也是目前传播病毒的主要途径。随着大容量存储设备如移动硬盘等的普遍使用，这些存储介质也将成为计算机病毒寄生的场所。

3. 通过计算机网络传播

随着因特网的高速发展，计算机病毒也走上高速传播之路，现在网络已经成为计算机病毒的第一传播途径。除了传统的文件型病毒以文件下载、电子邮件的附件等形式传播外，新兴的电子邮件病毒完全依靠网络来传播。甚至还有利用网络分布计算技术将自身分成若干部分，隐藏在不同的主机上进行传播的计算机病毒。

4. 通过点对点通信系统和无线通信系统传播

随着WAP等技术的发展和无线上网的普及，通过这种途径传播的计算机病毒也将占有一定的比例。

7.1.8 病毒程序的结构

计算机病毒程序是为了特殊目的而编制的，它通过修改其他程序而把自己复制进去，并且传染该程序。一般来说，计算机病毒程序包括引导模块、传染模块、破坏模块三个功能模块。这些模块功能独立，同时又相互关联，构成病毒程序的整体。

1. 引导模块

引导模块的功能是借助宿主程序，将病毒程序从外存引进内存，以便使传染模块和破坏模块进入活动状态。另外，引导模块还可以将分别存放的病毒程序链接在一起，重新进行装配，形成新的病毒程序，破坏计算机系统。

2. 传染模块

传染模块的功能是使病毒迅速传播，尽可能扩大染毒范围。病毒的传染模块由两部分组成：条件判断部分和程序主体部分，前者负责判断传染条件是否成立，后者负责将病毒程序与宿主程序链接，完成传染病毒的工作。

3. 破坏模块

病毒编制者的意图就是攻击破坏计算机系统，所以破坏模块是病毒程序的核心部分。破坏模块在进行各种攻击之前，首先判断破坏条件是否成立，只有条件全部满足时，破坏模块才开始其破坏活动。

7.2 现代计算机病毒的特征

现代计算机病毒具有一些新的流行特征，具体表现为：

1. 攻击对象趋于混合型

传统病毒一般都是采用传统的设计方式，其代码直观简单，表现形式和外观特性比较明显，诸如总内存数量减少、速度变慢、直观地显示信息、明显的破坏症状等。侵袭系统的病毒一般不外乎引导型和可执行文件型病毒。但是随着反病毒技术的日新月异、病毒编制的日臻巧妙、传统软件保护技术的广泛探讨和应用，当今的计算机病毒在实现技术上有了一些质的变化，现在的病毒攻击对象趋于混合，它们都逐步转向为对可执行文件和系统引导区同时感染，它们在病毒源码的编制、反跟踪调试、程序加密、隐蔽性、攻击能力等方面的设计都呈现了许多不同一般的变化。

2. 反跟踪技术

当用户或反病毒技术人员发现一种病毒时，首先要对其进行详细分析解剖，一般都是借助DEBUG等调试工具对它进行跟踪剖析。为反这种动态跟踪，目前的病毒程序中一般都嵌入一些破坏单步中断INT 1H和中断点设置中断INT 3H的中断向量的程序段，从而使动态跟踪难以完成。还有的病毒通过对键盘进行封锁，以禁止单步跟踪。

病毒代码通过在程序中使用大量非正常的转移指令，使跟踪者不断迷路，造成分析困难。一般而言，CALL/RET、CALL FAR/RET、INT/IRET命令都是成对出现的，返回地址的处理是自动进行的，不需编程者考虑，但是近来一些新的病毒肆意篡改返回地址，或者在程序中将上述命令单独使用，从而使用户无法迅速摸清程序的转向。

3. 增强隐蔽性

病毒通过各种手段，尽量避免出现使用户容易产生怀疑的病毒感染特征。

（1）避开修改中断向量值。许多反病毒软件都对系统的中断向量表进行监测，一旦发现有对系统内存中断向量表进行修改的操作，将首先认为有病毒在活动。因此，为避免修改中断向量表留下痕迹，有些病毒直接修改中断服务子程序，取得对系统的控制权。病毒采用修改.COM文件首指针的方式修改中断服务子程序，首先从中断向量表中动态获得中断服务子程序入口，然后将该入口处开始3~5字节的指令内容保存到病毒体工作区，最后修改入口处指令为转向相应的病毒中断服务子程序入口的转移指令，在执行修改后的子程序后，再由病毒控制转向原正常的服务子程序入口。

（2）请求在内存中的合法身份。病毒为躲避侦察常采用以下方法获得合法内存：通过正常的内存申请进行合法驻留，如DONG病毒采用向内存高端申请2000字节的空间移入病毒体；通过修改内容控制链进驻内存；驻留低端内存，所以单从内存的使用情况上很难区分正常程序和病毒程序。

（3）维持宿主程序的外部特性。病毒截取INT 21H中断，控制原文件的显示，使已经被感染的程序在显示时不改变原来特征，如长度、修改日期等。病毒也可能截取INT 13H中断，当发现有读硬盘主引导区或DOS分区的操作时，将控制用原来的正确内容提供给用户，以迷惑用户。

（4）不使用明显的感染标志。现在已不再简单地根据某个标志判断病毒本身是否已经存在，而是经过一系列相关运算来判断某个文件是否感染。

4. 加密技术处理

（1）对程序段动态加密。病毒采取一边执行一边译码的方法，即后边的机器码是与前边的某段机器码运算后还原的，而用DEBUG等调试工具把病毒从头到尾打印出来，打印出的程序语句将是被加密的，无法阅读。

（2）对显示信息加密。如新世纪病毒在发作时，将显示一页书信，但是作者对此段信息进行加密，从而不可能通过直接调用病毒体的内存映像寻找到它的踪影。

（3）对宿主程序段加密。病毒将宿主程序入口处的几个字节经过加密处理后存储在病毒体内，这给杀毒修复带来很大困难。

5. 病毒体繁衍不同变种

目前病毒已经具有许多智能化的特性，如自我变形、自我保护、自我恢复等。在不同宿主程序中的病毒代码，不仅绝大部分不相同，且变化的代码段的相对空间排列位置也有变化。病毒能自动化整为零，分散潜伏到各种宿主中。对不同的感染目标，分散潜伏的宿主也不一定相同，在活动时又能自动组合成一个完整的病毒。

大多数简单的计算机病毒通过向它们感染的文件复制它们自己的拷贝进行工作。当一个被感染的程序执行时，病毒就会控制其本身，并企图感染其他程序。这种计算机病毒很容易被检测出来，只要在文件中搜索从病毒体提出来的特定字节串（或特征码）就可以检测出来，因为这种病毒每次感染新文件时都复制与它自己完全相同的拷贝。多态病毒由一个不变的病毒程序组成。在病毒传播的时候这个病毒程序被从一个文件向另一个文件复制。病毒体一般被加密，以便在反病毒程序检测时隐藏起来。已加密的病毒要想正确执行，必须解密自己已加密的部分。这种解密通常由病毒解密程序来完成。当一个被感染的程序启动时，病毒解密程序就会控制计算机，并且解密病毒体的其余部分，这样它就能正常执行了。解密后把控制传送给已解密的病毒体以便病毒的传播。第一个非多态的加密病毒的解密程序在一次感染到另一次感染之间是完全相同的。即使病毒的整体被加密隐藏起来，反病毒软件搜索不到的病毒解密程序代码仍然可以把这些病毒检测出来。多态病毒弥补了简单加密病毒的不足之处。当多态病毒感染一个新的可执行文件时，它会产生一个不同于其他被感染文件的新的解密程序。这种病毒包含一种简单的机器代码生成器，通常称为变形引擎，它可以从头开始建立随机的机器语言解密程序。在许多多态病毒中，变形引擎会产生在所有被感染的文件中功能相同的解密程序，每一个程序使用不同的指令序列完成其目标。在传染过程中，病毒把它的一份拷贝附加到新的目标文件之前，病毒使用一个互补的解密程序来加密它的这份拷贝。在加密了病毒体之后，病毒就会把新产生的解密程序与加密的病毒体和变形引擎附加到目标可执行文件上。因此，不仅病毒体被加密，而且病毒的解密程序也会在每一个被感染的程序中使用不同的机器语言指令序列。多态解密程序采取多种不同的形式，因此根据这种程序的出现识别病毒感染是很困难的。经过这种新的多态病毒感染的文件在不同的感染文件之间相似性很少，使得反病毒检测成为一项艰难的任务。

6. 网络病毒出现

网络各结点间信息的频繁传输会把病毒传染到相互共享资源的机器上，形成多种共享资源的交叉感染，造成比单机病毒更大的危害。网络病毒传播的主要途径是通过工作站传播到服务器硬盘，再由服务器的共享目录传播到其他工作站。其传染方式复杂，传播速度比较快，传染范围大，清除难度大。

7.3 典型计算机病毒分析

7.3.1 大麻病毒

大麻病毒又名石头病毒，是一种系统引导型病毒，它攻击软盘的引导区或硬盘的主引导区，是恶性的计算机病毒。

大麻病毒的表现症状为：在被传染的机器运行中的某个时刻，会在屏幕左上角出现一行字符，“Your PC is Now Stoned”。有时蜂鸣器会发出一响声。当提示字符闪过之后，机器并无其他异常现象，但某些硬盘和软盘可能无法再使用。

大麻病毒的传染途径主要是在有病毒的机器上对软盘作了读写操作，或是用带毒软盘启动系统，或是把带毒系统盘整盘拷贝。

大麻病毒的工作原理为：大麻病毒包括引导模块、传染模块和表现模块。用带毒盘引导系统时，引导模块首先运行，如果是软盘启动，则有八分之一的可能调用表现模块，表现模块只在这一时刻才可能执行。传染模块分两部分，第一部分用来传染硬盘，在引导模块执行时被调用，第二部分用来传染A驱动器中的软盘，它是通过调用磁盘操作中断INT13H获得执行权的。

大麻病毒程序的有效长度不到一个扇区，全部藏身于硬盘的主引导扇区和软盘的引导扇区中。当系统启动时，大麻病毒首先进入内存并将原属于磁盘操作系统的控制权交给大麻病毒的主程序，该程序获得控制权后，即做下列工作：将病毒程序存放到内存的某一位置保护起来，随时准备攻击用户的磁盘；保存原来的INT13H中断向量，并修改正常的INT13H中断服务程序的向量，使之指向病毒INT13H中断服务程序；判断是否从带毒A盘启动，若是，则立即调用传染模块的第一部分，然后调用表现模块；无论是从硬盘还是软盘启动，最终都要跳到0000：7c00处，执行正常的引导程序。

大麻病毒对硬盘主引导扇区及软盘引导扇区内容移动的位置是固定的。感染硬盘时，主引导记录被移到0道0面7扇区。此时，若DOS分区的隐含扇区数为11H或17H，则0面0道7扇区空出不使用，病毒不会给系统造成破坏。如果隐含扇区数为1，则0面0道7扇区为FAT表，这样当DOS把这里的主引导记录当做FAT表进行修改分配，则主引导记录失效，导致硬盘无法引导系统。

感染软盘时，大麻病毒不区分软盘种类，把原BOOT区内容写入0道1面3扇区，这样对某些软盘可能造成破坏。

由于大麻病毒在传染软盘和硬盘上的区别，因此对于软盘和硬盘的检测和清除方法也就有所不同。

对软盘的检测和消除。由于大麻病毒感染软盘时，会把病毒程序存放在引导扇区，而把引导记录移到了1面0道3扇区。因此对软盘的检测和清除是比较简单的。只要读出软盘的引导扇区内容与正常引导记录和病毒程序进行比较，就可确定该软盘是否感染了大麻病毒。如果确定软盘已感染了大麻病毒，则只需把1面0道3扇区的原DOS引导记录写回到引导扇区即可。

对硬盘的检测和消除。硬盘的0面0道1扇区为主引导扇区，用工具是无法看到该区内容的，必须借助于汇编程序，把主引导扇区内容读到内存指定位置，然后进行内容比较以确定是否感染大麻病毒。在确定硬盘上存在大麻病毒之后，接下去就是编写汇编过的程序，把放在0面0道7扇区的硬盘主引导记录写回到主引导区。如果硬盘已不能引导，则说明主引导记录已被破坏。由于硬盘不能进入一般是由于主引导区被破坏，分区信息无法查到，因此关键也是恢复主引导记录。通常可先从同样机型、同样

DOS版本做的分区且分区大小一样、不带毒的机器，用汇编程序读出主引导记录，再把它写入一个文件。然后用软盘启动出现故障的机器，并把前面得到的文件装入内存，最后把内存中存放的正常主引导记录写回到主引导扇区，重新启动系统。

当然，对于这类病毒的检测和清除，最简便的方法是利用杀毒软件进行操作。

7.3.2 黑色星期五病毒

黑色星期五病毒从字面上理解不难看出它一定与星期五有关。那何为黑色呢？黑色指的就是13日。这种病毒在13日且又是星期五时发作，删除磁盘上的所有被执行文件。由于在西方13是一个不吉利的数字，因此对于既是13日又是星期五，就称为黑色星期五。最初这种病毒出现在以色列希伯来大学，故也称为希伯来病毒。因为该大学位于耶路撒冷，又称为耶路撒冷病毒。

黑色星期五病毒是一种流行广且危害很大的恶性病毒。它是一种文件型病毒，传染对象是后缀为COM和EXE的可执行文件。已感染病毒的.com文件，病毒程序位于最前端，而对于.exe文件则位于文件的后面。但当运行含有病毒的文件时，最先运行的总是病毒程序，且首先获得系统的控制权。

感染黑色星期五病毒的文件属性和建立日期是不变的。对于后缀是COM的文件，只感染一次，使其增加1813个字节，且病毒程序位于该文件的首部。而对于后缀是EXE的文件，则可无限次的感染，其每次感染时都将病毒程序放在文件的尾部。必须指出的是，病毒程序在对文件感染时，先是修改DOS的出错处理中断INT23H，从而使病毒的感染过程能悄悄地进行。

黑色星期五病毒的破坏分为两种。一种是利用所截获的INT8H中断向量，在病毒程序内部设置计数器，当值为2时，在屏幕上显示“长方块”，若值为0，则通过执行无用的字符循环程序来减慢系统速度。另一种是日期和星期计数，当系统日历为13日且是星期五时，在系统中运行的EXE和COM文件就会被删除。

黑色星期五病毒包含三个模块：引导模块、传染模块和表现/破坏模块。运行受感染的文件时，病毒程序首先运行，对于尚未感染该病毒的系统，它将修改系统INT21H和INT8H中断向量，使其指向病毒的传染模块和表现/破坏模块，并把病毒程序（约1.8KB）移到内存某个地方驻留。在完成把自身引导驻留在内存的工作后才去执行原来的可执行文件。

在病毒处于激活状态的系统中，每运行一个文件，病毒程序将予以检查，若是已带毒的.com文件，则转向原文件开头，正常执行文件主体；若是.exe文件或是未受感染的.com文件，则保存文件的属性日期，对文件进行传染。

黑色星期五病毒对.com文件和.exe文件的传染方式是不同的。因此病毒传染部分将首先判断是.com文件还是.exe文件。如果是.com文件，则判断是否有病毒标识；若已有病毒标识，则退出传染并转向原文件开头，正常执行文件主体；若没有病毒标识，则进行传染。如果是.exe文件，则不判断病毒标识直接进行传染。在传染任务完成后，再转向原文件开头，正常执行文件主体。

在传染时，病毒程序还能将只读文件修改为普通文件，从而实施传染。对.exe文件把病毒程序链接在文件的尾部，然后修改程序指针使之指向病毒程序。其中第一次感染时，将根据文件长度的不同，增加字节数在1809~1823之间，以后每次感染增加1808字节，指导程序无法运行或盘满为止。当盘空间小于2KB时，病毒程序就不对文件感染。对.com文件则把病毒链接在文件的前头。在完成上述操作后，病毒程序即把修改后的带毒文件写回磁盘，恢复文件的原有属性，完成传染模块的操作。

病毒的破坏模块的工作是这样的：由于病毒的引导机制已修改INT18H指向病毒程序，因此就判断时间计数是否为7F90H（约半小时左右）在屏幕左下角出现一闪烁小方块，若系统日期是13日星期五时，病毒将删除当前运行文件，即每运行一个文件，该文件即被删除。

鉴别系统是否感染黑色星期五病毒方法是比较简单的。对于静态病毒可检查文件是否有黑色星期五病毒程序的特征字符，.com文件特征字符在文件的前端，而.exe文件则位于文件的尾部。若要检查内存中是否有病毒，则可编制一个短小的测试程序，在运行后再检查该文件长度是否增大了1800字节左右，并进一步检查该程序是否有病毒的特征字符。

在发现系统有病毒后，即可用无毒的系统盘重新启动系统，去掉内存中的病毒，对刚才使用过的文件检测静态病毒。对染毒的.com文件可直接删去文件前部的1.8KB即可。但清除.exe文件中的病毒程序比较麻烦。这是因为黑色星期五病毒对.exe文件的传染是以存储容量为限制的多次传染。传染过程是修改文件头，使之指向文件尾，尔后将病毒程序链接在文件的尾部。所以对.exe文件的消毒应该是恢复文件头、删去文件尾的过程。这就需要正确查到病毒开始的标识串。并找到在病毒程序下面的SS、SP、CS和IP值，并计算出正常文件的CS和IP这两个参数值。

由于黑色星期五病毒具有极大的传染性和严重的破坏性，为了防止病毒的破坏，最简单的方法是在13日且是星期五的前一天修改系统日期，这样可使病毒破坏部分不能被触发。

7.3.3 宏病毒

1995年，首次出现了针对Word 6.0文本的宏语言病毒，它具有一些与以往计算机病毒不同的特点，如感染Word文本文件，在文本中加入高级语言（BASIC）编写的程序并且通过Word在处理系统加以传播，而不是与一般微机引导病毒或文件病毒一样通过截获系统中断及功能调用来传染软硬盘或可执行的二进制文件。

宏病毒的作用机制为：Word系统所编辑的文件分为两类，文档文件（Document）及模块文本（Template，其默认文件后缀名分别为DOC及DOT），其主要区别在于文档文件中仅包含了文本数据信息，如文字、字体、段落篇章格式、图像数据等，此外还记录了其对应的模板文件名，但并不包括宏代码。模板中除了可以包含文件信息外，还有可执行的宏语言程序，系统是通过模板来控制文档的。在Word的低版本中采用特定的宏语言设计，随后演化为Visual Basic的一个子集Word Basic，从而极大地增强了系统性能，使文本不仅是静态的，而且可以动态地执行某些程序及控制，但这同时也为宏语言病毒的存在提供了可乘之机。

所谓“宏”是定制的命令。一般来说，宏由一系列Word命令和动作组成，并且还可使用Word Basic语言来创建更复杂的宏。执行宏时，将这些命令或动作激活。宏可以对所有的文档有效，也可以只对那些基于特定模板的文档有效。

以打开文件的基本流程为例介绍宏程序所起的作用以及宏病毒的传播机理。打开文档时首先执行系统内部模板或当前模板的FileOpen宏，随后打开该文档后，在根据该文档所对应的模板执行AutoOpen宏，但若该文件为模板文件并且携带了AutoOpen宏时，则执行该模板文件的AutoOpen宏。其他操作过程（如存盘、打印、退出等）都与各自的宏操作相对应。

在以上过程中，我们看到每个Word文档都对应一个模板，只有模板中才存放宏程序，对文档进行操作时（如打开文件、关闭文件、存盘等）都是执行了相应模板中的宏程序。

宏病毒的传播机制为：当打开一个带病毒模板后，该模板可以通过执行其中的宏程序（如AutoOpen宏）将自身所携带的病毒宏程序拷贝到Word系统中的通用模板中。若使用带毒模板对文件进行操作（如存盘等），就将该文档文件重新存盘为带毒模板文件，即由原来不带宏程序的纯文本文件转换为带病毒的模板文件。以上两步循环就构成宏病毒的基本传染机制。

感染宏病毒的现象是各不相同的，如某些Office功能失效，无法保存文件，文件大小变化，文本中出现奇怪的字符串等，若怀疑有病毒，可以打开当前使用的模板，列出所有的宏程序，分析其流程进行判别。如果不打开带毒模板则宏病毒不会传染，但因为模板文件完全可以与文档文件具有相同的文件后缀名，而且现在一些宏病毒已不修改文件的后缀名，故通过文件后缀名判断文件类型是不可行的。但可以通过一些常用的文件操作（如打开文件、存盘等）判断文件是否带宏病毒，至少可以判断是否带有宏程序，进而采取相应的处理，这是对付宏病毒的比较有效方法。

宏病毒传播部分操作系统，只要有应用Office系统软件的地方，都有可能传染上宏病毒，并且大多数宏病毒都有发作日期。轻则影响计算机的正常工作，重则破坏硬盘信息，甚至格式化硬盘，危害极大。宏病毒的识别是比较简单的，可用下述方法：

（1）在使用的Word中从“工具”菜单中打开“宏”子菜单，选中“宏”命令，在打开的“宏”对话框中点钟Normal模板，若发现有AutoOpen、AutoNew、AutoClose等自动宏以及FileSave、FileSaveAs、FileExit等文件操作宏或一些怪名字的宏，如AAAZAO、PayLoad等，就极可能是病毒在作祟了，因为大多数Normal模板中是不包含上述宏的。但必须注意的是，由于现在一些宏病毒已具有拦截这一菜单动作的功能，有可能因此感染系统或发作，故目前来说通过“工具”菜单打开“宏”对话框可能是一个危险动作。建议使用Organizer来查看文档中的宏。

（2）在使用的有关Office软件的“工具”菜单中看不到“宏”这个字；或看到“宏”，但光标移到“宏”，鼠标点击两下无反应，这两种情况肯定有宏病毒。

（3）打开一个文档，不进行任何操作，退出系统，如提示存盘，这极可能是带宏病毒，千万别存盘。

（4）打开以DOC为后缀的文件在另存菜单中只能以模板方式存盘，也可能带有Word宏病毒。

（5）在运行一些Office软件过程中经常出现内存不足或打印不正常，也可能有宏病毒。

（6）在运行Word97时，打开doc文档中出现是否启动“宏”的提示，该文档可能带有宏病毒。

如果知道感染了宏病毒，对于早期的宏病毒，手工删除法是较方便的，只需从“工具”（Tools）菜单中选择“宏”（Macro）命令列出所有宏，将模板中的病毒宏删除即可。但由于Word文档采用的是BFF格式（有多种格式且互不兼容），微软公司没有公开BFF格式的详细结构，目前一些宏病毒用人工检测和消除已有一定的困难，而且有时也容易在杀毒后破坏文档，甚至无法再用Word打开。这就需要使用针对宏病毒的杀毒软件予以解毒，以保证杀毒后文档文件完全正常。

7.3.4 “红色代码”病毒

“红色代码”病毒（code red，code redII）的别名为W32/Bady.worm。该病毒利用一些版本的IIS上存在的索引服务漏洞，传播“code red”蠕虫传播，使得在被感染的页面上出现“Hacked by Chinese”。索引服务漏洞存在于IIS4.0和IIS5.0中，IIS运行在Windows NT、Windows2000及Windows xp beta版。该漏洞运行远程入侵者在染毒机器中运行任意的代码。

“红色代码”蠕虫能够迅速传播，并造成大范围的访问速度下降甚至阻断。所造成的破坏主要是涂改网页，对网络上的其他服务器进行攻击，被攻击的服务器又可以继续攻击其他服务器。在每月的20~27日，向特定IP地址198.137.240.91（www.whitehouse.gov）发动攻击。

病毒最初于2001年7月19日首次爆发，7月31日该病毒再度爆发，但由于大多数计算机用户都提前安装了修补软件，所以该病毒第二次爆发的破坏程度明显减弱。

“红色代码”主要有如下特征：入侵IIS服务器，“红色代码”会将WWW英文站点改写为“Hello!Welcome to www.Worm.com! Hacked by Chinese!”；该蠕虫感染运行Microsoft Index Server2.0的系统，或是在Windows 2000、IIS中启用了Indexing Service（索引服务）的系统。与其他病毒不同的是，Code red并不将病毒信息写入被攻击服务器的硬盘。它只是驻留在被攻击服务器的内存中，并借助这个服务器的网络连接攻击其他的服务器。

作为一代新型计算机病毒，程序编制者借鉴了黑客技术，采用所谓“缓存区一处”，是微软索引服务器以及索引服务ISAPI扩充缓冲区溢出漏洞（未加限制的Index Server ISAPI Extension缓冲区使Web服务器变得不安全），在网络上进行病毒的传播。该蠕虫病毒通过TCP/IP协议和端口80进行传播，而这个端口正是Web服务器与浏览器进行信息交流的渠道。利用上述漏洞，蠕虫将自己作为一个TCP/IP流直接发送到染毒系统的缓冲区，蠕虫一次扫描Web，以便能够感染其他系统。一旦当前系统被感染，蠕虫会检测硬盘中是否存在C:\notworm，如果该文件存在，蠕虫将停止感染其他主机。

蠕虫会“强制”web页中包含下面的代码：

```
<html> <head> <meta http-equiv=" Content-Type" content =" text/html; charset =
English" >
<title>HELLO! </title> </head> <bady><hr size=5>
<fontcolor=" red" >
```

<p align=" center" >Welcome to http://www.worm.com!

Hacked By Chinese!</font> </hr></bady></html>

作为“红色代码”的改良版“红色代码II”（CodeRedII），病毒作者对病毒体作了很多优化，同样可以对“红色代码”病毒可攻击的联网计算机发动攻击。但与“红色代码”不同的是，这种新变型不仅仅只对英文系统发动攻击，而是攻击任何语言的系统。而且这种病毒更进一步把黑客功能引入病毒程序，在遭到攻击的机器上通过程序自行完成植入“特洛伊木马”工作，使得被攻击的机器“后门大开”，为病毒作者或其他非法入侵者提供了侵入和破坏系统的方便。

与其他病毒不同的是，“红色代码”不同于以往的文件型病毒和引导型病毒，并不将病毒信息写入被攻击服务器的硬盘。它只存在于内存，传染时不通过文件这一常规载体，而是借助这个服务器的网络连接攻击其他的服务器，直接从一台电脑内存传到另一台电脑内存。当本地IIS服务程序收到某个来自“红色代码”发送的请求数据包时，由于存在漏洞，导致处理函数的堆栈溢出。当函数返回时，原返回地址已被病毒数据包覆盖，程序运行线跑到病毒数据包中，此时病毒被激活，并运行在IIS服务程序的堆栈中。

7.4 计算机病毒防治

7.4.1 病毒的弱点

病毒虽然会给计算机系统带来很大的危害，但它也有自己的弱点，理解这些弱点并加以很好地利用，将有助于病毒的防治和查杀。病毒的弱点有：

（1）病毒是一段程序，需要宿主才能得以存在。

（2）宿主必须是可执行部分。

（3）病毒的任何感染行为总是会改变宿主，或完全替代宿主的一部分代码，或修改部分代码，或改变操作系统定位该宿主的指针。

（4）如果病毒要存活、繁衍，其程序代码就必须能够被执行，即病毒要有转变为激活态的机会，否则就不能进行传染、表现或破坏。

7.4.2 杀毒软件技术

1. 病毒扫描程序

病毒扫描程序是在文件和引导记录中搜索病毒的程序。要想让病毒扫描程序检测出新病毒，反病毒软件开发者要特别编写扫描程序来检测每一种新病毒。病毒扫描程序只能监测出它已经知道的病毒。而对于新病毒和未知病毒几乎没有什么作用。多数杀毒软件会在它们的反病毒产品套件中提供某种类型的病毒扫描程序。

第一个反病毒扫描程序使用简单的串扫描算法。这种扫描程序搜索程序文件和引导记录的每一个字节，查找病毒的字节序列。如果扫描程序检测出相应的字节序列，它就会报告文件已被病毒感染。

查病毒软件中使用的病毒码过滤法即是基于这种工作原理在实际中应用的。根据病毒某一部分的特征，去对比每一个可执行程序，有该特征即判定为该病毒。面对新病毒和变形病毒，这种方法暴露出一定弱点：因为特征选取不当而容易造成误判；病毒数量增多时，进行特征对比耗时越来越多。但它的优点是操作简单，可隔离大部分已知病毒。

早期的计算机病毒非常简单，使用完全相同的拷贝从一个文件到另一个文件复制，或者从一个引导记录到另一个记录复制。因此，这种简单的串扫描算法能工作得很好。但是，新一代病毒变得更加复杂了，这些病毒使用简单加密方法加密病毒体，而且在每个感染的文件中都不相同，所以经过加密的病毒很难被检测出来。

反病毒研究者很快就改进了他们的技术，推出了一种更快更强的病毒扫描技术。研究人员认识到，大多数病毒感染都发生在可执行文件的开头或结尾附近，大多数病毒喜欢把自己前置或后置到宿主体文件中。因此，用不着扫描每个文件的每个字节，反病毒扫描程序只需要把注意力集中于可执行文件的最前面和最后面几个KB就行了。

研究人员还通过增加通配符功能改进它们的串扫描程序。一个原来的特征标记是由从病毒中提取的一系列字节组成，它只包含固定的一系列字节，如：原来的特征标记：B8 00 30 CD 21 3D 03 00，新的通配符特征标记：B8 SKIP 30 CD 21 3D SKIP 40。

这是一种非常有用的改进。大多数简单加密的病毒运用基本解密例程，这些基本解密例程在一次感染和另一次感染之间没有太大差别，只有加密例程的键值在每一次感染中会改变。

串扫描程序在反病毒领域已经取得了很大成功。这种技术现在在许多产品中仍然使用。然而它通常检测不出一些非常简单的多态病毒，因为这种病毒在不同的感染体之间变化很大。因此，反病毒产品常把串扫描技术与其他技术结合使用。

多态病毒的出现要求对病毒扫描技术加以改进。现有的通配符串扫描程序无法可靠地检测出这些病毒。除了多态病毒的问题，病毒的数目也不断以指数速率增长，老的扫描算法显然慢了许多。

要对付新的多态病毒的攻击和文件病毒总数的增长，反病毒公司开始运用更聪明的扫描算法，如算法入口点扫描程序。这种方法认为，在一个感染的文件中，程序的入口点既可能直接指向病毒，也可能指向把控制传送给病毒的一些机器代码。

入口点扫描程序利用一个有限机器代码模拟器。这个模拟器能够跟踪一个目标程序，并且跟踪简单的机器语言跳转指令。扫描程序在目标程序入口点检查机器代码。如果此代码使用一种可以识别的方法把控制传送给另一个程序区，内置的模拟器就会试图定位传送的目标，然后把这个目标作为程序的新入口点。扫描程序再重复这一过程，直到机器代码不再把控制传送给其他程序部分。

当前所有的反病毒产品都使用某种形式的算法扫描，通常与入口点扫描技术结合起来。这种结合达到了快速扫描的速度和强大的病毒检测能力。然而病毒编写者开始致力于编写出新的、高复杂性的多态病毒。这样的多态病毒在每一次感染中使用变化的解密例程。这些解密例程非常大、变化多端，而且非常复杂，使得后面提到的扫描技术对许多多态病毒都无能为力。

由于不同的非多态病毒频繁地被编写并扩散出来，反病毒软件开发者不能在少数的多态病毒上花费大量的时间编写专门的检测程序。反病毒程序已经为检测多态病毒开发出一种全新的技术，称为类属解密法GD。到现在为止，类属解密已经证明是检测多态病毒最成功的技术。GD法基于的假定是：第一，被检测的多态病毒必须包含至少一小段机器代码，这些代码在一代和下一代之间是一致的，即使这个代码被加密也是一样。第二，如果多态病毒执行，病毒的解密例程必须能够正确地解密，并且把控制传送给静态的病毒代码。GD法扫描多态文件病毒时是在一个完全封闭的虚拟机中执行目标文件的机器代码，这个仿真程序执行时好像正常运行在系统下一样。然而，因为程序在虚拟机中运行，它根本无法感觉到计算机的实际状态。如果目标文件已经感染病毒，这个仿真程序会继续运行，直到病毒把它自己解密，并且把控制传送给不变的病毒体。在这个解密过程完成之后，扫描程序搜索虚拟机中的被解密的区域，以确定病毒的种类。

这种基于GD的技术提供的检测能力最好。它可以检测出使用非常复杂的加密方法的病毒，而且可以在已感染的文件中准确地识别出多态病毒的种类。在许多例子中，检测新的多态病毒所需要的开发时间远远小于传统方法所需要的时间。除此之外，因为病毒在仿真期间解密自己，所以杀毒软件可以找出在病毒内被正常解密的信息并用于修复已感染的文件。

病毒扫描程序要为检测到的每一种新病毒分析并产生一个特征标记。

病毒扫描程序的特点：一种编写得很好的病毒扫描程序能够有潜力检测出每一种

病毒；设计正确的扫描程序有很低的误检率和漏检率。尽管大多数病毒扫描程序都用于快速地操作，然而现在的用户有非常多的文件，所以扫描一个硬盘要花上几分钟甚至更长的时间。内存驻留程序的病毒扫描程序也要使用，这些程序不是很主动，只有访问文件和软盘时才进行检查。病毒扫描程序必须经常更新。

2. 内存扫描程序

内存扫描程序与“病毒扫描”中描述的病毒扫描程序采用同样的基本原理进行工作。它的工作是扫描内存，以搜索内存驻留文件和引导记录病毒。

隐藏程序不能很容易地在内存中隐藏自己，因为内存扫描程序可以直接搜索内存查找病毒代码。此外，杀毒软件不需要使用一种可能已感染病毒的服务提供者检查内存的内容。这样，在内存扫描期间病毒就不会被激活，也不会主动隐藏自己。如果一个反病毒产品不使用内存扫描，其病毒检测技术就很危险，而且可能无法检测出特定的病毒。

内存扫描程序要求：

（1）内存扫描程序对每一种新的内存驻留病毒分析并产生特征标记。

（2）几乎所有内存驻留病毒都会被内存扫描程序检测出来。

（3）设计正确的扫描程序，误检率、漏检率都必须很低。

（4）内存扫描是一个很快的过程，不会给用户带来很大的不便。

（5）内存扫描程序必须频繁地更新，用户经常下载得到更新的病毒特征标记数据文件。

（6）当病毒感染计算机并驻留内存后，内存扫描程序固定地检测这些病毒。

3. 完整性检查程序

完整性检查器的工作原理基于的假定是：在正常的计算机操作期间，大多数程序文件和引导记录不会改变。这样，计算机在未感染状态，取得每个可执行文件和引导记录的信息指纹，将这一信息存放于硬盘的数据库中。这些信息可以用于验证原来记录的完整性。在验证时，如果发现文件中的指纹与数据库中的指纹不同，则说明文件已经改变，极有可能是病毒感染。大多数完整性检查器会从程序文件中保留以下信息：可执行文件内容的循环冗余校验CRC或校验和；程序入口的前几条机器语言指令；程序的长度、日期和时间。

完整性检查器是一种强有力的防病毒保护方式。因为几乎所有的病毒都要修改可执行文件或者引导记录，包括新的未发现的病毒，所以它的检测率几乎是百分之百。

引起完整性检查器失效的可能有：有些程序执行时必须要修改它自己，把一些配置信息直接存放在可执行程序文件中；对已经被病毒感染的系统再使用这种方法时，可能遭到病毒的蒙骗；完整性检查器不能对新的文件进行有效的检查。

4. 行为监视器

行为监视程序是内存驻留程序，它作为系统服务提供者被安装在内存中。这些程序静静地在后台工作，等待病毒或其他有恶意的损害活动。如果行为监视程序检测到这类活动，它就会通知用户，并且让用户决定这一行为是否继续。

行为监视程序可以防止新的、未知的病毒在计算机上传播。尽管内存驻留的病毒扫描程序可能会漏掉新病毒，行为监视程序则可能检测出病毒对可执行文件的修改，并防止这样的行为。

行为监视器具有以下特点：

（1）不需要进行频繁的更新以保持有效。

（2）无法监测出慢性病毒，因为这种病毒感染时不会主动调用系统服务。

（3）行为监视程序和行为监视程序所截取的系统活动对可以检测到什么类型的病毒有直接影响。

（4）在理想情况下，计算机正常操作期间行为监视程序不会给用户带来不便，尽管可能要求用户决定一项活动是否合法。

（5）只有在病毒开始作用时并要感染或毁坏计算机中的信息时，行为监视程序才能够监测病毒。

行为监视技术的进一步完善是智能式探测器，设计病毒行为过程判定知识库，应用人工智能技术，有效区分正常程序与病毒程序行为，是否误报取决于知识库选取的合理性。其局限性在于：单一的知识库无法覆盖所有的病毒行为，如有不驻留内存的新病毒就会发生漏报。目前有些防病毒卡就采用这种方法。设计病毒特征库、病毒行为知识库、受保护程序存取行为知识库等多个知识库以及相应的可变推理机，通过调整推理机，能够对付新类型病毒，误报和漏报较少。这是未来防毒技术发展的方向。

7.4.3 个人用户防治病毒的方法

就像治病不如防病一样，杀毒不如防毒。防止感染病毒的途径可概括为两类：一是使用抗毒工具，一是用户遵守和加强安全操作措施。在病毒查杀中，存在对症下药的问题，即只能是发现一种病毒以后才能得到相应的清除方法，具有很大的被动性。而对病毒进行预防，则可掌握工作的主动权，所以治疗的重点应放在预防上。

预防计算机病毒的常用方法是选择并使用一个功能完善的单机版计算机防病毒软件。该软件应能满足：

（1）拥有计算机病毒检测扫描器。

（2）实时监控程序。

（3）未知计算机病毒的检测。

（4）压缩文件内部检测。

（5）文件下载监视。

（6）计算机病毒清除能力。

（7）计算机病毒特征代码库升级。

（8）重要数据备份。

（9）定时扫描设定。

（10）支持FAT32和NTFS等多种分区格式。

（11）关机时检查软盘。

（12）注重计算机病毒的检测率。

对于个人用户来说，还应做好以下日常防护工作：

（1）检查BIOS设置，将引导次序改为硬盘先启动。

（2）安装较新的正式版本的防杀计算机病毒软件，并经常升级。

（3）经常更新计算机病毒特征代码库。

（4）备份系统中重要的数据和文件。

（5）在Word中，打开“提示保存Normal模板”，将Normal.dot文件的属性改为只读。

（6）对外来的光盘、软盘和下载的软件都应该先进行查杀病毒再使用。

（7）启用防杀病毒软件的实时监控功能。

计算机病毒防治的根本在于完善操作系统的安全机制，开发并完善高安全性的操作系统并向之移民。

【本章小结】

本章首先给出了计算机病毒的定义，然后对其发展起源和历程进行了回顾。在此基础上，分析了计算机病毒的基本特点，剖析了病毒程序的内部结构。文中还介绍了几种典型病毒的运行机制及清除方法。最后，探讨了病毒的防治途径。在分析杀毒软件核心技术的基础上，介绍了防病毒软件的选择和使用方法。

【关键术语】

计算机病毒　　computer virus

杀毒软件	antivirus software
病毒扫描	virus scanning
内存扫描	memory scanning
行为监视器	behavior monitor
引导模块	leading module
复制模块	replication module
破坏模块	destroying module
病毒特征码	virus signature

【知识链接】

http://www.antivirus-china.org.cn/

http://www.kaspersky.com.cn/

http://www.symantec.com/zh/cn/index.jsp

http://www.anva.org.cn/

【习题】

1. 计算机病毒的特征对于病毒防护有些什么启示?

2. 选择一种具体的病毒，从其产生背景、基本特征和查杀方法等方面了解其详细信息。

3. 结合自身经历谈谈对病毒防治的心得。

第8章　网络通信安全

【本章教学要点】

知识要点	掌握程度	相关知识
网络通信基础知识	了解	主要网络通信协议，以太网，IP地址，端口
常见网络攻击与防范	掌握	IP欺骗、Sniffer、木马等攻击原理及防范
防火墙技术	掌握	防火墙工作原理及常见类型

【本章技能要点】

技能要点	掌握程度	应用方向
常见网络攻击防范	掌握	针对常见攻击方式进行安全部署和紧急应对
防火墙选择与设置	熟悉	基于安全需求分析的防火墙选用及设置

【导入案例】

案例：中国互联网遭神秘攻击

2014年1月21日，中国互联网部分用户遭遇“瘫痪”现象，当天15时10分左右，国内通用顶级根域名服务器解析出现异常，部分国内用户无法访问.com等域名网站。据初步统计，全国有2/3的网站访问受到影响。故障发生后，中国用户在访问时，都会跳转到一个IP地址，而这个地址指向的是位于美国北卡罗来纳州卡里镇的一家公司。经查证，这家名为Dynamic Internet Technology的公司正是“自由门”翻墙软件的开发者。

1月21日下午，有许多中国网友称国内众多网站出现无法访问的现象。部分网站管理员称，此次断网是因国内互联网根域出现问题，导致大量网站域名解析不正常。故障具体表现在域名访问请求被跳转到几个没有响应的美国IP上，不同省份的用户均出现不同程度的网络故障。有分析称，原因可能在于目前国际节点出现故障，国内2/3DNS处于瘫痪状态。部分用户在访问网站时，会被跳转到65.49.2.178这一IP地址，导致真正的网站无法顺利访问。而通过查询65.49.2.178的信息，发现该IP位于美国北卡罗来纳州卡里镇Dynamic Internet Technology公司，大量中国知名IT公司的域名被解析到该地址。

这家名为DynamicInternetTechnology的公司与研发“自由门”翻墙软件的是同一家公司。依据名称和地址，记者在查询这家公司信息过程中了解到，该公司总裁为比尔·夏，此人正是“自由门”的创始人。Dynamic Internet Technology公司网站介绍称，其服务对象包括大纪元、美国之音、自由亚洲电台等，为中国的互联网用户提供被屏蔽网页的访问服务。比尔·夏回复称其与此事无关，事件更像是DNS域名被第三方劫持。

国家创新与发展战略研究会网络空间战略研究中心主任秦安说，中国顶级域名根服务器故障导致大部分网站受影响事件值得关注。“这次事件通俗地解释说，就好比你买了机票去机场，结果发现机场完全瘫痪，你怎么也走不了了。”秦安表示，这次事件影响的范围如此之广，已让最普通的中国网民也感觉到了不方便。

秦安称，这次事件是个别黑客还是有组织的行为并不重要，重要的是，现在不论是单独的黑客还是国家机构有组织的行为，都能对人们赖以生存的网络造成巨大的破坏。秦安坦言：“人类社会正在孕育世界网络大战的说法并不遥远，这次事件可以视为网络大战的预警。”

【问题讨论】

1. 本次网络攻击的发起者可能来自于哪个国家？如何对网络攻击源进行定位？

2. 企业网站应如何提高系统的安全性？

3. 你如何看待文中提到的世界网络大战？

8.1 网络通信安全基础

8.1.1 TCP/IP协议简介

TCP/IP是Internet的主流协议，它是一种事实上的工业标准。但是由于在TCP/IP推出之初，没有过多地考虑安全问题，TCP/IP本身存在的缺陷成为黑客攻击的对象。因此，必须对TCP/IP有一个初步的了解。

1969年，ARPA（Advanced Research Project Agency）建立了著名的ARPANET，它是最早的计算机网络之一，现代计算机网络的许多概念和方法便来自ARPANET。ARPA为了实现异种网络之间的互联和互通，大力资助网间技术的研究开发，并于

1977年到1979年之间推出TCP/IP体系结构和协议规范。TCP/IP发展到现在已成为计算机之间最常应用的组网协议。它是一个真正的开放系统，允许不同厂家生产的各种型号的计算机和完全不同的操作系统通过TCP/IP进行互联。

TCP/IP协议是一系列协议的集合，是一种体系结构。相对于ISO/OSI制定的七层参考模型而言，TCP/IP的体系结构一般分为五层（也有定义为七层，即包括了会话层和表示层），TCP/IP的体系结构如图8.1所示。

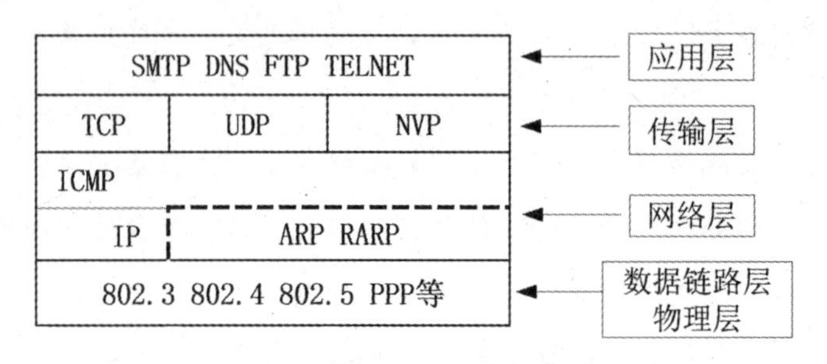

图8.1 TCP/IP体系结构模型

数据链路层和物理层采用现有的IEEE802局域网协议，TCP/IP真正定义的层次主要包括三层，即网络层、传输层和应用层。

1. 网络层协议

网络层，有时也称作互联网层，处理分组在网络中的活动，例如分组的路由选择，在TCP/IP协议组中，网络层协议包括IP协议（网际协议）、ICMP协议（Internet网际控制报文协议）、ARP协议（地址解析协议）和RARP（反向地址解析协议）。

（1）网际协议IP

网际协议IP（Internet Protocol）主要实现网络层的功能，即屏蔽不同子网技术的差异，向上层提供一致的服务，具体功能包括路由选择和转发、通过网络连接在主机之间提供分组交换功能、分组的分段与成块，差错控制、顺序化、流量控制。

IP协议是TCP/IP网络层的主要协议。IP协议定义了一种高效、不可靠和无连接的传输方式。传输层将报文分成若干数据报，每个数据报最长不超过64K字节。在传输过程中，网络层可能将数据报分成更小的单位，当数据报全部到达目的地后，传输层将它们重新组装成原来的报文，数据报在网络层传输时无需连接和确认，所以不能保证传输的可靠性。一个数据报可能丢失，或延时，或发生传输顺序错误。传输设备并不检测这些情况，也不通知通信双方。同时，每个数据报的传递与其他数据报是相互独立的，达到顺序与发送顺序不一定相同。这些差错控制和流量控制由上层（传输层）来完成。

IP协议定义了通过TCP/IP网络传输的数据的格式。IP数据报由报头和数据两部分组成。报头部分包含了目的地址和源地址、数据类型等信息。IP报头格式如图8.2所示。

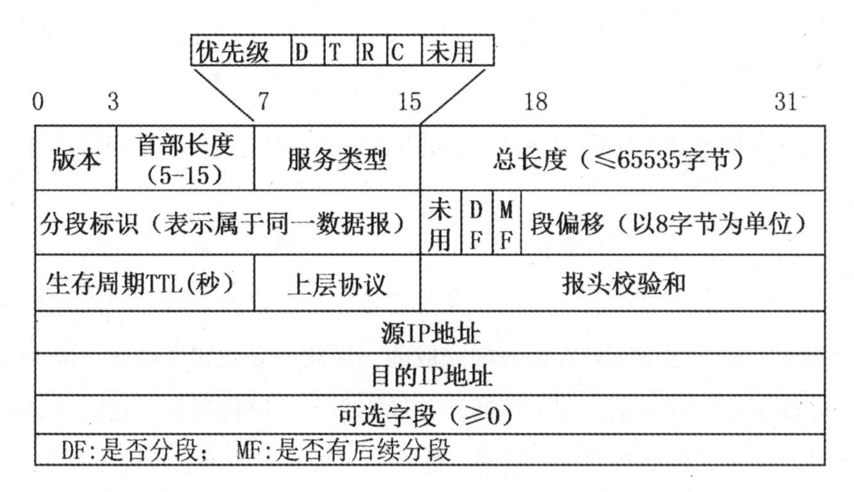

图8.2　IP报头格式

各字段的含义：

①版本字段：记录数据报文符合协议的哪一个版本协议。版本号表示发送者、接收者和路由器对该数据的处理都要按所示的版本进行。现在的版本号是4。

②首部长度：指明报头的长度。

③服务类型：一共8个比特，前3个比特表示优先级，第4个比特表示要求有更低的时延，第5个比特表示有更高的吞吐量，第6个比特表示要求更高的可靠性，第7个比特表示选择价格更低廉的路由，最后一个比特未用。

④总长度：包括报头长度和数据长度，最大长度为216=65536字节。

⑤标识符：用于数据分段，一个数据报在传输过程可能分成若干段，标识符可以区分某分段属于某报文，一个数据报的所有分段具有相同的标识符。

⑥DF：该位置1是表示不分段，置0时允许分段。

⑦MF：表示后面还有一分段，除了最后一个分段，所有分段的MF置1。

⑧段偏移：指明此分段在当前数据报中的位置。

⑨生存周期：限定分段生存期的计数器，当它为0时该分段被抛弃，时间单位为秒。

⑩协议：指明此数据报属于哪一种传送过程，如TCP、UDP等。

⑪报头校验和：只校验报头。

⑫源端地址和目的端地址：指明源和目的方的网络编号与主机号，即IP地址。

⑬可选字段：用于协商设定服务参数。

（2）地址解析协议ARP和反向地址协议RARP

地址解析协议ARP（Address resolution Protocol）的目的是将IP地址映射成物理地址。

反向地址协议RARP（Reverse Address Resolution Protocol）将物理地址映射为IP地址。

地址解析协议信息通过网络时特别重要。在网络层的分组中，包括了发送方和接收方的IP地址。在这个分组离开发送计算机之前，必须要找到目标的硬件地址（按照网络分层思想，最终通信都是在最底层完成的，因此，必须知道硬件地址）。发送方发出一个ARP请求，该消息在网上广播，并最终由一个进程接收，它回复物理地址。这个回复消息由原先的那台发送广播消息的计算机接收，传输过程就开始了。

每一个主机都有一个ARP高速缓存（ARP Cache），存储IP地址到物理地质达到的的映射表，这些都是该主机目前所知道的地址。例如，当主机A欲向本局域网上的主机B发送一个ARP数据报时，就先在ARP高速缓存中查看有无主机B的IP地址。如果存在，就可以查出其对应的物理地址，然后将该数据报发往此物理地址；如果不存在，主机A就运行ARP，按照下列步骤查找主机B的物理地址：

①ARP进程在本局域网上广播发送一个ARP请求分组，目的地址为主机B的IP地址。

②本局域网上的所有主机上运行的ARP进程都接收到此ARP请求分组。

③主机B在ARP请求分组中见到自己的IP地址，就向主机A发送一个ARP响应分组，并写入自己的物理地址。

④主机A收到主机B的ARP响应分组后，就在其ARP高速缓存中写入主机B的IP地址到物理地址的映射。

（3）Internet控制消息协议ICMP

尽管网络层IP数据报的传送不保证不丢失，差错控制由传输层完成，但是网络层对数据报的传送还是有一定的质量保证功能，那就是使用Internet控制报文协议ICMP（Internet Control Message Protocol）。ICMP是用来诊断网络问题的重要工具。通过ICMP收集的诊断信息包括：一台主机关机、一个网关堵塞和工作不正常、网络中其他故障等。ICMP的报文可以分为ICMP差错报文和ICMP询问报文。

最著名的ICMP实现是网络工具Ping。Ping通常用来判断一台远程机器是否开着，数据报从用户的计算机发到远程计算机。这些报文通常返回用户的计算机，如果没有返回数据报到用户计算机，Ping程序就产生一个表示远程计算机关机的消息。

2. 传输层协议

传输层协议主要为两台主机上的应用程序提供端到端的通信。在TCP/IP协议组中，有两个互不相同的传输协议：TCP（Transfer Control Protocol传输控制协议）和UDP（User DataGram Protocol用户数据报协议）。

TCP为两台主机提供高可靠性的数据通信。它提供面向连接的服务，在传输之前，双方首先建立连接，然后传输有序的字节流，传输完毕后再关闭连接。

UDP提供了一种非常简单的服务。它只是把称作数据报的分组从一个主机发送到另一台主机，但并不保证该数据报能到达另一端。UDP传输的数据单位是报文，且不需要双方建立连接，任何必需的可靠性必须由应用层来提供。

下面对TCP协议做一个说明。

TCP协议在IP协议之上。与IP协议提供不可靠传输服务不同的是，TCP协议为其上的应用层提供了一种可靠传输服务。这种服务的特点是：可靠、全双工、流式和无结构传输。

TCP协议使用了一个叫积极确认和重发送（Positive Acknowledgement with Retransmission）的技术来实现数据的可靠传送。

接收者在收到发送者发送的数据后，必须发送一个相应的确认（ACK）消息，表示它已经收到了数据。发送者保存发送的数据的记录，在发送下一个数据之前，等待这个数据的确认消息。在它发送这个数据的同时，还启动了计时器。如果在一定时间之内没有接收到确认消息，就认为是这个数据在传送时丢失了，接着，发送方就会重新发送这个数据。

但这种方法产生了一个问题，就是包的重复。如果网络传输速度比较低，在等待时间结束后，确认消息才返回发送者，那么，由于发送者采用的发送方法，就会出现重复的数据了。一种解决的办法是给每个数据一个序列号，并需要发送者记住哪个序列号的数据已经确认了。为了防止由于延时或重复确认产生的错误，规定确认消息里也要包含确认序列号，这样发送者就能知道哪个包已经确认了。

（1）TCP连接

TCP连接使用三次握手来建立一个TCP连接。

握手过程的第一个报文的代码位置为SYN，序列号为x，表示开始一次握手。接收方收到后，向发送者发一个确认报文。代码位设置为SYN和ACK，序列号设置为y，确认序列号设置为x+1。发送者在收到确认报文后，知道可以发送TCP数据了，于是它又向接收者发送一个ACK报文，表示双方的连接已经建立。

在完成握手之后，就开始正式的数据传输。

上面握手报文中的序列号都是随机产生的。

从上述过程可以看出，连接至少需要三个分组，因此称为三次握手（Three-Way Handshake）。

（2）TCP连接终止

TCP的连接需要三个分组才能建立，而终止一个连接则需要四个分组，具体流程如下：

①某个应用进程首先调用close，称为主动关闭（Active Close），这一端的TCP于是发送一个FIN分组，表示数据发送完毕。

②接收到FIN的另一端执行被动关闭（Passive Close）。这个FIN由TCP确认，并作为文件结束符传送给接收方应用进程，因为FIN意味着应用进程在此连接上再也接收不到额外的数据。

③一段时间后，接收到文件结束符的应用进程调用close，关闭其套接口。这导致它的TCP也发送一个FIN。

④接收到这个FIN的原发送方TCP对它进行确认。

因此，每个方向都需要有一个FIN和ACK，所以终止TCP连接一般需要四个分组。

（3）TCP/SYN攻击

上面介绍了TCP连接和关闭过程，尤其要掌握三次握手的过程，这是SYN攻击的原理。

TCP/SYN作为一种拒绝服务攻击，存在的时间已经有20多年了。其原理是：当一台黑客机器A要与另外一台ISP（Internet Service Provider网际服务提供者）的主机B建立连接时，它的通信方式是先发一个SYN包告诉对方主机B说“我要和你通信了”，当B收到时，就回复一个ACK/SYN确认请求包给A主机。如果A是合法地址，就会再回复一个ACK包给B主机，然后两台主机就可以建立一个通信渠道了。可是黑客机器A发出的包的源地址是一个虚假的IP地址，或者可以说是实际上不存在的一个地址，ISP主机B发出的那个ACK/SYN包当然就找不到目标地址了。如果这个ACK/SYN包一直没有找到目标地址，也就是目标主机无法获得对方回复的ACK包。而在缺省超时的时间范围以内，主机的一部分资源要花在等待这个ACK包的响应上，假如短时间内主机A接到大量来自虚假IP地址的SYN包，它就要占用大量的资源来处理这些错误的等待，最后的结果就是系统资源耗尽以致瘫痪。

3. 应用层协议

应用层协议是专门为用户提供应用服务的。这里主要介绍下列三种应用层协议。

（1）仿真终端协议Telnet

Telnet在RFC854中有详细的描述，Telnet协议的目的就是提供一个通用、双向、面向八位字节的通信机制。它的最初目的是允许终端和面向终端的进程之间的交互。

Telnet不仅允许用户登录到一个远程主机，还允许用户在那台计算机上执行命令。要使用Telnet，用户要指定启动Telnet客户的命令，并在后面指定目标主机名字。如在Linux中的“$Telnet www.dhu.edu.cn”，这个命令启动Telnet过程，连接到www.dhu.edu.cn。这个连接可能被接受或拒绝，这与目标主机的配置有关。由于Telnet存在一些漏洞，所以一般的服务都不开放Telnet服务。

（2）文件传输协议FTP

文件传输协议FTP（File Transfer Protocol）实际上是一个全球免费拷贝工具的协议。

FTP是从一个系统向另一个传递文件的标准方法。RFC765定义了FTP的协议。FTP的目标是：

①促进文件和程序的共享。

②鼓励间接和含蓄地使用远程计算机。

③使用户不必面对主机间使用的不同的文件存储系统。

④有效和可靠地传输文件。

FTP文件传输应用在客户/服务环境。请求机器启动一个FTP客户端软件。这就给目标文件服务器发出一个请求。通常，这个请求被送到端口21。连接建立起来后，客户端和服务器之间可以进行文件传递（下载、上传）等操作。

（3）简单邮件传输协议SMTP

简单邮件传输协议SMTP（Simple Mail Transfer Protocol）使得邮件传输更加可靠和高效。

SMTP是一个相当小而有效的协议。用户给SMTP服务器发出请求，随之建立双向的连接。客户发出MAIL指令，指示它想给Internet上的某处的一个收件人发信。如果SMTP允许这个操作，就发回客户机一个肯定的确认。随后，会话开始。客户可以告知收件人的名称和地址，以及要发送的消息。

8.1.2 以太网基础

以太网是目前最常用的一种局域网，传统的以太网一般采用广播方式通信，即所有的设备都接收到每个站点发出的信息包，但是只有目的方接收下来并提交给上层的主机进行处理，其他站点则将该包丢弃。以太网站点发送信息包的策略是采用载波监听多点访问/冲突检测CSMA（Carrier Sense Multiple Access/Collision Detect）协议。其主要原理为：

（1）载波监听：当一个站点要向另一个站点发送信息时，先监听网络信道上有无信息正在传输，信道是否空闲。

（2）信道忙碌：如果发现网络信道正忙，则等待，直到发现网络信道空闲为止。

（3）信道空闲：如果发现网络信道空闲，则向网上发送信息。由于整个网络信道为共享总线结构。网上所有站点都能够收到该站点所发出的信息，所以站点向网络信道发送信息也称为“广播”。但只有目的站点识别和接收这些信息。

（4）冲突检测：站点发送信息的同时，还要监听网络信道，检测是否有另一台站点同时在发送信息。如果两个站点发送的信息产生碰撞，即产生冲突，从而使数据信息包被破坏。

（5）遇忙听发：如果发送信息的站点检测到网上的冲突，则立即停止发送，并向网上发送“冲突”信号，让其他站点也发现该冲突，从而摒弃可能一直在接收的受损的信息包。

（6）多路存取：如果发送的站点因“碰撞冲突”而停止发送，就等待一段时间，再回到第一步，重新开始载波监听和发送，直到数据成功发送为止。

所有共享型以太网上的站点，都是经过上述六个步骤进行数据传输的。

由于CSMA/CD在同一时间里只允许一个站点发送信息，其他网站只能收听和等待，否则就会产生“碰撞”。所以当共享型网络用户增加时，每个站点在发送信息时产生“碰撞”的概率增大，当网络用户增加到一定数目后，站点发送信息产生的“碰撞”会越来越多，想发送信息的站点不断地进行以下操作：监听—发送—碰撞—停止发送—等待—再监听—再发送……

反复的冲突碰撞使站点大部分时间在等待网络信道的空闲，网络信道则大部分时间充斥着冲突信息，真正传输的时间大大减少，使网络效率低下。因此共享型网络只适合一些中小型单位用户使用。

为了更好地理解以太网的工作原理，可以通过一个比喻更加形象地说明。

假设在一间封闭并且黑暗的房间里有10个人，大家都看不见对方，只知道所有人的名字。假定同时只能有一个人说话，若同时有两个人说话，会产生互相干扰。当其中任意两个人A和B想对话时，需要采用下列步骤：

（1）A首先在听到没人说话时开始叫对方B的名字，然后说出想要说的话，此刻，房间里的所有人都能听到A的说话，但只有A呼叫的人B才会听懂和回答。

（2）如果在A呼叫对方名字时，同时有另一个人C也开始呼叫（不一定是呼叫B），这时A必须立即停止继续说话，并说一声：呼叫碰撞，重来。然后，A等待半分钟，再重新呼叫。而刚才和A产生碰撞的C，则等待一分钟再呼叫。

（3）A在等待了半分钟之后，重新倾听是否有人说话，如果没有，再进行呼叫。假如这次呼叫又和别人碰撞，那么A就要再等待两分钟才能重新呼叫，以防止重复产生碰撞，这样就能保证这10个人能够有秩序地进行互相通信而互不干扰。

通过这种方法能够基本保证10个人的通话。但是，如果房间里有100个人呢？这时同时有两个人说话的可能性非常高，每个人都很难等到一个安静的机会去呼叫对方，而碰撞的增多，使大部分时间都在重复碰撞和等待，通话效率大大降低。

所以，对于以太网而言，在一个网段内，随着站点数的增多，通信的效率会降低。

8.1.3 Internet地址

每台连接到以太网上的计算机都有一个唯一的48位以太网地址。以太网厂商从一个机构购得一段地址，在生产时，给每个卡一个唯一的地址。通常，这个地址是固化在卡上的，又叫做物理地址。当一个数据帧到达时，硬件会对这些数据进行过滤，根据帧结构中的目的地址，将发送到本设备的数据传输给操作系统，忽略其他任何数据。地址位全为1时表示这个数据是给总线上所有设备的，即为广播信息。

表8.1是以太网帧的格式，包含了目标和源的物理地址。为了识别目标和源，帧的前面是一些前导字节、类型和数据域以及冗余校验。前导用于接收同步。32位的CRC校验用来检测传输错误。在发送前，将数据用CRC进行运算，将结果放在CRC域。接收到数据后，将数据做CRC运算，比较结果和CRC域中的数据。如果不一致，那么说明传输过程中有错误。

表8.1　以太网帧格式

<table>
<tr><td>7</td><td>1</td><td>6/4</td><td>6/4</td><td>2</td><td>46–1500</td><td>4</td><td>字节</td></tr>
<tr><td>PA</td><td>SFD</td><td>DA</td><td>SA</td><td>Len</td><td>Data</td><td>Pad</td><td>Fcs</td></tr>
<tr><td colspan="8">PA：前导码，共7个字节，每个字节均为“10H”，它在定界符之前发送，使物理收发信号电路在接收时能达到稳态同步</td></tr>
<tr><td colspan="8">SFD：帧开始定界符，表示一个有效帧的开始，格式为10101011</td></tr>
<tr><td colspan="8">DA：目的地址（MAC地址）</td></tr>
<tr><td colspan="8">SA：源地址（MAC地址）</td></tr>
<tr><td colspan="8">LEN：数据长度（数据部分的字节数），共2个字节</td></tr>
<tr><td colspan="8">DATA：数据，最少46字节，最多1500字节</td></tr>
<tr><td colspan="8">PAD：帧填充字段，保证帧长不少于64字节</td></tr>
<tr><td colspan="8">FCS：帧校验序列（CRC–32）</td></tr>
</table>

Internet地址也叫IP地址，是一种逻辑地址。因为网卡地址（物理地址）有48位，不容易记忆，因此用IP地址表示网络上的每一台计算机。TCP/IP协议对这个地址做了规定：IP地址由一个32位的整数表示。很好地规定了地址的范围和格式，从而使地址寻址和路由选择都很方便。一个IP地址是对一个网络和它上面的主机的地址一起编码而形成的一个唯一的地址。

同一个物理网络上的主机地址都有一个相同的前缀，即IP地址分成两个部分网络地址和主机地址。根据它们选择的位数不同，可以分成四类IP地址，如表8.2所示。

表8.2　四类IP地址格式

<table>
<tr><td rowspan="4">A类</td><td>0</td><td>网络号</td><td>主机号</td></tr>
<tr><td colspan="3">特点：最高位为0，网络号7位，主机号24位</td></tr>
<tr><td colspan="3">适用：每个网络中的主机数多</td></tr>
<tr><td colspan="3">举例：10.10.10.1</td></tr>
<tr><td rowspan="4">B类</td><td>10</td><td>网络号</td><td>主机号</td></tr>
<tr><td colspan="3">特点：最高位为10，网络号14位，主机号16位</td></tr>
<tr><td colspan="3">适用：网络数较多，主机数较多</td></tr>
<tr><td colspan="3">举例：172.10.10.1</td></tr>
<tr><td rowspan="4">C类</td><td>110</td><td>网络号</td><td>主机号</td></tr>
<tr><td colspan="3">特点：最高位为110，网络号21位，主机号8位</td></tr>
<tr><td colspan="3">适用：网络数较多</td></tr>
<tr><td colspan="3">举例：211.65.103.171</td></tr>
<tr><td rowspan="3">D类</td><td>1110</td><td>多目标地址</td><td></td></tr>
<tr><td colspan="3">特点：最高位为1110，数据报发向一组主机地址</td></tr>
<tr><td colspan="3">适用：广播</td></tr>
</table>

通过地址的前3位，就能区分出地址是属于A、B还是C类。其中A类地址的主机容量有1677216（2^{24}）台，B类地址可以有65536（2^{16}）台主机，C类地址可以有256（2^{8}）台主机。

将地址分成网络和主机部分，在路由寻址时非常有用，大大提高了网络的速度。路由器就是通过IP地址的netid部分来决定是否发送和将一个数据包发送到什么地方。

一个设备并不是只能有一个地址。比如一个连到两个物理网络上的路由器就有两个IP地址。所以可以将IP地址看成是一个网络连接。

为了便于记忆和使用32位的IP地址，可以用以小数点分开的四个整数来表示地址。例如IP地址“10000000 00001010 00000010 00011110”记为“128.10.2.30”。

8.1.4 端口

端口是网络中可以被命名和寻址的通信端口，是操作系统可分配的一种资源。

按照OSI七层协议的描述，传输层与网络层在功能上的最大区别是传输层提供进程通信能力。从这个意义上讲，网络通信的最终地址就不仅仅是主机地址了，还包括可以描述进程的某种标识符。为此，TCP/IP协议提出了协议端口（Protocol Port，简称端口）的概念，用于标识通信的进程。

端口是一种抽象的软件结构（包括一些数据结构和I/O缓冲区）。应用程序（即进程）通过系统调用与某端口建立连接并绑定（Binding）后，传输层传给该端口的数据都被相应进程所接收，相应进程发给传输层的数据都通过该端口输出。在TCP/IP协议的实现中，端口操作类似于一般的I/O操作，进程获取一个端口，相当于获取本地唯一的I/O文件，可以用一般的读写源语进行访问。

类似于文件描述符，每个端口都拥有一个叫“端口号”（Port Numer）的整数型标识符，用于区别不同端口。每个端口都标识了一种服务，如FTP服务端口为21。

端口号的分配是一个重要问题。有两种基本分配方式：第一种叫全局分配，这是一种集中控制方式，由一个公认的中央机构根据用户需要进行统一分配，并将结果公布于众。第二种是本地分配，又称动态连接，即进程需要访问传输层服务时，向本地操作系统提出申请，操作系统返回一个本地唯一的端口号，进程再通过合适的系统调用将自己与该端口号联系起来（绑定）。TCP/IP端口号的分配政策综合了上述两种方式。TCP/IP将端口号分为两部分，少量的作为保留端口（0–1023），以全局方式分配给服务进程。因此，每一个标准服务器都拥有一个全局公认的端口（即周知端口，Well-known Port），即使在不同的机器上，其端口号也相同。剩余的为自由端口，以本地方式进行分配。如WWW服务的周知端口为80，Telnet服务的周知端口是23。表

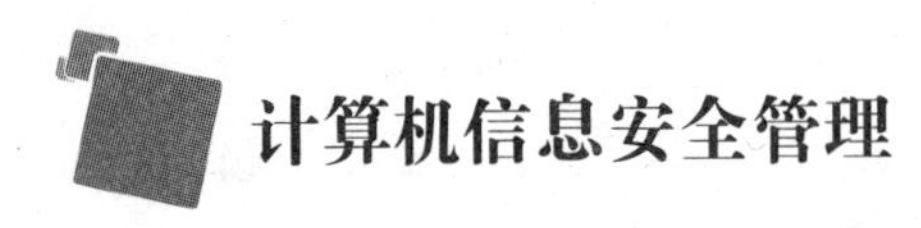

8.3列出了Internet常用服务的标准端口号。

表8.3　Internet常用服务的标准端口号

Internet服务	标准端口号	Internet服务	标准端口号
FTP	21	Finger	79
Telnet	23	WWW	80
SMTP	25	POP3	110
Whois	43	NNTP	119
Gopher	70	TALK	517

8.1.5 Internet安全问题

计算机网络的快速发展，尤其是Internet的出现，使得各种信息共享和应用日益广泛与深入。然而，各种信息在公共通信网络上存储、传输，可能会被怀有各种目的的攻击者非法窃听、截取、篡改或毁坏，从而导致不可估量的损失。对于银行系统、商业系统、政府或军事领域而言，这些比较敏感的系统或部门对公共通信网络中存储的数据安全问题尤为关注。但是如果因为害怕信息不安全而不敢利用Internet，那么办公效率及资源的利用率都会受到影响，甚至使人们丧失了对Internet及信息高速公路的信心和信赖，使网络在一定程度上失去了其应有的价值。因此，必须辩证地看待网络和Internet。

Internet安全问题存在的原因归纳起来有以下几个方面：

Internet本身是没有边界的、全球的互联网，不属于任何一个组织或国家。任何网络用户都可以自由地加入，其规模目前仍在快速增长，为安全管理提出了很大的挑战。

通过IP地址来识别和管理存在严重的安全漏洞。目前对于网络用户的识别主要是通过主机的IP地址来实现，IP盗用和IP欺骗等显现的存在暴露了这种管理方式的薄弱性。

Internet本身没有中央管理机制，没有健全的法令和法规。跨国界的网络安全问题发生时，适用法律的国度认定和执行等都存在较大的问题。

Internet从技术上来讲是开放的、标准的，是为君子设计而不防小人的。协议是一种规则，在网络信息系统中，协议使得不了解的双方能够相互配合并保证公平性。协议可以为通信者建立、维护和解除通信联系，实现不同机型互连的共同约定。互联网的运行基于通信协议。而TCP/IP协议提出之初，设计者将主要目标定位于“网络互联”，没有过多地考虑安全问题，如它传输的信息采用明文方式，存在先天的缺陷。

而互联网的发展速度远远超过人们的想象，以至于当人们意识到TCP/IP的缺陷时，已经不太可能研制一个全新的安全的协议来替换TCP/IP。

Internet没有审计和记录的功能。这也是由网络协议设计的初衷决定的，当安全事件发生时，则无法获取相关的事件记录和证据。

以上问题在世界范围内普遍存在。我国是一个发展中国家，我国的网络信息安全系统除了具有上述普遍的安全缺陷外，还有其他一些特有的安全缺陷，比如：

网络安全意识的缺乏。我国许多网络建网初期很少或根本没有考虑安全防范措施，相当大比例单位的计算机系统或多或少都存在安全漏洞。

网络安全人才的缺乏。我国目前极缺网络及电脑高级系统管理人员，高等教育缺乏这方面人才的培养，社会也缺乏造就这类人才的实践环境。

技术被动性引起的安全缺陷。中国内地大部分网站是基于国外的产品，它们的安全系数令人怀疑。

8.2 常见的网络攻击与防范技术

8.2.1 黑客

黑客（Hacker），源于Hack（劈、砍），引申为“干了一件非常漂亮的工作”。该词源于麻省理工学院。当时一个学生组织的一些成员因不满当局对某个电脑系统的使用所采用的限制措施，而开始自己“闲逛”闯入该系统。他们认为任何信息都是自由公开的，任何人都可以平等地获取。

英文中的“黑客”一词，本来有“恶作剧”之意，现在指电脑系统非法入侵者。黑客崇尚科技，反对传统，他们的骨子里渗透着英雄般藐视权威的思想。凭着对电脑科技的深刻理解，黑客们往往不经授权就进入某个网站或某些机构的大型主机，擅自进行资料存取或肆意破坏。世界上著名的黑客大多是15~30岁的年轻人，他们有着共同的伦理观：信息、技术和诀窍都应当被所有用户共享，而不能为个别人或集团所垄断。这些人在计算机方面的天赋，使其常常处于高度兴奋状态，通常彻夜不眠地操纵计算机，攻破网络或信息禁区，偷看敏感数据，篡改网址信息或者删除该网址的全部内容，其行为已经造成恶劣影响。

目前黑客已成为一个广泛的社会群体，在欧美等国有完全合法的黑客组织或黑客学会，黑客们经常召开黑客技术交流会，1997年11月在纽约就召开了世界黑客大会，参加人数达四五千。在Internet上，黑客组织有公开网站，提供免费的黑客工具软件，介绍攻击手法，出版网上黑客杂志和书籍。黑客们公开在Internet网上提出所谓的“黑客宣言”，其主要观点是：通往电脑的路不止一条，所有信息都应该免费共享，打破电脑集权，在电脑上创造艺术和美，反对国家和政府部门对信息的垄断和封锁。

黑客随着计算机网络发展而逐步发展，下面按照时间先后举几个例子：

1983年，美国6名少年黑客（“414黑客”，因其所住地区密尔沃基电话区号是414）侵入60多台电脑，其中包括斯洛恩·凯特林癌症纪念中心和洛斯阿拉莫斯国家实验室。除了一名少年黑客因其所作证词而豁免无罪，另外5人被判缓刑。

1987年，17岁高中辍学生赫尔伯特·齐恩侵入美国电话电报位于新泽西州的电脑网络。美国联邦政府指控他在芝加哥郊区的卧室里操纵一部电脑闯入美国电话电报公司的内部网络和中心交换系统。后因其在BBS中吹嘘自己攻击过美国电话电报公司的计算机系统而被捕，并成为美国1986年《计算机欺诈与滥用法案》生效后被判有罪的第一人。

1991年海湾战争期间，几个荷兰少年侵入国防部的计算机，修改或复制了一些与战争有关的保密的敏感情报，包括军事人员、运往海湾的军事装备和重要武器装备开发情况等。

1998年，加州少年和以色列“分析家”向五角大楼网站发动攻击，进入了许多政府非保密性的敏感电脑网络，查询并修改了工资报表和人员数据。

1999年5月到6月，美国参议院、白宫和美国陆军网络以及数十个政府网站都被黑客攻陷。在每起攻击事件中，黑客都在网页上留下信息。

2000年2月，在三天的时间里，黑客使美国数家顶级互联网站——雅虎、亚马逊、电子港湾、CNN陷入瘫痪。黑客使用了“拒绝服务式”的攻击手段，即用大量无用信息阻塞网站的服务器，使其不能提供正常服务。

自1994年因特网进入我国以来，我国的网民人数急骤增长，黑客队伍也迅速壮大，其作案领域日益扩大，作案手段日益高明。他们中间不乏爱国者，不时利用Internet表达自己的爱国热情和国际主义情感。例如：1997年的印尼排华事件，1999年5月大使馆被炸事件，1999年7月台湾“两国论”和陈水扁上台事件，2000年初日本右翼否认“南京大屠杀”事件，2001年中美撞机事件等。

据统计，国际上几乎每20秒就有一起黑客事件发生，仅美国，每年由黑客所造成的经济损失就超过100亿。许多大金融公司在发现有黑客闯入之后，宁可自己受损失也不举报、不声张，因为担心客户知道后会感到该公司网络不可靠，丧失消费者的信赖，这使得黑客更加猖狂。

黑客攻击过程通常包括以下步骤：

1. 目标探测和信息获取

在发动一场攻击之前，黑客一般要先确定攻击目标并收集目标系统的相关信息。它可能在一开始就确定了攻击目标，然后专门收集该目标的信息；也可能先大量收集网上主机的信息，然后根据各系统的安全性强弱确定最后的目标。这一阶段通常又可以分为以下3个子过程：

（1）踩点（Footprinting）。当盗贼决定抢劫一家银行时，他们并不是直接走进去开始索要钱财，而是首先下工夫收集有关这家银行的信息，包括武装押运车的路线和送货时间、摄像头位置和摄像范围、出纳员人数、逃跑出口以及其他任何有助于避免意外事故的信息。我们经常称之为踩点。同样，踩点也适用于黑客（攻击者），他们必须尽可能多地收集关于目标系统安全状况的各个方面的信息。whois数据库查询可以获得很多关于目标系统的注册信息，DNS查询也可令攻击者获得关于目标系统内域名、IP地址、DNS服务器、邮件服务器等有用信息，此外还可以用traceroute工具获得一些网络拓扑和路由信息。

（2）扫描（Scanning）。如果说踩点等效于窥探某地以收集情报，那么扫描就是在敲击墙体以找到所有门窗了。在踩点阶段，通过whois查询和DNS查询获取了一个由网络和IP地址构成的清单，这里提供了诸如人员姓名、电话、IP地址范围、DNS服务器、邮件服务器等有价值的信息。在扫描阶段，使用各式各样的工具和技巧（如Ping扫描、端口扫描及操作系统检测等）确定哪些系统存活着、它们在监听哪些端口（以此来判断它们在提供哪些服务），甚至进一步获知它们运行的是什么操作系统。

（3）查点（Enumeration）。从系统中抽取有效账号或导出资源名的过程称为查点。这些信息很可能成为目标系统的祸根。比如说，一旦查点查出一个有效用户名或共享资源，攻击者猜出对应的密码或利用与资源共享协议关联的某些脆弱点通常就只是一个时间问题了。查点技巧基本都是限于特定操作系统的，因此要求使用前面步骤汇集的信息（端口扫描和操作系统检测结果）。攻击者查点的信息类型大致可分为三类：用户和用户组、网络资源和共享资源、服务器程序及其输出获取。

2. 获得访问权（Gaining access）

在收集了足够的数据后，攻击者就可以胸有成竹地尝试访问目标了。他可以通过密码窃听、共享文件的野蛮攻击、攫取密码文件并破解或缓冲区溢出等攻击来获得系统访问权限。

3. 特权提升（Escalating Privilege）

一般账户对目标系统只有有限的访问权限，可达到某些目的，黑客必须有更多的权限，因此在获得一般账户后，黑客经常会试图获得更高的权限，比如通过采用密码破解、利用已知漏洞等方法来获得系统管理员等更高权限。

4. 掩踪灭迹（Covering Tracks）

一旦目标系统已全部控制，黑客便会隐藏自己的踪迹，防止被管理员发觉，比如清除日记记录，使用一些隐藏工具等。

5. 创建后门（Creating Back Door）

在系统的不同部分布置陷阱和后门，以便入侵者在以后仍能从容获得特权访问。

8.2.2 IP盗用

IP地址盗用是指盗用者使用未经授权的IP地址来配置网上的计算机。IP地址盗用行为非常常见，许多“不法之徒”用盗用地址的行为来逃避追踪、隐藏自己的身份。IP地址的盗用行为侵害了网络正常用户的权益，并且给网络安全、网络的正常运行带来了巨大的负面影响。

IP地址的盗用通常有以下两种方法：

一是单纯修改IP地址的盗用方法。如果用户在配置或修改配置时，使用的不是合法获得的IP地址，就形成了IP地址盗用。由于IP地址是一个协议逻辑地址，是一个需要用户设置并随时修改的值，因此无法限制用户修改本机的IP地址。

二是同时修改IP-MAC地址的方法。针对单纯修改IP地址的问题，很多单位都采用IP-MAC捆绑技术加以解决。但IP-MAC捆绑技术无法防止用户对IP-MAC的修改。MAC地址是网络设备的硬件地址，对于以太网来说，即俗称的网卡地址。每个网卡上的MAC地址在所有以太网设备中必须是唯一的，它由IEEE分配，固化在网卡上一般不得随意改动。但是，一些兼容网卡的MAC地址却可以通过配置程序来修改。如果将一台计算机的IP和MAC地址都修改为另一台合法主机对应的IP和MAC地址，那么IP-MAC捆绑技术就无能为力了。另外，对于一些MAC地址不能直接修改的网卡，用户还可以通过软件修改MAC地址，即通过修改底层网络软件达到欺骗上层软件的目的。

目前比较常用的发现IP地址盗用的方法是定期扫描网络各路由器的ARP（address resolution protocol）表，获得当前正在使用的IP地址以及IP-MAC对照关系，与合法的IP地址表IP-MAC表对照，如果不一致则有非法访问行为发生。另外，从用户的故障报告（盗用正在使用的IP地址会出现MAC地址冲突的提示）也可以发现IP地址的盗用行为。

在此基础上，常用的防范机制有：IP-MAC捆绑技术、代理服务器技术、IP-

MAC-USER认证授权以及透明网关技术等。这些机制都有一定的局限性，比如IP-MAC捆绑技术用户管理十分困难；透明网关技术需要专门的机器进行数据转发，该机器容易成为瓶颈。更重要的是，这些机制都没有完全从根本上防止IP地址盗用行为所产生的危害，只是防止地址盗用者直接访问外部网络资源。事实上，由于IP地址盗用者仍然具有IP子网内完全活动的自由，因此一方面这种行为会干扰合法用户的使用，另一方面可能被不良企图者用来攻击子网内的其他机器和网络设备。如果子网内有代理服务器，盗用者还可以通过种种手段获得网外资源。

交换机是局域网的主要网络设备，它工作在数据链路层上，基于MAC地址来转发和过滤数据包。因此，每个交换机均维护着一个与端口对应的MAC地址表。任何与交换机直接相连或处于同一广播域的主机的MAC地址均会被保存到交换机的MAC地址表中。通过SNMP（Simple Network Management Protocol）管理站与各个交换机的SNMP代理通信可以获取每个交换机保存的与端口对应的MAC地址表，从而形成一个实时的Switch-Port-MAC对应表。将实时获得的Switch-Port-MAC对应表与事先获得的合法的完整表格对照，就可以快速发现交换机端口是否出现非法MAC地址，进一步即可判定是否有IP地址盗用的发生。如果同一个MAC地址同时出现在不同的交换机的非级联端口上，则意味着IP-MAC成对盗用。

发生了地址盗用行为后，可以立即采取相应的方法来阻断盗用行为所产生的影响，技术上可以通过SNMP管理站向交换机代理发出一个SNMP消息来关断发生盗用行为的端口，这样盗用IP地址的机器无法与网络中其他机器发生任何联系，当然也无法影响其他机器的正常运行。

结合IP-MAC绑定技术，通过交换机端口管理，可以在实际使用中迅速发现并阻断IP地址的盗用行为，尤其是解决了IP-MAC成对盗用的问题，同时也不影响网络的运行效率。

8.2.3 IP欺骗与防范

IP欺骗是利用不同主机之间的信任关系而进行欺骗攻击的一种手段，这种信任关系是以IP地址验证为基础的。黑客通常使用一台计算机上网，而借用另外一台机器的IP地址，从而冒充另外一台机器与服务器打交道。

按照Internet Protocal（IP）网络互联协议，数据包头包含来源地和目的地信息。而IP欺骗就是通过伪造数据包包头使显示的信息源不是实际的来源，就像这个数据包是从另一台计算机上发送的。现在一般将IP地址欺骗作为其他攻击方法的辅助方法，使得依靠禁用特定IP的防御方法失效。

有时这种方法用于突破网络安全防御而侵入系统，不过需要一次制造大量数据包，因此这种侵入手段显得笨拙费劲。安全措施不完备的网络内，比如互相信任的企业局域网，是这种攻击的高发地。

IP欺骗出现的可能性较小，一般使用防火墙可以很容易地防备这种攻击方法。通过网关过滤源地址在内网的外网数据包或者源地址在外网的内网数据包（前者可能攻击内网计算机，后者则攻击外网），并确信只有内部网络可以使用信任关系。

8.2.4 Sniffer嗅探器

1. Sniffer原理

Sniffer嗅探器就像打入到敌人内部的特工，可以源源不断地把敌方的情报传送出来。在网络上，Sniffer是一种常用的收集有用数据的方法，这些数据可以是用户的账号和密码，也可以是一些商用机密数据等。

由于以太网等很多网络（常见共享HUB连接的内部网）是基于总线方式，物理上是广播的，即一台机器发给另一台机器的数据，共享HUB先收到，然后把它接收到的数据再发送给其他所有端口，共享HUB连接的同一网段的所有机器的网卡都能收到数据，使得两台机器传输数据的时候别的端口也占用了，因此同一网段同一时间只能有两台机器进行数据通信。

网卡收到传输来的数据（网络体系结构中称为“帧”），网卡内的固化程序先接收数据头的目的MAC地址，判断是否与自己的地址相同，如果相同，就接收下来存在网卡的缓冲区中，然后产生中断信号通知CPU，如果不同就丢弃。所以，不该接收的数据到达网卡后就截断了，计算机根本不知道。CPU得到中断信号后产生中断，操作系统根据网卡驱动程序设置的网卡中断程序地址调用驱动程序接收数据，放入堆栈让操作系统处理。当发送者希望引起网络中所有主机操作系统的注意时，他就使用“广播地址”。多数网络接口还具有置成“混杂方式”的能力。在混杂方式下，网络接口对遭遇到的每一帧都产生一个硬件中断，而不仅仅是针对目标为自己硬件地址或“广播地址”的帧。

基于上面的HUB和网卡的工作原理，就可以比较容易地实现Sniffer了。只要通知网卡接收其收到的所有数据，并通知主机进行处理。如果发现感兴趣的包或是符合预先设定过滤条件的包（如设定包中包含“username”或“password”，银行卡卡号、金融信息等），就将其存到一个log文件中。

Sniffer通常运行在路由器或有路由器功能的主机上，使其可以对大量的数据进行监控。Sniffer属于数据链路层的攻击，通常攻击者已经进入了目标系统，然后使用

Sniffer这种攻击手段，以便得到更多的信息。

2. 发现和防止Sniffer

实际上，很难在网络上发现Sniffer，因为它们根本就没有留下任何痕迹。要发现Sniffer，一般通过查找异常进程的方法。不过，编程技巧高的Sniffer即使正在运行，也不会在进程表中出现。

要防止Sniffer并不困难，有许多可以选用的方法。不过这些方法通常需要用户为系统花费较大的开销。常用的方法包括：

（1）传输加密，即对传输的数据在传送前加密，对方收到后再解密。如果被Sniffer监听，那么Sniffer所看到的仅仅是加密后的数据。由于传统的TCP/IP协议是采用明文方式传输数据，因此解决Sniffer监听的根本方法是增强TCP/IP协议，目前阶段基本是通过打补丁来解决。如SSH协议和F-SSH协议。

SSH（Secure SHell）是在应用程序中提供安全通信的协议。它建立在客户机/服务器模型上。SSH服务器的服务端口是22，采用RSA算法验证用户并建立连接。在授权完成后，通信数据采用IDEA技术来加密。SSH后来发展F-SSH，F-SSH提供了高层次的、军方级别的通信加密。SSH和F-SSH都有商业或自由软件版本存在。

（2）采用安全拓扑结构。使用安全拓扑结构一般需要遵循下列规则：一个网络段必须有足够的理由才能相信另一网络段。网络段的设计应该考虑数据之间的信任关系，而不是硬件需要。该原则包括以下含义：

一个网络段仅由能互相信任的计算机组成。通常它们在一个房间或一个办公室内。比如财务系统，应该固定在某个房间或楼层。

所有的问题都归结到信任上。计算机和其他计算机通信，必须信任这台计算机。作为系统管理员，必须采用一种方法，使得计算机之间的信任关系很小。

如果局域网要和Internet相连，仅仅使用防火墙是不够的。入侵者已经能从防火墙后面扫描，并探测正在运行的服务。因此需要考虑一旦入侵者进入系统能够得到些什么，即必须考虑信任关系路径的长度。举例来说，假设Web服务器对计算机A是信任的，又有多少计算机是受A信任的？又有多少计算机是受这些计算机信任的？在信任关系中，计算机A之前的任何一台计算机都可能对服务器进行攻击并成功，管理员的任务就是尽可能使得Sniffer出现后，只对最小范围有效。

Sniffer往往是攻击者侵入系统后使用，用来收集有用的信息。因此，防止系统被突破是关键。系统安全管理员要定期对管理的网络进行安全测试，发现并防止安全隐患。

8.2.5 端口扫描技术

TCP/IP协议为网络环境中能提供的每种服务设定了一个端口。每个端口拥有一个16bit的端口号（一台主机可以定义2^{16}，即65536个端口）。用户自己提供的服务可以使用自由端口号。一般系统使用的端口号是0–1023，用户自己定义的端口号从1024开始。

TCP/IP的服务一般通过IP地址加一个端口号Port来决定。如，FTP的服务端口号是21，SMTP的服务端口是25，POP3的端口是110。客户端程序一般通过服务器的IP地址和端口号与服务器应用程序进行连接。因此，端口就是一个潜在的通信通道，也就是一个入侵通道。对目标计算机进行端口扫描，能得到许多有用的信息（如该服务是否已经启动），从而发现系统的安全漏洞。进行扫描的方法很多，可以手工扫描或通过端口扫描软件进行。

在扫描目标主机的服务端口之前，首先得搞清楚该主机是否已经在运行。如果发现该主机是活的（Alive），那么，下面可以对该主机提供的各种服务端口进行扫描，从而找出活着的服务。

以下是与手工扫描相关的一些网络相关命令，这些命令一般用来测试主机是否通达，经过哪些路由到对方的。

· Ping命令：可以检测网络目标主机存在与否以及网络是否正常（能否通达）。

· Tracert命令：用来跟踪一个报文从一台计算机到另一台计算机所走的路径。

· Finger命令：显示用户的状态，如用户名、登录的主机、登录日期等。

· Rusers命令：显示远程登录的用户名、该用户上次的登录时间等。

· Hosts命令：可以收集到一个域里所有计算机的重要信息，包括域里名字服务器的地址，一台计算机上的用户名，一台服务器上正在运行什么服务，这个服务是哪个软件提供的，计算机上运行的是什么操作系统等。

扫描器是一种自动检测远程或本地主机安全性弱点的程序。通过使用扫描器，用户可不留痕迹地发现远程服务器各个端口的分配及提供的服务和它们的软件版本。通过使用扫描器，攻击者能够间接或直观地了解远程主机所存在的安全问题。

扫描器的工作原理是通过选用远程TCP/IP不同的端口的服务，并记录目标给予的回答来实现。

扫描器不是一个直接攻击网络漏洞的程序，它仅仅帮助入侵者发现目标主机的某些内在弱点（好的扫描器会对它得到的数据进行分析，帮助入侵者查找目标主机的漏洞），但不会提供进入一个系统的详细步骤。其基本功能有：发现一个主机或网络；

发现该主机正在运行的服务；通过测试这些服务，发现内在的漏洞。

8.2.6 特洛伊木马

特洛伊木马（trojan horse）是一个程序，它驻留在目标计算机里。在目标计算机系统启动的时候，特洛伊木马自动启动，然后在某一端口进行侦听。如果在该端口收到数据，则对这些数据进行识别，然后按识别后的命令，在目标计算机上执行一些操作。比如窃取口令，拷贝或删除文件，重新启动计算机等

攻击者一般在入侵某个系统后，想办法将特洛伊拷贝到目标计算机中。并设法运行这个程序，从而留下后门。以后，通过运行该特洛伊的客户端程序，对远程计算机进行操作。因此，木马应该符合三个条件：

（1）木马需要一种启动方式，一般在注册表启动组中。

（2）木马需要在内存中运行才能发挥作用。

（3）木马会占用一个端口，以便黑客通过这个端口和木马联系。

木马的特点是具有隐蔽性、顽固性和潜伏性。

1. 木马的隐蔽性

木马的隐蔽性主要体现在木马的启动方式、木马在硬盘上存储的位置、木马的文件名、木马的文件属性、木马的图标、木马使用的端口、木马运行时的隐蔽及木马在内存中的隐蔽等。

在Windows系统中，木马最容易下手的地方是三个：系统注册表、win.ini、system.ini。电脑启动时，首先装载这三个文件，大部分木马程序是使用这三种方式启动的。但是木马schoolbus 1.60版本是采用替换Windows启动程序装载的，这种启动办法更加隐蔽，而且不易排除。另外也有捆绑方式启动的，木马phAse 1.0版本和NetBus 1.53版本就是以捆绑方式装到目标电脑上，可以捆绑到启动程序上，也可以捆绑到一般程序的常用程序上。如果捆绑到一般程序上，启动是不确定的，如果用户不运行，木马就不会进行内存。捆绑方式是一种手动的安装方式，一般捆绑的是非自动方式启动的木马。因为非捆绑方式的木马会在注册表等位置留下痕迹，所以，很容易被发现，而捆绑木马可以由黑客自己确定捆绑方式、捆绑位置、捆绑程序等，位置的多变使得木马具有很强的隐蔽性。

木马实际上是一个可以执行的文件，所以它必须存储在硬盘上。一般而言，木马存储在C:\Windows和C:\Windows\system中，这也体现了木马程序的隐蔽和狡猾。因为Windows的一些系统文件在这两个位置，如果用户误删了文件，电脑可能崩溃，从而不得不重新安装系统。另外，系统目录下的文件众多繁杂，一般用户很难查找出哪个

文件是木马，而且这些木马的名字通常具有欺骗性。

木马的文件名更是一种学问，它一般与Windows的系统文件接近，这样用户就会搞糊涂。例如木马SubSeven1.7版本的服务器文件名是C:\Windows\KERNEL16.DLL，而Windows的一个重要系统文件是C:\Windows\KERNEL32.DLL，二者如此相似，一般用户很难判断，而且一旦删除，后果极其严重，因为删除了KERNEL32.DLL意味着用户的机器将崩溃。

再比如，木马phAse 1.0版本生成的木马是C:\Windows\System\Msgsvr32.exe，和Windows的系统文件C:\Windows\System\Msgsrv32.exe几乎一模一样，只是图标不同。

上面两个例子是假扮系统文件的类型。还有一些无中生有的类型，木马SubSeven 1.5版本服务器文件名是C:\Windows\window.exe，仅仅少一个s，一般用户如果不知道这是木马，肯定不敢删除该文件。

Windows的资源管理器中可以看到硬盘上的文件，默认方式下隐含文件和DLL等系统文件是不显示的，因此，一部分木马就采用这种方法，让用户在硬盘上看不到，虽然办法简单了点，但是如果用户不注意的话，还是会漏掉的。比如木马schoolbus2.0版本的木马就是一个隐含文件。

木马服务器的图标看起来都很熟悉，很像是系统文件，一般极易以假乱真，给用户造成假象，以为这是电脑的系统文件，不能删除。

黑客要进入目标电脑，必须要有通往目标电脑的途径。也就是说，木马必须打开某个端口。大家叫这个端口为“后门”，木马也叫“后门工具”。这个不得不打开的后门是很难隐蔽的，只能采取混淆的办法。很多木马的端口是固定的，让人一眼就能看出是什么样的木马造成的。所以，端口号可以改变，这是一种混淆的办法。例如7306是木马netspy使用的，木马SUB7可以改变端口号，SUB7默认的端口是1243，如果没有改变，那么目标电脑的主人马上就可以使用删除SUB7的办法删除它，但是，如果端口改变了呢？所以，比较隐蔽的木马端口是可以改变的，因此目标电脑的用户不易察觉。

木马在运行的时候一般都是隐蔽的，与正常的应用程序在运行时一般会显示一个图标的情况不同，木马运行时不会在目标电脑上打开一个窗口，告诉用户什么人在你的电脑中干什么，因而，用户不太容易发现正在悄悄运行的木马。

一般情况下，如果某个程序出现异常，用正常手段不能退出的时候，采取的办法是按“Ctrl+Alt+Del”键，跳出一个窗口，找到需要终止的程序，然后关闭它。早期的木马会在按“Ctrl+Alt+Del”时显露出来，但现在大多数木马已经看不到了，所以只能采用内存工具来看内存时才能发现存在木马。

2. 木马的顽固性

一旦木马被发现存在于电脑中，用户很难删除。例如木马schoolbus 1.60版本和2.0版本，启动位置是在C:\Windows\System\runonce.exe中，用户很难修改这个文件，只有重新安装这个文件才可以排除木马。再如木马YAI07.29 1999版本，大面积的程序染上木马，导致用户不得不格式化硬盘，因为用户基本不可能一个一个文件去删除。这种类型的木马，最好还是通过杀毒软件来删除。

3. 木马的潜伏性

高级的木马具有潜伏能力，表面上的木马被发现并删除以后，后备的木马在一定条件下会跳出来。这种条件主要是目标电脑用户的操作造成的。

例如木马Glacier（冰河1.2正式版），这个木马有两个服务器程序，C:\windows\system\Kernel32.exe挂在注册表的启动组中，当电脑启动的时候会装入内存，这是表面上的木马。另一个是C:\windows\system\sysexplr.exe，也在注册表中，它修改了文本文件的关联，当用户点击文本文件的时候它就启动了，它会检查Kernel32.exe是不是存在，如果存在的话，什么事情也不做。当表面上的木马Kernel32.exe被发现并删除以后，目标电脑的用户可能会觉得自己已经删除木马了，应该是安全的了，但是如果目标电脑的用户在以后的操作中点击了文本文件，那么这个文件照样运行，同时Sysexplr.exe被启动了。Sysexplr.exe会发现表面上的木马Kernel32.exe已经被删除，就会再生成一个Kernel32.exe，于是，目标电脑以后每次启动电脑木马又被装上了。因此，这是一个典型的具有潜伏能力的木马，这种木马的隐蔽性更强。

木马的发现和删除可以根据不同的木马类型采用不同的方法。对于注册表启动的木马，可以使用端口扫描软件，查看是否有可疑的端口开放。如有则先记下该端口号，然后查看内存中正在运行的软件，记录其名称和硬盘位置，并依次终止。如果端口依然开放，则被终止的程序不是木马，继续终止，直到发现木马。删除时，则先备份需要删除的文件和注册表；然后终止程序在内存中的运行，保证端口没有打开；最后在注册表中查询包含该文件名的键值，然后删除。

除了用注册表启动的木马，最常见的还有捆绑式木马。如将木马捆绑到浏览器上，尽管用户开机检查时没有开放的端口，但是一旦用户上网打开浏览器，木马被附带启动了，木马端口打开，黑客就可以进入了。捆绑有两种方法，一种是手动的，一种是木马自带捆绑配置工具，两种情况的都一样，按照捆绑的先后次序，可以分为主程序和次程序，一般将原程序作为主程序，将木马程序作为次程序，不过将木马作为主程序也是可以的。删除则只能重新安装被捆绑程序。

当然，删除木马最简单的方法是安装杀毒软件，现在很多杀毒软件都能删除网络最猖狂的木马。

8.2.7 拒绝服务式攻击

拒绝服务式攻击的英文意思是Denial of Service，简称DoS。这种攻击行动使网站服务器充斥大量要求回复的信息，消耗网络带宽或系统资源，导致网络或系统不胜负荷以至瘫痪而停止提供正常的网络服务。

“拒绝服务”是如何攻击的?

SYN Flood是当前最流行的DoS（拒绝服务攻击）的方式之一，这是一种利用TCP协议缺陷，发送大量伪造的TCP连接请求，使被攻击方资源耗尽（CPU满负荷或内存不足）的攻击方式。对于访问Internet资源的用户，与服务器之间的连接是通过三次握手（Three-way Handshake）而实现的，如图8.3所示。

（1）攻击者向被攻击服务器发送一个包含SYN标志的TCP报文，SYN（Synchronize）即同步报文。同步报文会指明客户端使用的端口以及TCP连接的初始序号。这时同被攻击服务器建立了第一次握手。

（2）受害服务器在收到攻击者的SYN报文后，将返回一个SYN+ACK的报文，表示攻击者的请求被接受，同时TCP序号被加一，ACK（Acknowledgment）即确认，这样就同被攻击服务器建立了第二次握手。

（3）攻击者也返回一个确认报文ACK给受害服务器，同样TCP序列号被加一，到此一个TCP连接完成，三次握手完成。

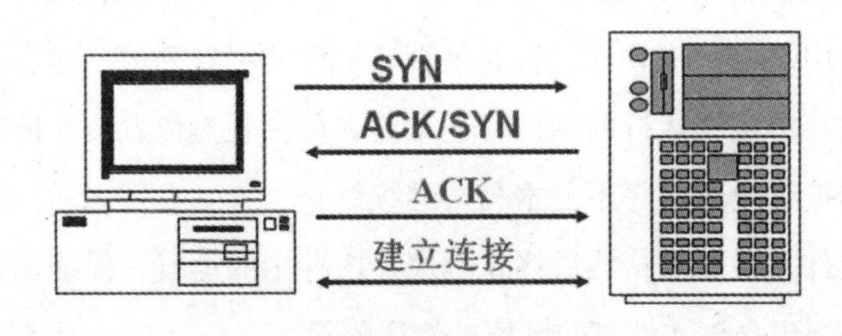

图8.3　正常情况下的连接交互

在TCP连接的三次握手中，假设一个用户向服务器发送了SYN报文后突然死机或掉线，那么服务器在发出SYN+ACK应答报文后是无法收到客户端的ACK报文的（第三次握手无法完成），如图8.4所示，这种情况下服务器端一般会重试（再次发送SYN+ACK给客户端）并等待一段时间后丢弃这个未完成的连接。这段时间的长度我们称为SYN Timeout，一般来说这个时间是分钟的数量级（为30秒~2分钟）；一个用户出现异常导致服务器的一个线程等待1分钟并不是什么很大的问题，但如果有一个恶意的攻击者大量模拟这种情况（伪造IP地址），服务器端将为了维护一个非常大的半连接列表而消耗非常多的资源。即使是简单的保存并遍历也会消耗非常多的CPU时间和内存，何况还要不断对这个列表中的IP进行SYN+ACK的重试。实际上如果服务器的TCP/IP栈不够强大，最后的结果往往是堆栈溢出崩溃——即使服务器端的系统足够强大，服务器端也将忙于处理攻击者伪造的TCP连接请求而无暇理睬客户的正常请求（毕竟客户端的正常请求比率非常之小），此时从正常客户的角度看来，服务器失去响应，这种情况就称作服务器端受到了SYN Flood攻击（SYN洪水攻击）。

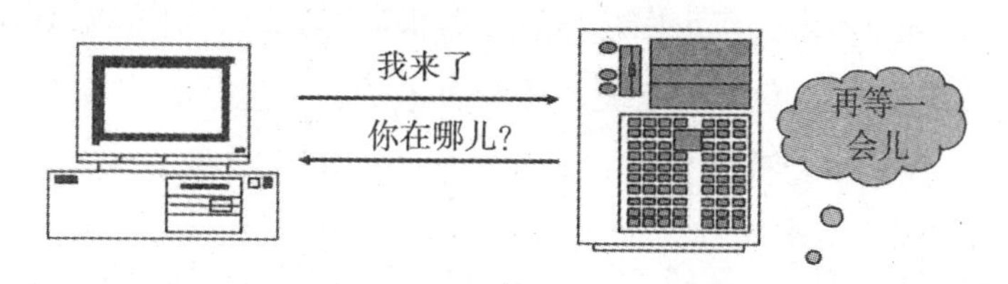

图8.4　非正常情况下的连接交互

如果攻击者利用上千台客户端同时攻击一个服务器，那么，即使该服务器CPU再多、内存再大，也无法抵御这种攻击，这就是分布式拒绝服务攻击（Distributed Denial of Service，DDOS）。为了提高分布式拒绝服务攻击的成功率，攻击者需要控制成百上千的被入侵主机。这些攻击工具入侵主机和安装程序的过程都是自动化的。这个过程可分为以下几个步骤：

（1）探测扫描大量主机以寻找可入侵主机目标；

（2）入侵有安全漏洞的主机并获得控制权；

（3）在每台入侵主机中安装攻击程序；

（4）利用已入侵主机继续扫描和入侵。

由于整个过程是自动化的，攻击者能够在几秒钟内入侵一台主机并安装攻击工具。也就是说，在短短的一小时内可以入侵数千台主机。然后，通过这些主机再去攻击目标主机。所以，对于分布式拒绝服务攻击，目前难以找到有效的防御方法。只能采取一些防范措施，避免成为被利用的工具或者成为被攻击的对象。这些措施包括：

（1）优化路由及网络结构。假如网站不单单是一台主机，而是一个较为庞大的网络的话，那么应该对路由器进行合理设置以最小化遭受拒绝服务攻击的可能性，例如，为了防止SYN flooding攻击，可以在路由器上设定TCP侦听功能，过滤所有不需要的UDP和ICMP包信息。注意，如果路由器允许发送向外的不可到达的ICMP包，将会使遭受DoS攻击的可能性增大。

（2）优化对外提供服务的主机。不仅仅对于网络设备，对于潜在的有可能遭受攻击的主机也要同样进行设置保护。在服务器上禁止一切不必要的服务，此外，如果使用多宿主机（一台主机多个IP地址）的话，也会给攻击者带来相当大的麻烦。我们还建议将网站分布在多个不同的物理主机上，这样每一台主机只包含了网站的一部分，防止了网站在遭受攻击时全部瘫痪。

（3）当攻击正在进行时，立即启动应付策略（状态监控），尽可能快地追踪攻击包，如果发现攻击并非来自内部，应当立即与服务提供商取得联系。由于攻击包的源地址很有可能是被攻击者伪装的，因此不必过分地相信该地址。应当迅速判断是否遭到了拒绝服务攻击，因为在攻击停止后，只有很短的一段时间可以追踪攻击包。

（4）提高系统安全强度。防范被入侵和攻击的根本途径是提高系统自身的安全强度。例如经常下载系统软件补丁、开启尽可能少的系统服务、对系统进行安全审核和漏洞排查等。

8.3 防火墙

8.3.1 防火墙基本知识

古时候，人们常在寓所之间砌起一道砖墙，一旦火灾发生，它能够防止火势蔓延到别的寓所。自然，这种墙因此而得名“防火墙”，主要进行火势隔离。现在，如果一个企业的网络连接到了Internet上面，它的用户就可以访问外部世界并与之通信。但同时，外部世界也同样可以访问该网络并与之交互。为安全起见，可以在该网络和Internet之间插入一个中介系统，竖起一道安全屏障。对外，这道屏障能够阻断来自外部通过Internet对内部网络的威胁和入侵，提供扼守本网络的安全和审计的唯一关卡。对内，这道屏障能够控制用户对外部的访问。这种中介系统也叫做“防火墙”，或“防火墙系统”。

在使用防火墙的决定背后，潜藏着这样的推理：假如没有防火墙，一个网络就暴露在不那么安全的Internet诸协议和设施面前，面临来自Internet其他主机的探测和攻击的危险。在一个没有防火墙的环境里，网络的安全性只能体现为每一个主机的功能，在某种意义上，所有主机必须通力合作，才能达到较高程度的安全性。网络越大，这种较高程度的安全性越难管理。随着安全性问题上的失误和缺陷越来越普遍，对网络的入侵不仅来自高超的攻击手段，也有可能来自配置上的低级错误或不合适的口令选择。因此，防火墙的作用是防止不希望的、未授权的通信进出被保护的网络，迫使单位强化自己的网络安全政策。

因此，可以给出防火墙的定义：防火墙是综合采用适当技术，通过对网络作拓扑结构和服务类型上的隔离，在被保护网络周边建立分隔被保护网络与外部网络的系统。防火墙系统通常是软件和硬件的组合体。防火墙在网络环境中的位置如图8.5所示。

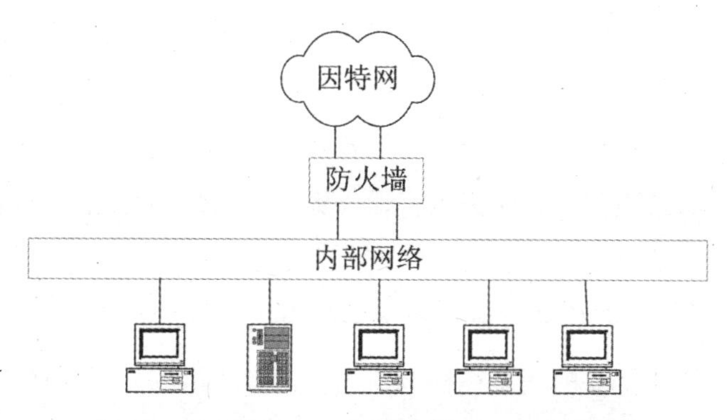

图8.5　防火墙在企业内部网和Internet中的位置

总之，防火墙在一个被认为是安全和可信的内部网络与一个被认为是不那么安全可信的外部网络之间提供了一个封锁工具。它能增强机构内部网络的安全性。防火墙用于加强网络间的访问控制，防止外部用户非法使用内部网的资源，保护网络的设备不被破坏，防止内部网络的敏感数据被窃取。防火墙系统决定了外界的哪些人可以访问内部的哪些服务，以及哪些外部服务可以被内部人员访问。要使一个防火墙有效，所有来自和通向Internet的信息都必须通过防火墙，接受防火墙的检查。防火墙必须只允许授权的数据通过，并且防火墙本身也能够免于渗透。防火墙系统一旦被攻击者突破或迂回，就不能提供任何保护了。

防火墙一般具有以下基本功能：

（1）过滤进出网络的数据包。

（2）管理进出网络的访问行为。

（3）封堵某些禁止的访问行为。

（4）记录通过防火墙的信息内容和活动。

（5）对网络攻击进行检测和预警。

利用防火墙来保护内部网络主要有以下几方面的优点：

（1）防火墙能够简化安全管理。防火墙允许网络管理员定义一个中心“遏制点”来防止非法用户（如黑客、网络破坏者等）进入内部网络。禁止存在危害性的服务进出网络，并抗击来自各种路线的攻击。防火墙能够简化安全管理，网络安全性是在防火墙系统上得到加固，而不是分布在内部网络的所有主机上。

（2）保护网络中脆弱的服务。防火墙通过过滤存在安全缺陷的网络服务来降低内部网遭受攻击的威胁，因为只有经过选择的网络服务才能通过防火墙。例如，防火墙可以禁止某些易受攻击的服务进入或离开内部网，这样可以防止这些服务被外部攻击者利用，但在内部网中仍然可以使用这些局域网环境下比较有用的服务，减轻内部网络的管理负担。

（3）有了防火墙，用户可以很方便地通过审计监视网络的安全性，并产生报警信息。网络管理员必须审计并记录所有通过防火墙的重要信息。如果网络管理员不能及时响应报警并审查常规记录，防火墙将形同虚设。在这种情况下，网络管理员永远不会知道防火墙是否受到攻击。

（4）增强保密性、强化私有权。对于一些内部网络节点而言，保密性是很重要的，因为某些看似不甚重要的信息往往会成为攻击者攻击的开始。使用防火墙系统，网络节点可阻塞finger以及DNS域名服务。因为攻击者经常利用finger列出当前使用者名单及一些用户信息。DNS服务能提供一些主机信息。防火墙能封锁这类服务，从而使得外部网络主机无法获取这些有利于攻击的信息。

（5）防火墙是审计和记录网络流量的一个最佳地方。网络管理员可以在此向管理部门提供Internet连接的费用情况，查出潜在带宽瓶颈的位置，并能够根据机构的核算模式提供部门级的计费。

虽然防火墙可以提高内部网的安全性，但是防火墙也有它的一些缺陷和不足。防火墙的主要缺陷有：

（1）限制有用的网络服务。防火墙为了提高被保护网络的安全性，限制或关闭了很多有用但存在安全缺陷的网络服务（如Telnet、FTP等）。由于绝大多数网络服务设计之初根本没有考虑安全性，只考虑使用的方便性和资源共享，所以都存在安全问题。这样防火墙限制这些网络服务，这些服务将不能给用户提供便利。

（2）不能有效防护内部网络用户的攻击。目前大部分防火墙只提供对外部网络用户攻击的防护，对来自内部网络用户的攻击只能依靠内部网络主机系统的安全性。防火墙无法禁止内部用户对网络主机的各种攻击，因此，堡垒往往从内部攻破。所以必须对雇员进行教育，让他们了解网络攻击的各种类型，并懂得保护自己的用户口令，了解周期性变换口令的必要性。

（3）Internet防火墙无法防范通过防火墙以外的其他途径的攻击。例如，在一个被保护的网络上有一个没有限制的拨出存在，内部网络上的用户就可以直接通过PPPZ（Point to Point）连接进入Internet，从而绕过由精心构造的防火墙系统提供的安全系统，这就为后门攻击创造了极大的可能。网络用户必须了解这种类型的连接对于一个全面的安全保护系统来说是绝对不允许的。

（4）防火墙不能完全防止传送已感染病毒的软件或文件。这是因为病毒的类型太多，操作系统也有多种，编码与压缩二进制文件的方法也各不相同，所以不能期望防火墙去对每一个文件进行扫描，查出潜在的病毒。解决该问题的有效方法是每个客户机和服务器都安装专用的防病毒系统，从源头堵住，防止病毒从软盘或其他来源进入网络系统。

（5）防火墙无法防范数据驱动型攻击。数据驱动型的攻击从表面上看是没有害处的数据被邮寄或拷贝到主机上，而其中隐藏了一些可以威胁主机安全指令的文件。一旦执行就开始攻击。例如，一个数据性攻击可能导致主机修改安全相关的文件，使得入侵者很容易获得对系统的访问权。

（6）不能防备新的网络安全问题。防火墙是一种被动式的防护手段，只能对现在已知的网络威胁起作用。随着网络攻击手段的不断更新和一些新的网络应用的出现，不可能靠一次性的防火墙设置来解决永远的网络安全问题。

8.3.2 防火墙的类型

1. 包过滤型防火墙

包过滤型防火墙又称网络级防火墙，一般通过路由器实现，也称作包过滤路由器（packet filtering router）。一个典型的包过滤型防火墙的连接示意图如图8.6所示。

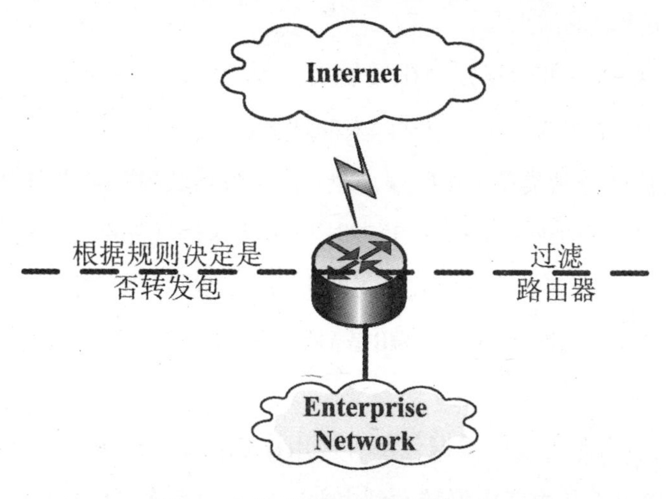

图8.6　包过滤型防火墙构造示意图

基于协议特定的标准，路由器在其端口能够区分包和限制包的能力叫作包过滤（packet filtering）。包过滤型防火墙工作的原理为：包过滤防火墙在网络层对进出内部网络的所有信息进行分析，并按照一组安全策略（信息过滤规则）进行筛选，允许授权信息通过，拒绝非授权信息。信息过滤规则以收到的数据包的头部信息为基础进行处理。过滤路由器可以基于源IP地址、目的地址和IP选项进行过滤。

包过滤型防火墙能拦截和检查所有出去和进来的数据包。防火墙检查模块首先验证这个包是否符合过滤规则，如果符合规则，则允许该数据包通过；如果不符合规则，则进行报警或通知管理员，并且丢弃该包。对丢弃的数据包，防火墙可能会根据拒绝包的类型，猜测包过滤规则的大致情况。所以对是否发一个返回消息给发送者要慎重处理。

包过滤类型的防火墙遵循"最小特权原则"，即明确允许那些管理员希望通过的数据包，禁止其他数据包。

包过滤型防火墙的优点有：

（1）工作在网络层，根据数据包的包头部分进行判断处理，不去分析数据部分，因此处理包的速度比较快。

（2）实施费用低廉。一般路由器已经内置了包过滤功能。因此，通过路由器接Internet的用户无需另外购买，可以直接设置使用。

（3）包过滤路由器对用户和应用来讲是透明的，用户可以不知道包过滤防火墙的存在，也不需要对客户端进行变更。所以不必对用户进行特别的培训，也不需要在每台主机上安装特定的软件。

包过滤型防火墙的缺点是：

（1）定义数据包过滤规则会比较复杂。因为网络管理员需要对各种Internet服务、包头格式及每个域的含义有非常深入的理解。

（2）只能阻止一种类型的IP欺骗，即外部主机伪装内部主机的IP，不能防止外部主机伪装其他可信任的外部主机的IP。如用户主机A信任外部主机B，攻击者C无法通过伪装A的IP地址来通过包过滤型防火墙，但是，他可以伪装成A所信任的B主机的IP地址，堂而皇之地通过防火墙（因为B是A所信任的，因此所有B主机发往防火墙的数据包根据过滤规则应该允许通过）。

（3）直接经由路由器的数据包都有被用作数据驱动式攻击的潜在危险。数据驱动式攻击从表面上看是由路由器转发到内部主机上没有害处的数据。该数据包括了一些隐藏的指令，能够让主机修改访问控制和与安全有关的文件，使得攻击者能够获得对系统的访问权。

（4）不支持基于用户的认证方式。用户认证一般通过账号和口令来判别用户的身份，这需要在网络层之上完成。而包过滤路由器工作在网络层，因此，一般的包过滤型防火墙基本是通过IP地址来进行判别是否允许通过，而IP地址是可以伪造的（如伪造成被信任的外部主机地址），因此如果没有基于用户的认证，仅通过IP地址来判断是不安全的。

（5）不能提供有用的日志。因为路由器本身存储容量有限，如要完整的日志，必须定时从路由器取得再进行处理，这需要相应的软件系统进行处理。

（6）随着过滤规则的复杂化和通过路由器进行处理的数据包数目的增加，路由器的吞吐量会下降。路由器本身的目的是为了进行路由选择、分组转发。过滤机制附加在路由器上，一旦过滤规则复杂化，每个经过路由器进行转发的数据包都需要进行复杂的判断，无疑会大大增加路由器的负载。因此，一般建议将过滤规则尽量简单化，去除一些可能是交叉重复的过滤规则。

（7）IP包过滤无法对网络上流动的信息提供全面的控制。因为包过滤路由器一般通过IP地址、端口号等数据包头部信息进行判断，能够允许或拒绝特定的服务，但是不能理解服务的上下文环境和数据，即它无法对数据包正文部分进行分析。

2. 双宿网关防火墙

双宿网关防火墙又称双重宿主主机防火墙。双宿网关是一种拥有两个连接到不同网络上的网络接口的防火墙，例如，一个网络接口连到外部的不可信任的网络上，另一个网络接口连接到内部的可信任的网络上，如图8.7所示。

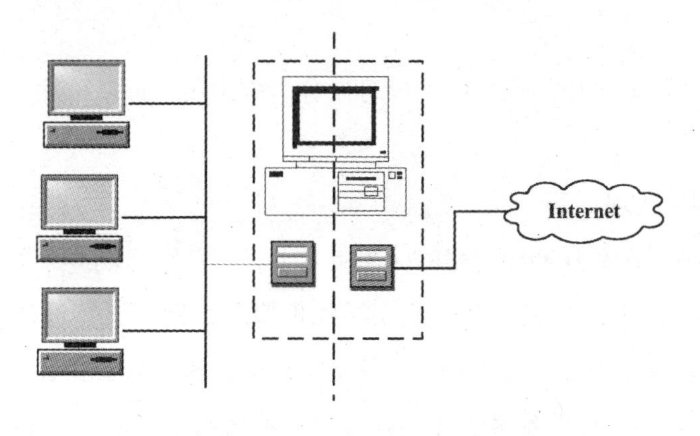

图8.7　双宿网关型防火墙构造示意图

双宿网关防火墙的内部网络与外部不可信任的网络之间是隔离的，两者不能直接进行通信。双宿网关防火墙首先要禁止网络层的路由功能，从而切断内外网络之间的IP数据流，并具有强大的身份认证系统实现访问控制。在网络层以上智能连接客户端和服务器，并能够检查IP包，加以分析，最终按照相应的内容采取相应的步骤。双重宿主主机可以提供两种方式的服务，一种是用户直接登录到双重宿主主机上来提供服务，另一种是在双重宿主主机上运行代理服务器。第一种方式需要在双宿主主机上建立许多账号（每个需要外部网络的用户都需要一个账号），但是这样做又是很危险的。这是因为：

（1）用户账号的存在会给入侵者提供相对容易的入侵通道，而一般用户往往将自己的密码设置为电话号码、生日、吉祥数字等，这使得入侵者很容易破解，如果入侵者再使用一些破解密码的辅助工具，那么后果不堪设想。

（2）如果双宿主主机上有很多账号，不利于管理员进行维护。

（3）因为用户的行为是不可预知的，如双重宿主主机上有很多用户账号，这会给入侵检测带来很大的麻烦。

因此，双宿主主机一般采用代理方式提供服务。该主机也称代理服务器Proxy server。代理服务器是接收或解释客户端连接并发起到服务器的新连接的网络节点，是客户端/服务器关系的中间人。现在，代理服务器主要用于将企业网（Intranet）连接到Internet，它允许内部客户端使用常用的应用程序如Web浏览器和FTP客户端访问Internet。而代理服务器使用单个合法IP地址处理所有发出的请求，因此无论客户端是否具有合法IP地址，都允许访问Internet。网桥和交换器是在数据链路层上将帧从一端传输到另一端，路由器在网络层上转发IP包。而代理服务器则是在传输层以上智能地连接客户端和服务器，并能够检查IP包，加以分析，最终按照相应的内容采取相应的步骤。

根据代理服务器工作的层次，一般可以分为应用层代理、传输层代理和SOCKS代理。

（1）应用层代理

应用层代理工作在TCP/IP模型的应用层之上，它在客户端和服务器中间转发应用数据，对应用层以下的数据透明。应用层代理服务器用于支持代理的应用层协议，如HTTP、 FTP、Telnet等。由于这类协议支持代理，因此只要在客户端的“代理服务器”配置中设置好代理服务器的地址，客户端的所有请求将自动转发到代理服务器中，然后由代理服务器处理或转发该请求。

（2）传输层代理

应用层协议必须要有相应的协议支持，如果该协议不支持代理，那么它就无法使用应用层代理，如SMTP和POP等。对于这类协议，唯一的方法是在应用层以下代理，即传输层代理。与应用层代理不同，传输层代理服务器能够接收内部网的TCP和UDP包并将其发送到外部网，重新发送包时源IP和目的IP甚至TCP或UDP包头（取决于代理服务器的配置）都可能发生改变。传输层代理要求代理服务器具有部分真正服务器的功能：监听特定TCP或UDP端口，接收客户端的请求同时向客户端发出相应的响应。

（3）SOCKS代理

SOCKS代理是可用的最强大、最灵活的代理标准协议。它允许代理服务器内部的客户端完全连接到代理服务器外部的服务器，而且它对客户端提供授权和认证，因此它也是一种安全性较高的代理。

SOCKS包括两部分：SOCKS服务器和SOCKS客户端。参照OSI的七层参考协议，SOCKS服务器在OSI的应用层实现，SOCKS客户端在OSI的应用层和传输层之间实现。SOCKS是一种非常强大的电路级网关防火墙，使用SOCKS代理，应用层不需要作任何改变，但是客户端需要专用的程序，即如果一个基于TCP的应用需要通过SOCKS代理进行中继，首先必须将客户端程序SOCKS化。

当一个主机需要连接应用程序服务器时，它先通过SOCKS客户端连接到SOCKS代理服务器。这个代理服务器将代表该主机连接应用程序服务器，并在主机和应用程序服务器之间中继数据。对于应用程序服务器，SOCKS代理服务器相当于客户端。

由于SOCKS的简单性和可伸缩性，SOCKS已经广泛地作为标准代理技术应用于内部网络对外部网络的访问控制。SOCKS的主要特征有：

①简便的用户认证和建立通信信道。SOCKS协议在建立每一个TCP或UDP通信信道时，都把用户信息从SOCKS客户端传输到SOCKS服务器进行用户认证，从而保证了TCP或UDP信道的完整性和安全性。而大多数协议把用户认证处理与通信信道的建立分开，一旦协议建立多个信道，就难以保证信道的完整性和安全性。

②SOCKS与具体应用无关。作为代理软件，SOCKS协议建立通信信道，并为任何应用管理和控制信道。当新的应用出现时，SOCKS不需要任何扩展就可进行代理。而应用层代理在有新应用出现时，需要有新的代理软件。开发者必须在新应用协议正式公布后，才能开发代理软件，并且需要为每一个新应用开发相应的代理程序。

③灵活的访问控制策略。IP路由器在IP层通过IP包的路由来控制网络访问，SOCKS在TCP或UDP层控制TCP或UDP连接。它可以与IP路由器防火墙一起工作，也可以独立工作。SOCKS的访问控制策略可基于用户、应用、时间、源地址和目的地址，加强了控制的灵活性，能更好地控制网络访问。

④支持双向代理。大多数代理机制（例如网络地址解析NAT）只支持单向代理，即从内部网络到外部网络（Internet），代理根据IP地址建立通信信道。这些代理机制不能代理处，需要建立返回数据通道的应用（例如多媒体应用）。IP层的代理对于使用多数据通道的应用需要附加的功能模块来处理。而SOCKS通过域名来确定通信目的地，克服了使用私有IP地址的限制。SOCKS够能使用域名在不同的局域网建立通信信道。

代理服务器具有以下优点：

（1）节约合法的C类IP地址。代理服务器使用单个合法IP地址处理所有发出的请求（最高位110，网络号21位，主机号8位）；同时提高企业局域网的安全性，外部网络不能直接访问内部的私有IP地址。

（2）通过设置缓存能够加快浏览速度。

（3）较好的安全性。设置安全控制策略，提供认证和授权。

（4）可以进行过滤，过滤用户名、源和目的地址及内容。

（5）强大的日志功能，并可进行流量计费。

（6）双宿网关防火墙。

代理服务器的缺点是：实现麻烦。每一种协议需要相应的代理软件（不支持代理的协议），使用时工作量大。用户在受信任网络上通过防火墙访问Internet时，经常会出现延迟和多次登录才能访问外部网络的情况。速度较慢，不太适应于高速网之间的应用。内部用户对服务器主机的依赖性高。

3. 屏蔽子网防火墙

代理服务器通过一台主机进行内部网络和外部网络之间的隔离，因此，充当代理服务器的主机非常容易受到外部的攻击。而入侵者只要破坏了这一层保护，就可以很容易地进入内部网络。

屏蔽子网防火墙在内部网络和外部网络之间建立了一个子网进行隔离。这个子网构造了一个屏蔽子网区域，称为边界网络（Perimeter Network），也称为非军事区（DMZ，De-Militarized Zone）。如图8.8所示。

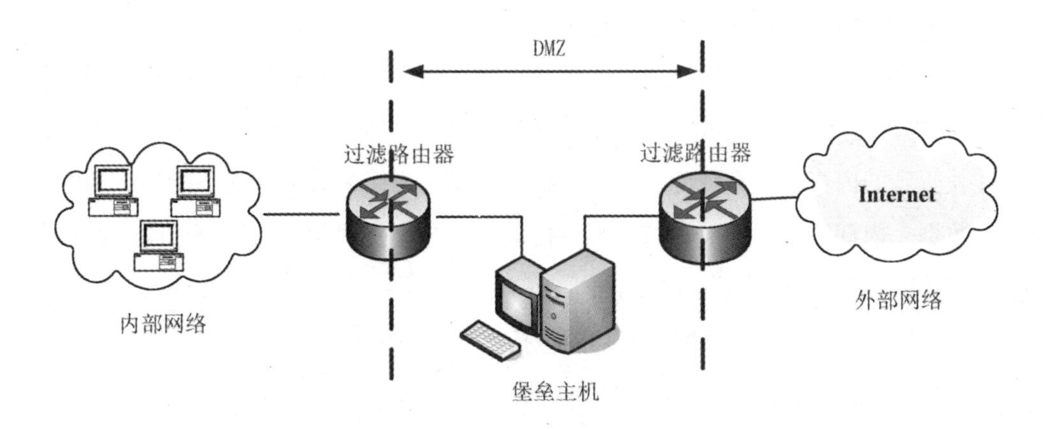

图8.8 屏蔽子网防火墙构造示意图

屏蔽子网防火墙系统使用了两个包过滤路由器（内部路由器和外部路由器）和一个堡垒主机。这是一个最安全的防火墙系统，因为在定义了“非军事区”网络后，它支持网络层和应用层安全功能。网络管理员将堡垒主机、信息服务器和其他公用服务器放在“非军事区”网络中，该网络很小，处于Internet和内部网之间。一般情况下将“非军事区”配置成使用Internet，内部网络系统能够访问“非军事区”网络上数目有限的系统，而通过“非军事区”网络直接进行信息传输是严格禁止的。

对于进来的信息，外部路由器启用包过滤规则，防范通常的外部攻击（如源地址欺骗和源路由攻击），并管理Internet到“非军事区”网络的访问。它只允许外部系统访问堡垒主机（可能还有信息服务器）。内部路由器提供第二层防御，只接受源于堡垒主机的数据包，负责的是管理“非军事区”到内部网络的访问。

对于发往Internet的数据包，内部路由器管理内部网络到“非军事区”网络的访问。它只允许内部系统访问堡垒主机。外部路由器的过滤规则要求使用代理服务（只接受来自堡垒主机的去往Internet的数据包）。

内部路由器（又称阻塞路由器）位于内部网和“非军事区”之间，用户保护内部网络不受“非军事区”和Internet的侵害，它执行了大部分的过滤工作。

外部路由器的一个主要功能是保护“非军事区”内的主机，但这种保护不是很必要，因为堡垒主机可以进行安全保护。外部路由器还可以防止部分IP欺骗，因为部分路由器分辨不出一个声称从“非军事区”来的数据包是否真的是从“非军事区”来，而外部路由器很容易分辨出真伪。在堡垒主机上，可以运行各种各样的代理服务器。

堡垒主机是最容易受侵袭的，虽然堡垒主机很坚固，不易被入侵者控制，但万一堡垒主机被控制，如果采用了屏蔽子网体系结构，入侵者仍然不能直接侵袭内部网络，内部网络仍受到内部过滤路由器的保护。

如果没有“非军事区”，那么入侵者控制了堡垒主机后就可以监听整个内部网络的对话。如果把堡垒主机放在“非军事区”网络上，即使入侵者控制了堡垒主机，他所能侦听到的内容也是有限的，即只能侦听到周边网络的数据，而不能侦听到内部网上的数据。内部网络上的数据包虽然在内部网上是广播式的，但内部过滤路由器会阻止这些数据包流入“非军事区”网络。

综上所述，内部路由器的主要功能包括：

（1）负责管理DMZ到内部网络的访问。

（2）仅接收来自堡垒主机的数据包。

（3）完成防火墙的大部分过滤工作。

外部路由器的主要功能可以归纳为：

（1）防范通常的外部攻击。

（2）管理Internet到DMZ的访问。

（3）通过代理服务只允许外部系统访问堡垒主机，并保护“非军事区”上的主机。

堡垒主机的主要功能包括：

（1）进行安全防护。

（2）运行各种代理服务，如www，FTP，Telnet。

8.3.3 常见的防火墙产品

防火墙产品是网络安全产品线中极为多样化的一种，以下是常见的一些产品。

1. PIX

美国Cisco公司是世界上占领先地位的提供网络技术和产品的公司。它以PIX防火墙系列作为一种理想的解决网络安全的产品。Cisco PIX是硬件防火墙，也属状态检测型。它采用了专用的操作系统，因此减少了黑客利用操作系统漏洞攻击的可能性。PIX防火墙的内核采用的是基于适用的安全策略的保护机制，把内部网络与未经认证的用户完全隔离。每当一个内部网络的用户访问Internet，PIX防火墙从用户的IP数据包中卸下IP地址，用一个存储在PIX防火墙内已登记的有效IP地址代替它，把真正的IP地址隐藏起来。PIX防火墙还具有审计日志功能，并支持SNMP协议，用户可以利用防火墙系统包含的带有实时报警功能的网络浏览器，产生报警报告。

PIX防火墙通过一个cut-through代理要求用户最初类似一个代理服务器，在应用层工作。但是用户一旦被认证，PIX防火墙会切换会话流和所有的通信流量，保持双方的会话状态，并快速和直接地进行通信，因此，PIX防火墙获得了极高的性能。Cut-through处理速度比代理服务器快得多。PIX防火墙采用了增强的多媒体适用安全策略，应用了PIX防火墙的网络，就不需要再做特殊的客户设置。

2. Check Point Firewall

Check Point Firewall是基于Unix/Windows平台上的软件防火墙，属状态检测型，综合性能较为优秀。首先，其安全控制力度很高，尽管是状态检测型防火墙，但是它可以进行基于内容的安全检查，如对URL进行控制；对某些应用，它甚至可以限制可使用的命令，如FTP。其次，它不仅可以基于地址、应用设置过滤规则，而且还提供了多种用户认证机制，如User Authentication、Client Authentication和Session Authentication，使安全控制方式更趋灵活。再次，Check Point Firewall是一个开放的安全系统，提供了API，用户可以根据需要配置安全检查模块，如病毒检查模块。此外，Check Point Firewall还提供了可安装在Bay路由器、Lanne交换机的防火墙模块。

由于Check Point Firewall采用的是状态检测方式，因而其处理性能也较高。另外，Check Point Firewall的用户管理方式也非常优秀。它是集中管理模式，即用户可以通过图形画面接口同防火墙管理模块通信，维护安全规则；而防火墙管理模块则负责编译安全规则，并下载到各个防火墙模块中。对于用户而言，管理线条十分清晰，不易疏漏，修改方便。Check Point Firewall的界面功能丰富，不仅可以对AXENT Raptor、Cisco PIX等防火墙进行管理，还可以在管理界面中对Bay、Cisco、3Com等公司的路由器进行ACL设置。

3. Sonicwall

Sonicwall系列防火墙是Sonic System公司针对中小企业需求开发的产品，有着很高的性能和极具竞争力的价格，适合中小企业用户采用，它是一款硬件防火墙。其主要功能是阻止未授权用户访问防火墙内网络；阻止拒绝服务攻击，并可完成Internet内容过滤；实现IP地址管理，网络地址转换；制定网络访问规则，规定对某些网站访问的限制等。该系列防火墙价格便宜，性价比较好，适合中小企业及SOHO办公环境采用。

4. NetScreen

NetScreen公司的NetScreen防火墙产品是一种新型的网络安全硬件产品，目前其发展状况非常好。NetScreen的产品完全基于硬件ASIC芯片，它就像个盒子一样，安装使用起来很简单，同时它还是一种集防火墙、VPN、流量控制三种功能于一体的网络产品。

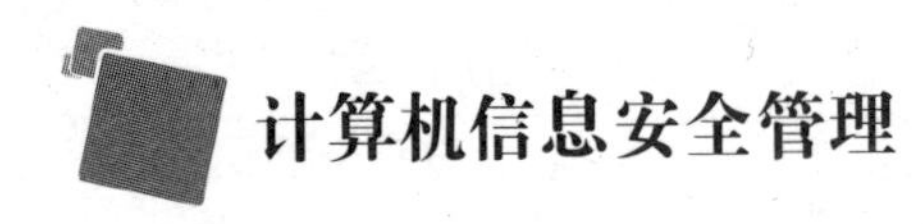

NetScreen防火墙将防火墙、虚拟专用网（VPN）、网络流量控制和宽带接入这些功能全部集成在专有一体化的硬件中，它的配置可在网络上任何一台带有浏览器的机器上完成。NetScreen的优势之一是采用了新的体系结构，可以有效地消除传统防火墙实现数据加盟时的性能瓶颈，能实现最高级别的IP安全防护。

选择防火墙产品首先需要明确并制定系统的访问控制策略。访问控制策略规定了网络不同部分允许的数据流向，还会指定哪些类型的传输是允许的，哪些传输将被阻塞。例如：某公司的策略为“内部用户可以访问因特网Web站点和FTP站点或发送SMTP电子邮件，但只允许来自因特网的SMTP邮件进入内部网络”。访问控制描述符包括流向、服务、指定主机、用户个人、时间、加密与否、服务质量（如带宽限制）等。内容清楚的访问控制策略有助于保证正确选择防火墙产品。

防火墙可以是软件或硬件模块，并能集成于网桥、网关、路由器等设备之中。设计和选用防火墙首先要明确哪些数据是必须保护的，这些数据被侵入会导致什么样的后果及网络不同区域需要什么等级的安全级别。其次，防火墙必须与网络接口匹配，要防止所能想到的威胁。另外，防火墙自身应有相当高的安全保护。

好防火墙应具备的条件有：

（1）是整个Intranet网络的保护者，而不局限于针对通过防火墙的使用者。

（2）能弥补操作系统之不足。

（3）为使用者提供不同平台的选择。

（4）向使用者提供完善的售后服务。

【本章小结】

本章在介绍了计算机网络安全的基本概念后，列举了一些目前常见的网络攻击手段，并给出了相应的防范措施。本章首先客观地分析了黑客群体，然后举例说明了几种攻击方法及其工作原理。随着Internet的不断发展，各种攻击技术也在发展，这对网络入侵检测和实时监控等都提出了更高的要求。

【关键术语】

黑客	hacker
防火墙	firewall software
IP 欺骗	IP spoofing
IP盗用	IP embezzlment

嗅探器	sniffer
端口扫描	port scanning
特洛伊木马	trojan horse
拒绝服务式攻击	Denial of Service，DoS
分布式拒绝服务攻击	Distributed Denial of Service，DDoS
包过滤路由器	packet filtering route
代理服务器	proxy server
屏蔽子网防火墙	screened subnet firewall
非军事区	demilitarized zone，DMZ

【知识链接】

http://www.infosec.org.cn/rule/index.php

http://www.niap-ccevs.org/cc-scheme/

http://www.cert.org.cn/

http://www.isc.org.cn/

【习题】

1. 假设主机A的IP地址为172.20.1.1，主机B的IP地址为172.30.1.1，如果主机B运行Sniffer程序，而主机A需要接收邮件，输入账户名和口令。B能否检测到A所发出的信息包？

2. 常见网络攻击方式有哪些？扫描器是一种攻击手段吗？

3. 试讨论病毒与特洛伊木马的关系。

4. 防火墙和防病毒软件有哪些相同和不同的地方？

5. 试比较软件防火墙和硬件防火墙。

6. 谈谈你对黑客的看法。

第9章　密码学

【本章教学要点】

知识要点	掌握程度	相关知识
密码学概念	掌握	密码学基本定义，密码学研究领域
古典密码学	熟悉	换位密码，替代密码，经典算法
现代密码学	掌握	私钥体制和公钥体制原理，典型算法
密钥管理	掌握	密钥生命周期，密钥分配方法

【本章技能要点】

技能要点	掌握程度	应用方向
凯撒密码	掌握	制作密码表，手工加密简单信息
维吉尼亚密码	掌握	查表加密简单信息
Playfair密码	掌握	加密简单原始报文

【导入案例】

案例：“二战”时中途岛密码学的关键作用

在第二次世界大战中，美、日海军力量的对比并不明显，没有哪一方占绝对优势，但美军平时十分注意日军的密码通信，并很早就致力于破译其使用的密码，这对美国海军在中途岛海战中大获全胜起到了重要作用。

原来，日本当时使用的九七式机械密码（又称紫密），其实是用机械的方法来实现的一种多表代替式密码（也就是用多个转轮来构造多个换字表，然后逐次使用）。这种密码研制出来以后，始为日本海军内部通信使用，1938年后用于外交通信。而从此，美国海军通信机关便开始研究破译这种密码。1940年，在美国陆军通信情报机关任职的密码分析家弗里德曼通过掌握的大量通信资料，终于破译了这种密码。在中途岛海战中，日本有关偷袭的密码电报被美国截获并很快破译，这使日本海军的行动毫无隐秘可言，终于在此战役中受到了致命的打击。后来，日本海军大将山本五十六也是由于有关行动的电文被破译而被击毙在飞机上。

【问题讨论】

1. 密码学在信息安全中具有怎样的地位?

2. 战争与密码学发展的关系如何?

3. 密码学的研究领域包括哪些方面?

9.1 密码学历史

密码是一种古老的技术，已有几千年的历史。其起源可能要追溯到人类刚刚出现并且尝试去学习如何通信的时候，他们不得不去寻找方法确保他们的通信的机密。最先有意识地使用一些技术方法来加密信息的可能是公元六年前的古希腊人。他们使用的是一根叫scytale的棍子，送信人先绕棍子卷一张纸条，然后把要加密的信息写在上面，接着打开纸送给收信人。如果不知道棍子的宽度（这里作为密钥）是不可能解密里面的内容的。后来，罗马的军队用凯撒密码进行通信。

战争（特别是第二次世界大战）对密码学理论与实践的发展起到了很大的刺激作用，然而密码学文献的发展有个很奇妙的过程，由于战争的特殊性和各个国家之间的利益，密码学的重要进展很少在公开的文献中出现。一直到1918年，20世纪最有影响的密码分析文章之一——William F. Friedman的专题论文“The Index of Coincidence and Its Application in Cryptography”（重合指数及其在密码学中的应用）问世，同时加州奥克兰的Edward H. Hebern申请了第一个转轮机专利，这种装置在差不多50年内被指定为美军的主要密码设备。第一次世界大战以后，情况开始变化，完全处于秘密工作状态的美国陆军和海军的机要部门开始在密码学方面取得根本性的进展。但是由于战争的原因，公开的文件几乎殆尽。

1949年以前的密码只是一种艺术而不是一门系统的科学。1949年，Shannon发表了题为《保密系统的通信理论》一文，使得密码真正成为一门科学——密码学。

密码学的研究紧跟科学技术前进的步伐，经历了三个发展阶段：密码学的初级形式——手动阶段、中间形式——机械阶段和目前的高级形式——电子与计算机阶段。密码学研究依赖数学各分支的知识，例如代数、数论、概率论、信息论、几何、组合学等。不仅如此，密码学的研究还需要具有物理、电机工程、量子力学、计算机科学、电子学、系统工程、语言学等学科的知识。

计算机的出现大大促进了密码学的变革。由于商业应用和大量计算机网络通信的需要，民间对数据保护、数据传输的安全性、防止工业谍报活动等课题越来越重视，密码学的发展从此进入了一个崭新的阶段，与此同时，密码学的研究开始大规模地扩展到民用。

9.2 密码学定义

密码学是研究秘密通信原理和破译密码的方法的一门科学。包含两方面密切相关的内容：密码编码学和密码分析学。密码编码学的目的是伪装消息，就是对给定的有意义的数据进行可逆的数学变换，将其变为表面上杂乱无章的数据，使得只有合法的接收者才能恢复原来有意义的数据，而其余任何人都不能恢复原来的数据；密码分析学的基本任务是研究如何破译加密的消息或者伪造消息。密码编码技术和密码分析技术是相互依存、相互支持、密不可分的两个方面。

密码学中的基本术语有：

明文：信息的原始形式（plaintext，通常记作P）。

密文：明文经过变换加密后的形式（ciphertext，通常记作C）。

加密：由明文变成密文的过程称为加密（enciphering，记作E）。加密通常由加密算法来实现，可以表示为：$C=E_k(P)$。函数E中包含的参数K称为密钥。加密算法E确定之后，由于密钥k不同，密文C也不同。

解密：从密文C恢复明文P的过程称为解密。解密算法D是加密算法E的逆运算。解密算法也是含参数k的变换，记为：$P=D_k(C)$。

保密系统的Shannon模型如图9.1所示。

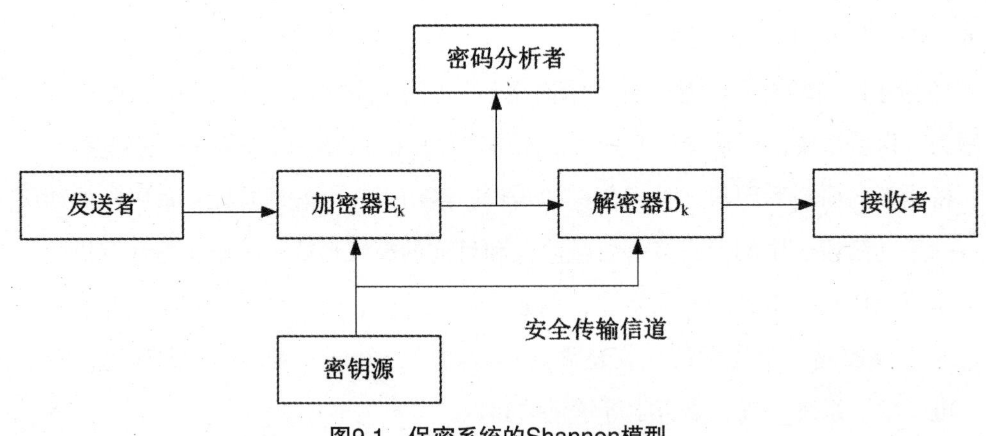

图9.1 保密系统的Shannon模型

9.3 古典密码学

密码研究已有数千年的历史，虽然许多古典密码已经经受不住现代手段的攻击，但是它们在密码发展史上曾具有不可磨灭的贡献，许多古典密码思想至今仍被广泛运用。为了对密码有更加深入和直观的认识，有必要了解历史上著名的几类古典密码体制。

在计算机出现之前，密码学由基于字符的密码算法构成。不同的密码算法是字符之间互相换位（即置换）或者互相替代，好的密码算法则结合了这两种算法，或者进行多次运算。现代密码算法的主要变化是对比特而不是对字母进行变换，实际上这只是字母表长度上的改变，从26个元素变为2个元素。大多数好的密码算法仍然是置换和替代的结合。

9.3.1 换位密码

换位是一种最基本的数学变换，每个置换都可以用一个整数序列来表示，例如：P=（2，1，4，3）表示这样一个置换：将位置1和位置2对调，同时将位置3和位置4对调。每个置换都有一个与之对应的逆置换。序列经过置换和其逆置换之后，将保持不变。有时置换与其逆置换可能在形式上是相同的，例如，上述P的逆置换也是Q=（2，1，4，3）。

置换密码的核心是一个仅有发信方和收信方知道的秘密置换和其逆置换（用于解密）。置换密码的加密过程是用加密置换去对明文消息进行置换。例如，明文取M=“置换密码”，则用P去加密后就得到密文C=“换置码密”。置换密码的解密过程是用解密逆置换去对密文消息进行置换。例如，密文取C=“换置码密”，则用Q去解密后就得到明文M=“置换密码”。

置换密码根据一定的规则重新安排明文字母，使之成为密文。因此其最大特点是明文和密文中所含的元素是相同的，仅仅是位置不同而已。置换密码比较简单，而且不很安全，但是许多现代密码体制中都或多或少地利用了置换方式。

常用的换位密码有两种：列换位密码和周期换位密码。

在列换位密码中，明文以固定的宽度水平地写在一张图表上，密文按垂直方向读出，解密就是将密文按相同的宽度垂直地写在图表纸上，然后读出明文。

例：设列换位密码的密钥是type，明文为can you believe her。

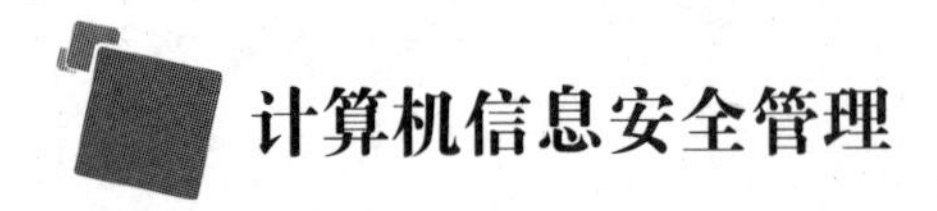

密钥	t y p e
顺序	3 4 2 1
明文排列	c a n y o u b e l i e v e h e r

则密文为：Y E V R N B E E A U I H C O L E

周期换位密码则是将明文先根据密码长度进行分组，然后根据密钥所规定的顺序依次对每行明文字母进行变换处理。

例如对于上例中同样的密钥和明文，根据密钥type中各字母在字母表中的先后次序可以确定换位顺序为f（i）=3，4，2，1，则周期换位的结果为：

明文：M=cany oube liev eher

密文：C= NYAC BEUO EVIL ERHE

9.3.2 替代密码

替代密码就是明文中每一个字符被替换成密文中的另一个字符。接收者对密码进行替换以恢复明文。替代密码体制中使用了密钥字母表。它可以由明文字母表构成，也可以由多个字母表构成。如果是由一个字母表构成的替代密码，称为单表密码，其替代过程是在明文和密码字符之间进行一对一的映射。如果是由多个字母表构成的替代密码，称为多表密码。其替代过程与前者不同之处在于明文的同一字符可在密码文中表现为多种字符，因此在明码文与密码文的字符之间的映射是一对多的。下面介绍几种具体的替代密码。

1. 简单代替密码

简单代替密码就是明文的一个字符用相应的一个密文字符代替。其中比较著名的是凯撒密码。

凯撒密码是一种典型的单表替代密码，又叫循环移位密码。它的加密方法是把明码文中所有字母都用它右边的第k个字母替代，并认为Z后边又是A。用数字0，1，2，3…25分别表示英文字母A，B，C，D…Z。设明文为θ，密文为α，密钥为k，则有：

$$\alpha=(\theta+k)\ (\text{mod}\ 26)$$

凯撒密码中英文字母与数字的对应关系如表9.1所示。

表9.1 英文字母与数字的对应关系表

字母	A	B	C	D	E	F	G	H	I	J	K	L	M	N	O	P	Q	R	S	T	U	V	W	X	Y	Z
数字	0	1	2	3	4	5	6	7	8	9	10	11	12	13	14	15	16	17	18	19	20	21	22	23	24	25

例：明文为X，密钥3，

则 $\theta=23$，$\alpha=(23+3)\pmod{26}=0$

即密文为A。

凯撒密码相当于每一字母向前推移k。例如key=5，便有明文和密文对应关系如下：

明文	a	b	c	d	e	f	g	h	i	j	k	l	m	n	o
密文	F	G	H	I	J	K	L	M	N	O	P	Q	R	S	T

明文	p	q	r	s	t	u	v	w	x	y	z
密文	U	V	W	X	Y	Z	A	B	C	D	E

凯撒密码的优点是密钥简单易记。由于它的密码文和明码文的对应关系过于简单，故安全性很差。

2. 同音代替密码

同音代替密码又称多名码代替密码，一个明文字母表中的字母可以变换为若干个密文字母，称为同音字母。

例：假定密钥是一段短文，对每个单词进行顺序编号，则该文中各单词编号如下：

（1）canada’s（2）large（3）land（4）mass（5）and

（6）scattered（7）population（8）make（9）efficient（10）communication

（11）a（12）necessity.（13）Extensive（14）railway，（15）road

（16）and（17）other（18）transportation（19）systems，（20）as

（21）well（22）as（23）telephone，（24）telegraph，（25）and

（26）cable（27）networks，（28）have（29）helped（30）to

（31）link（32）communities（33）and（34）have（35）played

（36）a（37）vital（38）part（39）in（40）the

（41）country’s（42）development（43）for（44）future

在上表中，每一个单词的首字母都和一个数字对应，例如字母a与5、11、16…对应，字母c与1、10、26…对应；加密时可以用与字母对应的任何一个数字代替字母。如saw的密文可能为6 5 21。

以上两种替换密码都属于单表置换，这类算法进行加密或解密可以看成直接查相应的明文密文对照表来实现。变换一个字符需要一个固定的时间，加密n个字符的时间与n成正比。短字、有重复模式的单词，以及常用的起始和结束字母都给出猜测字母排列的线索。英语字母的使用频率可以明显地在密文中体现出来，这是单表密码代替法的主要缺点，使得其安全性大大降低。多表替代密码通过给每个明文字母定义密文元素可以消除这种分布。

多表置换由多个简单的替代密码构成，明文中不同位置的字母将被不同的密文字母代替。多表置换多为周期替代密码，即密码较短，通过周期性重复进行长度扩充；另外还有非周期性的游码钥密码，即密钥和明文信息一样长。

3. 维吉利亚（Vigenere）密码

维吉利亚密码是最著名且最简单的多表替代密码，该密码中的用户钥是一个有限序列：$k=(k_1, k_2, \cdots k_d)$，通过周期性（设周期为d）可以将k扩展为无限序列，得到工作钥：$K=(K_1, K_2, \cdots K_i, \cdots)$。其中$K_i=K_{(i \bmod d)}$，则有

$$\theta=(\alpha+K_i)\pmod n$$

通常取n=26，θ为密文，α为明文

因此，可以将维吉利亚密码视为多个凯撒密码的组合。表9.2是一个维吉利亚表格，用它可以方便地进行加密。在表格中，密钥字母为行标，明文字母为列标。加密查表时，密钥确定是第几行，明文确定是第几列。例如：密钥是e，明文是t，则对应密文是密码表中第e行第t列的X。

表9.2　维吉利亚密码表

	a	b	c	d	e	f	g	h	i	j	k	l	m	n	o	p	q	r	s	t	u	v	w	x	y	z
a	A	B	C	D	E	F	G	H	I	J	K	L	M	N	O	P	Q	R	S	T	U	V	W	X	Y	Z
b	B	C	D	E	F	G	H	I	J	K	L	M	N	O	P	Q	R	S	T	U	V	W	X	Y	Z	A
c	C	D	E	F	G	H	I	J	K	L	M	N	O	P	Q	R	S	T	U	V	W	X	Y	Z	A	B
d	D	E	F	G	H	I	J	K	L	M	N	O	P	Q	R	S	T	U	V	W	X	Y	Z	A	B	C
e	E	F	G	H	I	J	K	L	M	N	O	P	Q	R	S	T	U	V	W	X	Y	Z	A	B	C	D
f	F	G	H	I	J	K	L	M	N	O	P	Q	R	S	T	U	V	W	X	Y	Z	A	B	C	D	E
g	G	H	I	J	K	L	M	N	O	P	Q	R	S	T	U	V	W	X	Y	Z	A	B	C	D	E	F
h	H	I	J	K	L	M	N	O	P	Q	R	S	T	U	V	W	X	Y	Z	A	B	C	D	E	F	G
i	I	J	K	L	M	N	O	P	Q	R	S	T	U	V	W	X	Y	Z	A	B	C	D	E	F	G	H
j	J	K	L	M	N	O	P	Q	R	S	T	U	V	W	X	Y	Z	A	B	C	D	E	F	G	H	I
k	K	L	M	N	O	P	Q	R	S	T	U	V	W	X	Y	Z	A	B	C	D	E	F	G	H	I	J
l	L	M	N	O	P	Q	R	S	T	U	V	W	X	Y	Z	A	B	C	D	E	F	G	H	I	J	K

续表

m	M	N	O	P	Q	R	S	T	U	V	W	X	Y	Z	A	B	C	D	E	F	G	H	I	J	K	L
n	N	O	P	Q	R	S	T	U	V	W	X	Y	Z	A	B	C	D	E	F	G	H	I	J	K	L	M
o	O	P	Q	R	S	T	U	V	W	X	Y	Z	A	B	C	D	E	F	G	H	I	J	K	L	M	N
p	P	Q	R	S	T	U	V	W	X	Y	Z	A	B	C	D	E	F	G	H	I	J	K	L	M	N	O
q	Q	R	S	T	U	V	W	X	Y	Z	A	B	C	D	E	F	G	H	I	J	K	L	M	N	O	P
r	R	S	T	U	V	W	X	Y	Z	A	B	C	D	E	F	G	H	I	J	K	L	M	N	O	P	Q
s	S	T	U	V	W	X	Y	Z	A	B	C	D	E	F	G	H	I	J	K	L	M	N	O	P	Q	R
t	T	U	V	W	X	Y	Z	A	B	C	D	E	F	G	H	I	J	K	L	M	N	O	P	Q	R	S
u	U	V	W	X	Y	Z	A	B	C	D	E	F	G	H	I	J	K	L	M	N	O	P	Q	R	S	T
v	V	W	X	Y	Z	A	B	C	D	E	F	G	H	I	J	K	L	M	N	O	P	Q	R	S	T	U
w	W	X	Y	Z	A	B	C	D	E	F	G	H	I	J	K	L	M	N	O	P	Q	R	S	T	U	V
x	X	Y	Z	A	B	C	D	E	F	G	H	I	J	K	L	M	N	O	P	Q	R	S	T	U	V	W
y	Y	Z	A	B	C	D	E	F	G	H	I	J	K	L	M	N	O	P	Q	R	S	T	U	V	W	X
z	Z	A	B	C	D	E	F	G	H	I	J	K	L	M	N	O	P	Q	R	S	T	U	V	W	X	Y

加密一个消息需要一个与该消息同样长度的密钥。通常，该密钥是一个不断重复的关键词。例如：设关键词为encipher，明文为The speech contained some interesting ideas，则有

密钥	e	n	c	i	p	h	e	r	e	n	c	i	p	h	e	r	e	n	c	i	p	h	e	r	e	n	c	i	p	h	e	r	e	n	c	i	p	h
明文	t	h	e	s	p	e	e	c	h	c	o	n	t	a	i	n	e	d	s	o	m	e	i	n	t	e	r	e	s	t	i	n	g	i	d	e	a	s
密文	X	U	G	A	E	L	I	T	L	P	Q	V	I	H	M	E	I	Q	U	W	B	L	M	E	X	R	T	M	H	A	M	E	K	V	F	M	P	Z

维吉利亚密码中每个明文字母对应多个密文字母，因此字母的频率信息被模糊了。但维吉利亚密码的密钥和明文共享相同的字母频率分布，所以它对于应用统计技术进行密码分析也是脆弱的。对抗此类密码分析的根本方法是选择与明文一样长并且与之没有统计关系的密钥，即非周期多表代替密码。此时，每个明文字母都采用不同的代替表进行加密，称作一次一密加密方法。

4. Playfair密码

Playfair密码是英国科学家Chaeles Wheatstone于1854年发明的，但是用了他的朋友Barron Playfair的名字。Playfair密码是最著名的多字母组代替密码，它将明文中的双字母组合作为一个单元，并将这些单元转换为密文双字母的组合。Playfair算法基于一个5×5的字母矩阵（密钥矩阵），该矩阵通过密钥词构造。

5×5密钥矩阵构造方法为：从左到右、从上到下填入密钥词的字母，并去除重复的字母，按照字母表顺序将其余字母填入矩阵的剩余空间。字母I和J算作同一字母，

使用时自由选择。

例：密钥词为playfair，密钥矩阵为

P	L	A	Y	F
I/J	R	B	C	D
E	G	H	K	M
N	O	Q	S	T
U	V	W	X	Z

Playfair算法根据下列规则依次对明文字母进行加密：

（1）一对明文字母如果是重复的，则在这对明文字母中间插入一个填充字符。如，单词session将被分割为：se sx si on；如果分组后剩余单个字母，则补充一个字母构成一对，如store将被分割为st or ex。

（2）如果分割后的明文字母对在矩阵的同一行出现，则分别用矩阵中其右侧的字母代替，行的最后一个字母由行的第一个字母代替。如根据上文的密钥矩阵，on将被加密成QO，而st被加密成TN。

（3）如果分割后的明文字母对在矩阵同一列出现，分别用矩阵中其下方的字母代替，列的最后一个字母由列的第一个字母代替。如en被加密成NU，而aw被加密成BA。

（4）否则，明文对中的每个字母将由与其同行，且与另一字母同列的字母代替。如se被加密成NK，而cu被加密成IX（或JX）。

例：用Playfair加密bookstore，则有

明文M	bo	ok	st	or	ex
密文C	RQ	SG	TN	VG	KU

Playfair密码与单字母替代密码相比有明显的优势：其一，双字母有26×26=676种组合方式，识别起来比单字母困难得多；其二，各种字母组频率范围更广泛，使频率分析更困难。因此，Playfair曾被认为是不可破译的，英国陆军在第一次世界大战中采用了它，二战中它仍被美国陆军和其他同盟国大量使用。但是，由于许多明文语言结构在Playfair密码中能够保存完好，所以它还是相对容易破译的。

5. 多转轮机加密

20世纪20年代，人们发明了机械加密设备用来自动处理加密，大多数是基于转轮的概念，机械转轮用线连起来完成通常的密码代替。

转轮机有键盘和一系列转轮，每个转轮是字母的任意组合，有26个位置，可以完成一种简单替代。例如：一个转轮可能被用线连起来以完成用K代替A，用W代替D等，而且转轮的输出端连接到相邻的输入端。

例如，有一个密码机，有4个转轮，第一个转轮可能用G代替B，第二个转轮可能用N代替G，第三个转轮可能用S代替N，第四个转轮可能用C代替S，则明文G最终被密文C代替。转轮移动后，下次替代将不同，为使机器更加安全，可以把几种转轮和移动的齿轮结合起来。所有转轮以不同速度移动，n个转轮的机器周期为26n。

6. 一次一密乱码本

1917年，Major Joseph Mauborgne和AT&T公司的Gilbert Vernam发明了一次一密乱码本的加密方案。通常，一次一密乱码本是一个大的不重复的真随机密钥字母集，这个密钥字母集被写在几张纸上，并一起粘成一个乱码本。它最初用于电传打字机。发方用乱码本中的每一密钥字母准确地加密一个明文字符，加密方法是明文字符和一次一密乱码本密钥字符的和与26取模，即C=（P+K）mod 26。

每个密钥仅对一个消息使用一次，发方对所发的消息加密，然后销毁乱码本中用过的一页或用过的磁带部分。收方有一个同样的乱码本，并依次使用乱码本上的每个密钥字符去解密密文中每个字符。收方在解密消息后，销毁乱码本中用过的一页或用过的磁带部分。新的消息用乱码本中新的密钥加密。

由于给出的密文消息相当于同样长度的任何可能的明文消息，且每一密钥序列都是等概率的（因为密钥是随机方式产生的），破译者没有任何信息用来对密文进行密码分析。给出的密文消息相当于同样长度的任何可能的明文消息，密码分析者无法确定哪个明文消息是正确的。如果窃听者不能得到用来加密消息的一次一密乱码本，这个方案是完全保密的，即便现代的高速计算机对此也无能为力。因此一次一密乱码本是唯一一种在理论上不可破译的密码。

使用一次一密乱码本需要注意的是：

（1）密钥字母必须随机产生。对这种方案的攻击主要是针对用来产生密钥序列的方法。伪随机数发生器通常具有非随机性，所以不能用于产生随机密钥序列。只有采用真随机源，它才是安全的。

（2）密钥序列不能重复使用。如果密码分析者有多个密钥重复的密文，就可以把每排密文移来移去，并计算每个位置的适配量。如果排列正确，则适配的比例会突然升高。从这一点来说，密码分析是容易实现的。因此，绝对不能使用重复的密钥序列。

一次一密乱码本的方法可以推广应用到二进制数据的加密，只需用由二进制数字组成的乱码本代替由字母组成的密乱码本，用异或代替一次一密乱码本的明文字符加法。解密时用同样的乱码本对密文异或。这种方法现在主要用于高度机密的低带宽信道，而对高速宽带通信还有很大的困难。因为密钥比特必须随机，密钥长度要等于消息长度，并且不能重复使用；必须准确地复制两份随机数比特，且销毁已经使用过的比特。同时，要确保发方和收方完全同步，一旦收方有一比特的偏移（或者一些比特在传送过程中丢失了），消息就变成了乱码；如果某些比特在传送中出现差错，则这些比特就不能正确地解密。因此，尽管一次一密乱码本具有很高的安全性，却只能局限于某些应用中。

9.4 现代密码学

在现代密码体系中，以密钥为标准，可将密码系统分为对称密码（又称为单钥密码或私钥密码）和非对称密码（又称为双钥密码或公钥密码）体制。在对称密码体制下，加密密钥与解密密钥相同或实质上等同，此时密钥k需经过安全的密钥信道由发放传给收方。在非对称密码体制下，加密密钥与解密密钥不同，此时不需要安全信道来传送密钥，而只需要利用本地的解密密钥并以此来控制解密操作。最著名的对称密码是DES，最著名的非对称密码是RSA。网络中的加密普遍采用混合加密体制，即大块数据加解密时采用对称密码，密钥传送则采用非对称密码。这样既方便密钥管理，又可提高加解密速度。

根据对明文消息加密方式的不同，密码体制又可分为分组密码和流密码两大类。分组密码是将明文进行分组，每个分组被当做一个整体来产生等长的密文分组，通常使用的是64bit，有时更长；流密码则对数字数据流一次加密一个比特或一个字节。前面讨论的一次一密密码和维吉尼亚密码就是流密码。利用分组算法，相同的明文用相同的密钥加密永远得到相同的密文。用流算法，每次对相同的明文比特或字节加密都会得到不同的密文比特或字节。

分组密码和流密码的区别主要体现在实现上，每次只能对一个数据比特进行加解密的流密码算法并不适用于软件实现，它更适合于硬件实现。分组密码算法则很容易用软件实现。因为它可以避免耗时的位操作，并且易于处理计算机界定大小的数据分组。当前使用的几乎所有对称加密算法都基于分组密码。

9.4.1 对称密码体制

对称加密模型的通信原理如图9.2所示，其通信过程为：

（1）A和B协商用同一密码系统；

（2）A和B协商用同一密钥；

（3）A用加密算法和选取的密钥加密明文信息，得到密文信息；

（4）A发送密文信息给B；

（5）B用同样的算法和密钥解密密文，得到明文信息。

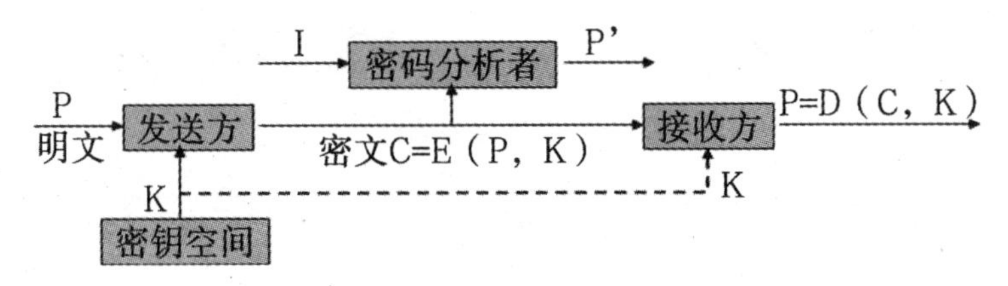

图9.2 对称密码体制示意图

对称加密算法的优点是安全性高，加解密速度快。但是对称密码算法存在下面的问题：

（1）密钥必须秘密地分配。密钥比任何加密的信息更有价值，因为破译者知道了密钥就意味着知道了所有信息。对于遍及世界的加密系统，这可能是一个非常繁重的任务，需经常派信使将密钥传递到目的地。

（2）缺乏自动检测密钥泄露的能力。如果密钥泄露了，那么窃听者就能用该密钥去解密传送的所有信息，也能够冒充几方中的一方，从而制造虚假信息去愚弄另一方。

（3）假设网络中每对用户使用不同的密钥，那么密钥总数随着用户数的增加而迅速增多，n个用户的网络需要n（n–1）/2个密钥。例如，10个用户互相通信需要45个不同的密钥，100个用户需要4950个不同的密钥，很显然，这也是无法忍受的。

（4）无法解决消息确认问题。由于密钥的管理困难，消息的发送方可以否认发送过某个消息，接收方也可以随便宣称收到了某个用户发出的某个消息，由此产生了无法确认消息发送方是否真正发送过消息的问题。

9.4.2 非对称密码体制

对称密钥算法可看成保险柜，密钥就是保险柜的号码组合。知道号码的人能够打开保险柜，放入文件，再关闭它。不知道保险柜号码组合的人就必须去摸索打开保险柜的方法。非对称密码体制使用两个不同的密钥：一个用来加密信息，称为加密密钥；另一个用来解密信息，称为解密密钥。用户把加密密钥公开，因此加密密钥也称为公开密钥，简称公钥。解密密钥保密，称为私有密钥，简称私钥。因此，非对称密码体制好像一个邮政信箱，把邮件投进信箱相当于用公开密钥加密，任何人都可以打开窗口把邮件投进去。取出邮件相当于用私钥解密。非对称密码体制加密原理如图9.3所示。

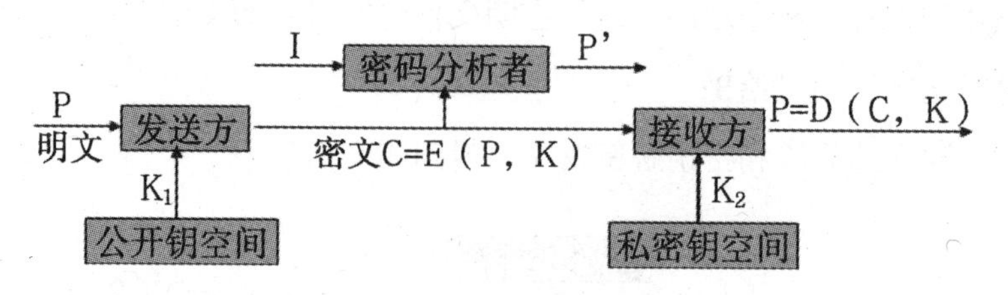

图9.3　非对称加密体制原理

用某用户的公钥加密的数据只能用该用户的私钥才能解密，因而要求用户的私钥不能透露给自己不信任的任何人。公钥和私钥与数学相关的。这类算法的特点是：

（1）仅知道密码算法和加密密钥，要确定解密密钥，在计算上是不可能的。

（2）两个相关密钥中的任何一个都可以用作加密而让另一个用于解密，即一对密钥中的哪一个作为公钥，哪一个作为私钥，完全可以自己指定。

单向函数的概念是非对称密码的中心。所谓单向函数是指计算起来相对容易，求逆却非常困难的函数。“破镜难圆”是一个很好的单向函数的例子，把镜子打碎为成千个碎片很容易，要把所有的碎片再拼成一个完整的镜子，却是非常困难的事情。

1976年，美国学者Diffe和Hellmen根据单向函数的概念提出了公开密码密钥体制，引起了一场密码学的革命。公开密钥密码体制从根本上克服了传统密码体制的困难，解决了密钥分配和消息认证等问题，特别适合于计算机网络系统的应用。

非对称密码系统使用两个密钥，一个保密，一个可以公开得到。所以，根据应用的需要，发送方可以使用发送方的私钥、接收方的公钥，或者两个都使用以完成某种功能。通常，非对称密码系统的应用分为两类：

（1）加密/解密：发送方用接收方的公钥加密报文，接收方用自己的私钥解密，可以实现信息的秘密传送。

（2）鉴别：发送方用自己的私钥加密报文，接收方用发送方的公钥解密，从而判断该信息是否由发送方发出，可以进行身份的鉴别。

也可以进行两次加密以达到同时进行身份认证和信息加密的目的。

9.4.3 DES算法

DES（Data Encryption Standard，数据加密标准）是最著名的分组对称密码算法，它的产生被认为是20世纪70年代信息加密技术发展史上两个里程碑之一。1973年，美国国家标准局（NBS）向全社会公开征集一种用于政府部门非机密数据的加密算法。1975年，IBM公司推荐了一种称为LUCIFER的算法，美国国家标准局接受并公布了该算法，并向全美国征求采用该算法作为美国信息加密标准的意见。经过两年的激烈争论和修改与简化，美国国家标准局于1977年颁布这个算法，称为数据加密算法DES，并于1980年12月正式用作政府及商业部门的非机密数据加密标准。

DES是一种典型的按分组方式工作的密码。它将二进制序列的明文分成每64比特一组，并用56位密钥将64位的明文通过16轮替代和置换加密，最后转换为64位密文。密钥总长64位，另外的8位是奇偶校验位。DES加密算法的原理可以用图9.4描述。

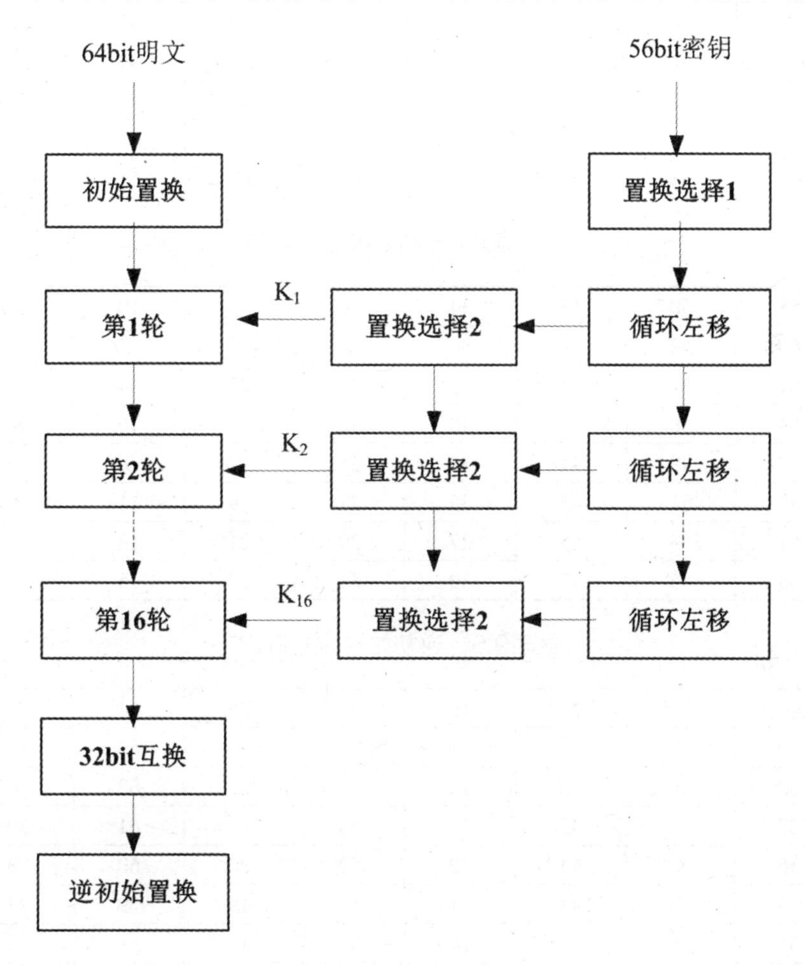

图9.4　DES加密算法原理

DES对明文的处理包括三个阶段：

（1）将输入的64位二进制明文块T通过初始换位矩阵IP变换成T_0，即T_0=IP（T），以此作为后续处理的输入。

（2）以密钥K的处理结果作为参数，对T_0进行16次函数f的迭代。

（3）通过逆初始换位IP^{-1}得到64位二进制密文输出。

64位比特明文的位置矩阵如表9.3所示，初始换位矩阵IP如表9.4所示，即将输入的第58位换到第1位，第50位换到第2位……依此类推，最后一位是原来的第7位。表

9.5为逆初始换位矩阵IP^{-1}。

表9.3　明文分组的64bit位置矩阵

1	2	3	4	5	6	7	8
9	10	11	12	13	14	15	16
17	18	19	20	21	22	23	24
25	26	27	28	29	30	31	32
33	34	35	36	37	38	39	40
41	42	43	44	45	46	47	48
49	50	51	52	53	54	55	56
57	58	59	60	61	62	63	64

表9.4　初始换位矩阵IP

58	50	12	34	26	18	10	2
60	52	44	36	28	20	12	4
62	54	46	38	30	22	14	6
64	56	48	40	32	24	16	8
57	49	41	33	25	17	9	1
59	51	43	35	27	19	11	3
61	53	45	37	29	21	13	5
63	55	47	39	31	23	15	7

表9.5　逆初始换位矩阵IP^{-1}

40	8	48	16	56	24	64	32
39	4	47	15	55	23	63	31
38	6	46	14	54	22	62	30
37	5	45	13	53	21	61	29
36	4	44	12	52	20	60	28
35	3	43	11	51	19	59	27
34	2	42	10	50	18	58	26
33	1	41	9	49	17	57	25

对初始明文块T_0用矩阵IP进行处理，得到初始换位后的输出矩阵。把输出分为L_0和R_0两部分，每部分各长32位。对于其后16次迭代过程中的比特块也用这样的方法进行分块。

设T_i为第i次迭代的结果，则令L_i和R_i分别表示T_i的左半部分和右半部分，有

$T_i=L_iR_i$

$T_i=t_1t_2t_3\cdots t_{64}$

$L_i=t_1t_2t_3\cdots t_{32}$

$R_i=t_{33}t_{34}t_{35}\cdots t_{64}$

在其后的迭代过程中包括了四个独立操作。首先是右半部分由32位扩展为48位。然后与密钥的某一形式相结合，其结果被替换为另一结果，同时其位数又压缩到了32位。这32位数据经过置换再与左半部分相加，结果产生新的右半部分。即

$L_{i+1}=R_i$

$R_{i+1}=L_i+f(R_i, K_{i+1})$

$f(R_i, K_{i+1})$计算步骤为：

（1）对R_i对进行操作：根据扩展排列表E（如表9.6所示），将R_i由32位扩展为48位二进制块E（Ri）。每一个右半部分经过扩展排列都由32位扩展为48位。扩展过程中置换了位的次序的同时也重复了某些位。扩展的目的有两个：使得密文中间结果的一半与密钥相匹配，产生一较长结果而后又可将其压缩。

表9.6　扩展排列表E

32	1	2	3	4	5
4	5	6	7	8	9
8	9	10	11	12	13
12	13	14	15	16	17
16	17	18	19	20	21
20	21	22	23	24	25
24	25	26	27	28	29
28	29	30	31	32	1

（2）密钥K_i的操作：将64位初始密钥K_0根据PC-1表（表9.7）去掉奇偶校验位，把剩下的56位进行换位。

表9.7　PC-1置换表

57	49	41	33	25	17	9
1	58	50	42	34	26	18
10	2	59	51	43	35	27
19	11	3	60	52	44	36
63	55	47	39	31	23	15
7	62	54	46	38	30	22
14	6	61	53	45	37	29
21	13	5	28	20	12	4

换位后的结果PC-1（K_0）分成两个半数据块C_0和D_0，即C_0和D_0各含28位。按照以下方法对两个半数据块进行操作：

$C_i=L_{si}(C_{i-1})$

$D_i=L_{si}(D_{i-1})$

L_{si}是循环左移位操作，移位量如表9.8所示。

表9.8 各轮移动位数表

轮号	1	2	3	4	5	6	7	8	9	10	11	12	13	14	15	16
移动位数	1	1	2	2	2	2	2	2	1	2	2	2	2	2	2	1

移位之后，根据表9.9从56位中抽取48位，即有

$$K_i=PC-2(C_i, D_i)$$

表9.9 选择PC-2排列表

14	17	11	24	1	5
3	28	15	6	21	10
23	19	12	4	26	8
16	7	27	20	13	2
41	52	31	37	47	55
30	40	51	45	33	48
44	49	39	56	34	53
46	42	50	36	29	32

得到的结果用作与已扩展的右半部分异或。至此得到48位数据，再将这48位按顺序分成8组，每组6位，这8组分别通过称为S盒的变换，如表9.10所示。

表9.10 S盒变换

		0	1	2	3	4	5	6	7	8	9	10	11	12	13	14	15
S1	0	14	4	13	1	2	15	11	8	3	10	6	12	5	9	0	7
	1	0	15	7	4	14	2	13	1	10	6	12	11	9	5	3	8
	2	4	1	14	8	13	6	2	11	15	12	9	7	3	10	5	0
	3	15	12	8	2	4	9	1	7	5	11	3	14	10	0	6	13
S2	0	15	1	8	14	6	11	3	4	9	7	2	13	12	0	5	10
	1	3	13	4	7	15	2	8	14	12	0	1	10	6	9	11	5
	2	0	14	7	11	10	4	13	1	5	8	12	6	9	3	2	15
	3	13	8	10	1	3	15	4	2	11	6	7	12	0	5	14	9

续表

S3	0	10	0	9	14	6	3	15	5	1	13	12	7	11	4	2	8
	1	13	7	0	9	3	4	6	10	2	8	5	14	12	11	15	1
	2	13	6	4	9	8	15	3	0	11	1	2	12	5	10	14	7
	3	1	10	13	0	6	9	8	7	4	15	14	3	11	5	2	12
S4	0	7	13	14	3	0	6	9	10	1	2	8	5	11	12	4	15
	1	13	8	11	5	6	15	0	3	4	7	2	12	1	10	14	9
	2	10	6	9	0	12	11	7	13	15	1	3	14	5	2	8	4
	3	3	15	0	6	10	1	13	8	9	4	5	11	12	7	2	14
S5		2	12	4	1	7	10	11	6	8	5	3	15	13	0	14	9
		14	11	2	12	4	7	13	1	5	0	15	10	3	9	8	6
		4	2	1	11	10	13	7	8	15	9	12	5	6	3	0	14
		11	8	12	7	1	14	2	13	6	15	0	9	10	4	5	3
S6	0	12	1	10	15	9	2	6	8	0	13	3	4	14	7	5	11
	1	10	15	4	2	7	12	9	5	6	1	13	14	0	11	3	8
	2	9	14	15	5	2	8	12	3	7	0	4	10	1	13	11	6
	3	4	3	2	12	9	5	15	10	11	14	1	7	6	0	8	13
S7	0	4	11	2	14	15	0	8	13	3	12	9	7	5	10	6	1
	1	13	0	11	7	4	9	1	10	14	3	5	12	2	15	8	6
	2	1	4	11	13	12	3	7	14	10	15	6	8	0	5	9	2
	3	6	11	13	8	1	4	10	7	9	5	0	15	14	2	3	12
S8	0	13	2	8	4	6	15	11	1	10	9	3	14	5	0	12	7
	1	1	15	13	8	10	3	7	4	12	5	6	11	0	14	9	2
	2	7	11	4	1	9	12	14	2	0	6	10	13	15	3	5	8
	3	2	1	14	7	4	10	8	13	15	12	9	0	3	5	6	11

设异或处理的结果分成8个6位二进制块为B_1，B_2，… B_8，即

$E(R_i)+K_{i+1}=B_1B_2\cdots B_8$，每个6位子块$B_j$都是选择函数$S_j$的输入，其输出的是一个4位二进制$S_j(B_j)$。

每个S_j将一个6位块$B_j=b_1b_2b_3b_4b_5b_6$转换为一个4位块的规则为：与b_1b_6对应的整数确定表中的行号，与$b_2b_3b_4b_5$对应的整数确定表中的列号，$S_j(B_j)$的值就是位于该行和该列的整数的4位二进制表示形式。

例如：如果B_6=101010，则$S_6(B_6)$的值位于表的第2行第5列，即等于8，因此$S_6(B_6)$的输出是1000。

S盒输出的32位结果再经过P置换，如表9.11所示，这就是函数f的输出。

表9.11　P置换

16	7	20	21
29	12	28	17
1	15	23	26
5	18	31	10
2	8	24	14
32	27	3	9
19	13	30	6
22	11	4	25

DES的解密算法和加密算法大体相同，只是第一次迭代时用子密钥K_{16}，第二次迭代用K_{15}…第16次迭代用K_1。

DES除了密钥输入顺序之外，其加密和解密步骤完全相同，这使得在制作DES芯片时易于做到标准化和通用化，尤其适合现代通信的需要。经过许多专家学者的分析论证，证明DES是一种性能良好的数据加密算法，不仅随机性好，现行复杂度高，而且易于实现。因此，DES在国际上得到了广泛的应用。

DES用软件进行解码需要很长时间，而用硬件解码速度非常快。幸运的是，当时大多数黑客并没有足够的设备制造出这种硬件设备。在1977年，人们估计要耗资两千万美元才能建成一个专门计算机用于DES的解密。当时DES被认为是一种十分强壮的加密方法。但是，当今的计算机速度越来越快，制造一台这样特殊的机器的花费已经降到了十万美元左右，并且计算机网络的发展使得分布计算能力大为提高。因此，在拥有庞大计算潜能的网络上，56位DES的安全性正面临着越来越严峻的考验。美国国家安全局曾一度禁止采用56位DES加密的产品出口，可能也是基于此种考虑。

目前认为DES存在的不足主要表现为：56位的DES密钥长度对于当前的计算速度来说太小；必须用专用的安全信道来发送密钥，但该信道不一定真的安全。

为了改善DES安全性不足的问题，人们也在研究开发其他可行的对称加密算法。例如，为了增加密钥的长度，人们建议将一种分组密码进行级联，在不同的密钥作用下，连续多次对一组明文加密，通常把这种技术称为多重加密技术。对DES，即可以采用三重DES，如图9.5所示。

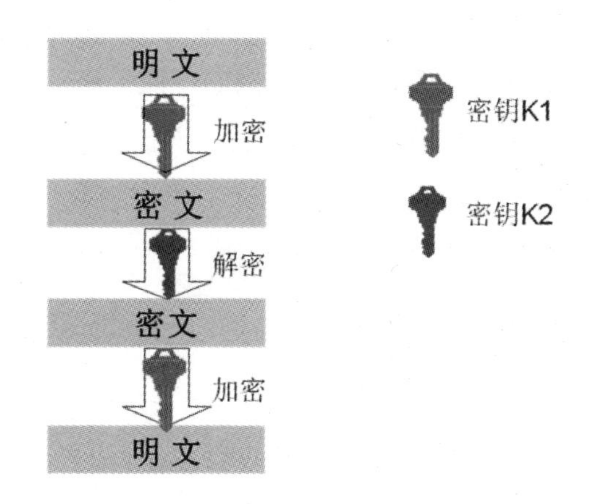

图9.5　三重DES加密

如果用三个密钥进行三个阶段的加密，密钥长度将达到56*3=168bit，在现阶段有点过大。Tuchman提出了一种替代方法，即用两个密钥对明文进行三次加密，加密函数采用“加密—解密—加密”的序列。假设两个密钥是K_1和K_2，加密过程如下：

（1）用密钥K_1进行DES加密。

（2）用K_2对步骤1结果进行DES解密。

（3）用步骤2的结果使用密钥K_1进行DES加密。

步骤2中的解密并没有密码编码上的意义，因为K_2无法解密由K_1加密的数据，它仅仅起到增加密码长度的作用。

这种方法的缺点是开销为原来的三倍，但从另一方面来看，三重DES的密钥长度是112比特，应该是相当“强壮”的加密方式了。当然，随着计算机及其相关技术的发展，也许112比特的密钥长度也会受到威胁。

IDEA密码也是用来替代DES算法的对称加密算法之一。IDEA是以64比特为单位对明文进行分组，密钥长128比特。IDEA算法可以用于加密和解密，速度较快，现在IDEA的软件实现同DES的速度一样快。

9.4.4 RSA体制

RSA体制是美国麻省理工学院（MIT）Rivest，Shamir和Adleman于1978年提出来的，是第一个成熟的、迄今为止理论上最为成功的公开密钥密码体制。

RSA算法的安全性基于数论中的下述论断：两个大素数的乘积是容易计算的，但要分解两个大素数的乘积，求出它们的素因子则是非常困难的。

RSA算法的工作原理为首先生成加密和解密所需要的密钥，具体方法为：

（1）选择一对不同的素数p，q。

（2）计算n=p.q。

（3）计算f（n）=（p−1）（q−1），此后p和q应该丢弃，不要让任何人知道。

（4）找一个与f（n）互质的数e，且满足1<e<f（n）。

（5）计算并寻找d，使（d.e）mod f（n）=1。

则 公钥KU=（n，e），私钥KR=（n，d）。

如果P为明文，C为密文，加密过程为：（P^e）mod n=C；解密过程为：（C^d）mod n=P。

例：A需要发送机密信息m=85给B，则操作步骤如下：

首先选择两个质数，可以取p=11，q=13。

（1）计算n=p.q=143。

（2）计算f（n）=（p−1）（q−1）=120。

（3）找一个与f（n）=120互质并小于f（n）的数e=7。

（4）求出d，使d.e=1mod f（n），取d=103，7×103=721，721mod120=1。

（5）B的公钥KU=（n，e）=（143，7），私钥KR=（n，d）=（143，103）。

（6）A利用B的公钥，算出加密值c=85^7mod143=123。

（7）B在收到c后，利用私钥计算明文为（c^d）mod n=123^{103}mod143=85。

RSA算法的密钥是向公众公开的，密文C也是通过公开途径传送的。对RSA算法可能的攻击方法有三种：

（1）强行攻击：尝试所有的私钥。

（2）数学攻击：等效于素数乘积的因式分解。

（3）定时攻击：通过监视计算机解密报文所花时间来确定私钥。

与其他密码系统一样，采用大长度的密码可以对强行攻击进行有效的防范。因而我们主要关注的是数学攻击和定时攻击。

1. 数学攻击

设已知公开密钥（n，e），利用数学方法对RSA攻击可以归纳为三种情况：

（1）将n分解为两个素数因子p和q，通过计算f（n）=（p−1）（q−1）来确定d，使（d・e）mod f（n）=1。

（2）在不确定p和q的情况下直接确定f（n），然后确定d。

（3）不先确定f（n），直接确定d。

目前大部分关于RSA密码分析的讨论都集中在对n进行素因子分解上。但是，大数分解是一个十分困难的问题。从上例中的143找出它的质数因子11和13并不难。而对于巨大的质数p和q计算其乘积n=pq非常简便，逆运算却难而又难，这正是该函数“单向性”的体现。

任何单向函数都可以作为某一种非对称密钥密码系统的基础，而单向函数的安全性也就是这种非对称密钥密码系统的安全性。

Rivest、Shamir和Adleman曾用已知的最好算法估计了分解n的时间与n的位数之间的关系，用运算速度为100万次/秒的计算机分解500比特的n，计算机需进行1.31039次分解操作，分解时间是4.21025年。因此，一般认为RSA的保密性能良好。

计算机的硬件发展速度非常迅猛，这一因素对RSA的安全性是很有利的。硬件计算能力的增强使我们可以给n加大几十个比特，而不至于放慢加密和解密的计算，但同样水平硬件计算能力的增强对因数分解计算的帮助却不那么大。至今，不管用怎样的硬件和软件，大数的因式分解仍然是极端困难的任务。然而，这种“困难性”在理论上至今未能严格证明，但又无法否定。

2. 定时攻击

定时攻击是指攻击者可以通过监视计算机解密报文所花费的时间来确定私钥，这有些类似通过观察别人转动拨号盘转出一个个数字所用的时间来猜测保险箱的密码数字组合。算法中大量的取模和指数运算在有些情况下速度很慢，另一些情况下则较快。这种时间差异足够使定时攻击生效。

定时攻击方式只用到密文，并与常规方式完全不同，它不仅可以用于RSA，还可以用于其他非对称密钥密码系统，因而是一种严重的威胁。当然，我们可以采用一些简单的防范措施，包括：

（1）常数取幂时间：保证所有指数操作在返回结果前花费同样多时间。

（2）随机延时：对指数算法增加随机延时，使攻击者受噪声影响。

（3）盲化：指数运算前先用一个随机数与密文相乘。

但这些操作在防范定时攻击的同时也增加了开销，使算法性能有所下降。

非对称密码相对于对称密码算法来说，可以适应网络的开放性要求，密钥管理问题较为简单，尤其可方便地实现数字签名和验证。但RSA涉及大数的高次幂运算，运算量远大于DES，软件实现速度较慢，尤其在加密大量数据时，一般用硬件实现，速度大约是DES的1500分之一。因此在网络上通常只用它来进行少量数据的加密，如对称算法的密钥，对大量的正文数据部分则采用速度极快的对称密码算法。这样就可以综合发挥两种密码体制的优点。在电子商务中，这种技术又称为电子信封技术。

9.5 密码分析

密码编码和密码分析犹加密技术的“守”与“攻”，是密码研究中不可分割的两个方面。经受不住攻击的密码不是好密码。了解密码攻击不但有助于密码设计，而且有助于信息系统与密码的安全保障。

在信息传输和处理系统中，除了合法的接收者外，还有各种非法接收者，他们不知道系统所用的密钥，但仍然试图从截获的密文中推断出原来的明文，这一过程称为密码分析（或者密码攻击）。密码分析学是研究在不占据密钥的情况下，利用密码体制的弱点来恢复明文的一门学科。成功的密码分析能发现密码体制的弱点，最终恢复出消息的明文或密钥。密钥通过非密码分析方式丢失的叫做泄露。

对密码进行分析的尝试称为攻击。19世纪，荷兰人A.Kerckhoffs最早阐明了密码分析的一个基本假设，即秘密必须全部隐藏于密钥中，而密码分析者已知密码算法。虽然在实际的密码分析中攻击者并不是总有这些信息，但Kerckhoffs的假设是非常有意义的：如果密码系统的强度依赖于攻击者不知道算法，那么该系统注定会失败。因为通过逆向工程可以恢复算法，这只是时间和金钱的问题。因此，如果一个加密算法设计者害怕算法被破译而不公开其算法，这种算法是不安全的，迟早会被破译。最好的算法是那些已经公开并经过世界上最好的密码分析家们多年攻击还是不能破译的算法。

密码史表明，密码破译者的成就似乎比密码设计者的成就更令人赞叹。许多开始时被设计者吹嘘为“百年难破”的密码，没过多久就被巧妙地攻破了。第二次世界大战中，美军破译了日本的机密，一举击毙了山本五十六。有专家估计，同盟军在密码破译上的成功至少使第二次世界大战缩短了8年。

9.5.1 密码攻击方法

密码分析有两种类型：被动攻击和主动攻击。被动攻击仅对截获的密文进行分析而不对系统进行任何篡改，目的是获取机密信息。主动攻击则采用删除、更改、增添、重放、伪造等方法变更原来的消息。被动攻击的隐蔽性好，难以发现，而主动攻击的破坏性大。

密码攻击方法一般分为穷举法和分析法两类。

1. 穷举法

穷举法又称为强力法或完全试凑发，它对截获的密文依次用各种可能的密钥试译，直到得到有意义的明文；或在密钥不变的情况下，对所有可能的明文加密直至得到与截获密文一致的结果。只要有足够多的计算时间和存储容量，原理上穷举法总是可以成功的。但是在实际应用中，如果密钥空间非常大，则这一方法是不可行的，比如破译成本超过所得信息的价值，或者破译时间太长，已超过该信息的有效期。为了减少搜索计算量，可以采用较有效的改进试凑法。它将密钥空间划分成几个等概率的子集，对密钥可能落入哪个子集进行判断，在确定了正确密钥所在的子集后，就对该子集再进行类似的划分并检验正确密钥所在的集。依此类推，就可最终判断出所用的密钥了。改进试凑法的关键在于如何实现密钥空间的等概率子集的划分。

2. 分析破译法

分析破译法包括确定性分析破译和统计分析破译。确定性分析法是利用一个或几个已知量（比如已知密文或明文—密文对）用数学关系式表示出所求未知量（如密钥等）。统计分析法则利用明文的已知统计规律进行破译。密码破译者对截获的密文进行统计分析，总结其统计规律，并与明文的统计规律进行对照比较，从中提取出明文和密文之间的对应或变换信息。

假设密码分析者已知所用加密算法的全部知识，常用的密码分析攻击有：

（1）惟密文攻击。密码分析者有一些用同一加密算法加密的消息的密文，他们的任务是恢复尽可能多的明文，或者最好是能推算出加密消息的密钥，以便用密钥解出其他被加密的消息。

（2）已知明文攻击。密码分析者得到一些消息的密文和相应的明文后，用加密信息推出用来加密的密钥或导出一个算法，此算法可以对用同一密钥加密的任何新的消息进行解密。

（3）选择明文攻击。密码分析者不仅可得到一些消息的密文和相应的明文，而且可选择被加密的明文。这时，密码分析者能选择特定的明文块去加密，并比较明文和对应的密文信息，从中可以发现更多与密钥相关的信息。这往往比已知明文攻击更有效。此时，分析者的任务是推出用来加密消息的密钥或导出一个算法，该算法可以对用同一密钥加密的任何新的消息进行解密。

（4）自适应选择明文攻击。这是选择明文攻击的特殊情况。密码分析者不仅能选择被加密的明文，而且也能基于以前加密的结果修正这个选择。在选择明文攻击中，密码分析者可以选择一大块加过密的明文。而在自适应选择密文攻击中，密码分析者可选取较小的明文块，然后再基于第一块的结果选择另一块文块，依此类推。

（5）选择密文攻击。密码分析者能选择不同的被加密的密文，并可得到相应的明文。密码分析者的任务是推出密钥。这种攻击主要用于公开密钥体制。选择密文攻击有时也可有效地用于对称算法（有时选择明文攻击和选择密文攻击一起被称作选择文本攻击）。

从技术角度看，对密码破译者最为有利的条件是选择明文破译。因此，好的密码算法必须能够经受住选择明文的攻击。

当然，密码破译的成功除了利用数学演绎和归纳法之外，还要利用大胆的猜测和对一些特殊或异常情况的敏感性，有时甚至是一种直觉。例如，若偶然在两份密文中发现了相同的码字或片段，就可假定这两份报的报头明文相同。又如，在战地条件下，根据战事情况可以猜测当时收到的报文中某些密文的含义。依靠这种所谓“可能字法”，常常可以幸运地破译一份报文。

一个密码系统是否被“攻破”，并无严格的标准。如果不管采用什么密钥，破译者都能从密文迅速地确定出明文，则此系统当然已被攻破，这也就意味着破译者能迅速确定系统所用的密钥。如果对大部分密钥而言，破译者都能从密文迅速地确定出明文，该体制也可说已被攻破。但破译者有时可能满足于能从密文偶然确定出一小部分明文，虽然此时保密系统实际上并未被攻破，但部分机密信息已泄露。

9.5.2 密码算法的安全性

如果不论密码分析者有多少密文，都没有足够的信息恢复出明文，那么这个算法就是无条件保密的。理论上，只要用穷举法去试每种可能的密钥，并且检查所得明文是否有意义，则除一次一密外的所有其他密码系统在已知密文攻击中都是可破译的。

因此，密码学更关心在计算上不可破译的密码系统。如果一个算法用可得到的资源无法破译，则认为在计算上是安全的。

攻击方法的复杂性通常从以下三个因素来衡量：

（1）数据复杂性，用作攻击输入所需的数据量。

（2）处理复杂性，完成攻击所需要的时间。

（3）存储需求，完成攻击所需要的存储量。

攻击的复杂性取决于以上三个因素的最小复杂度，有些攻击包括这三种复杂性的折中：存储需求越大，攻击可能越快。

复杂性用数量级来表示。如果算法的处理复杂性是2128，那么破译这个算法也需要2128次运算。假设你有足够的计算速度去完成每秒钟一百万次运算，并且用100万个并行处理器完成这个任务，那么仍需花费10^{19}年以上才能找出密钥，那是宇宙年龄的10亿倍。

当攻击的复杂性是常数时，密码分析就只取决于计算能力了。在过去的半个世纪中，我们已看到计算能力的显著提高，这种趋势还将继续。许多密码分析攻击用并行处理机是非常理想的。这个任务可分成亿万个子任务，且处理之间不需相互作用。很显然，Internet是一个很好的场所，可以将任务分解给连接到Internet上的成千上万的各种机器去运行。好的密码系统应设计成能抵御未来许多年后计算能力的发展。

9.6 密钥的管理

尽管设计安全的加密算法很不容易，但在现实世界里，对密钥进行保密更加困难。密钥管理是密码学领域最困难的部分。密码分析者经常通过密钥管理来破译对称密码系统和公钥系统，而以低廉的代价从人身上找到漏洞比在密码体制中找到漏洞更容易。

9.6.1 密钥生存期的管理

加密算法的安全性依赖于密钥，如果用一个弱的密钥生成方法，那么整个体制将是弱的。如果能破译密钥的生成算法，攻击者就不需要试图去破译加密算法了。与所使用的生成算法有关，最好的密钥是随机密钥。

密钥应保证在被使用中不被泄露，密钥过了使用期时应更换。

密钥的存储可分为无介质、记录介质、物理介质（如磁条卡、ROM芯片，IC卡）；为增强密钥的安全性，可以采用分段和加密等存储方式。

密钥恢复时，应保证该密钥分量的人员都在场，并负责自己保管的那份密钥的输入工作。所有操作都应记录到安全日志上。

销毁密钥时，应删除所有拷贝和重新生成或重新构造该密钥所需的信息，密钥终止其生命周期。

9.6.2 对称密码系统的密钥分配

密钥的分配有多种方式实施，这里介绍一种典型的方案。在该方案中，假设每个用户与密钥分配中心（KDC）之间共享一个唯一的主密钥。例如，用户A与KDC之间的主密钥为K_a，用户B与KDC之间的主密钥为K_b，A希望与B通信，并需要一次性的会话密钥来加密传输的数据，则密钥的分配过程如图9.6所示：

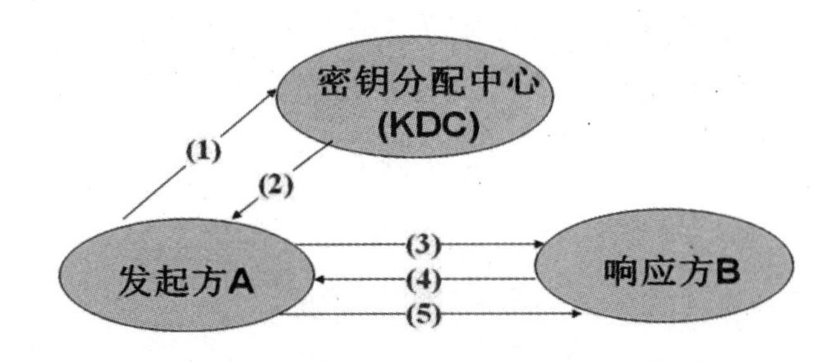

图9.6　对称密钥分配过程

（1）A向KDC请求与B通信的会话密钥。请求包括A、B的标识及唯一的会话标识符N1，每次的标识符不同，可以用时间戳或随机数。

（2）KDC用K_a加密一个报文响应A。报文中包含给A的一次性会话密钥K_s、A的请求报文，以及用K_b加密给B的Ks，和A的标识符IDA。

（3）A存放K_s，并将KDC发给B的信息（用K_b加密）转发给B。B可以获知会话密钥K_s和通信对方为A（IDA），并知道信息是从KDC发出的（因为信息是用Kb加密的）。

（4）B用K_s发送另一个标识符N_2给A。

（5）A也用K_s响应一个f（N_2），其中f是对N_2进行某种变换的函数。

步骤（1）~（3）已经将会话密钥安全传给了A和B，（4）和（5）是为了使B确定收到的步骤（3）的报文不是网上被延时了的重复报文，起到鉴别的作用。

在大型网络中，可以有一系列存在层次关系的KDC。本地KDC只负责一个小区域（如局域网）内的密钥分配；不同区域的实体需要共享一次会话密钥时，相应的本地KDC就通过全局KDC进行通信。层次控制方案使主密钥分配的工作量最小，并且可以将因KDC错误或受到破坏的危害限制在本地区域。

9.6.3 非对称密码系统的密钥分配

与对称密钥加密相比，非对称加密的优势在于不需要共享的通用密钥，用于解密的私钥不发往任何地方，这样，即使公钥被获取，因为没有与其匹配的私钥，公钥对攻击者来说也没有任何用处。

分配公钥的技术方案有以下几大类，这些方案在保证公钥的真实性和提高系统效率方面逐步增加。

1. 公开告示

如果一个非对称密钥加密算法被广泛接受，那么任何参与的用户都可以将其公开密钥发送或通过广播传给别人，就像贴出公开告示。这种方法的优点是很方便，但其最大的缺点是无法保证公钥的真实性。任何用户都可以以别人的名义发公开告示。如用户B能以用户A的名义发送公钥，那么，在A发现有人伪造了自己的公钥前，该用户都可以阅读所有想发给A的报文。

2. 公开密钥目录

由一个受信任的组织来维护一个可以公开得到的公钥动态目录。用户登记或更换自己的公钥时，必须通过某种形式的安全认证。管理机构定期发布或更新目录，其他用户也可以在线访问该目录。

这种方法比各个用户单独公开宣告更加安全，其弱点在于如果攻击者得到了目录管理机构的私钥，就可以伪造用户公钥，窃听发给该用户的报文，或篡改公钥目录，因此同样无法保证公钥的真实性。

3. 公开密钥管理机构

公开密钥管理机构也维护所有用户的公开密钥动态目录，但通过更严格的控制公钥分配过程增加其安全性。设每个用户都知道该管理机构的公钥，并且只有该管理机构才知道相应的私钥，分配过程为：

（1）A给公钥管理机构发带有时间戳的报文请求B的当前公钥。

（2）公钥管理机构用其私钥加密响应A的报文，包括B的公钥，A的请求报文及其时间戳。A可以用管理机构的公钥解密，从而确定报文来自管理机构；对照A的原始报文和时间戳确信请求未被篡改且不是过期的报文。

（3）A用B的公钥加密发给B的报文，并包含A的标识和本次会话的标识。

同样，B可以用上述过程得到A的公钥。A和B都可以存储对方的公钥，在公钥有效期内双方就可以自由通信了。

这种方法中，公钥的真实性有一定的保证，但每个用户要得到他所希望的其他用户的公钥都必须借助管理机构，因而公钥管理机构可能成为瓶颈，从而影响系统效率。另外，管理机构维护的公钥目录也可能被篡改。

4. 公钥证书

公钥证书是由一个值得信赖的证书管理机构（CA）签发，用户向CA申请时必须通过安全鉴别。当一个证书由CA进行数字签署后，持有者可以使用它作为证明自己身份的电子护照。它可以向Web站点、网络或要求安全访问的个人出示。内嵌在证书中的身份信息包括持有者的姓名和电子邮件地址、发证CA的名称、序列号以及证书的有效或者失效期。

当一个用户的身份被CA确认后，CA就用自己的私钥来保护这一数据。CA提供给用户的证书中包括用户标识、用户公钥和时间戳，并用CA的私钥加密。此时用户就可以将证书传给他人，接收者可以用CA的公钥解密来验证证书确实来自CA。证书的内容说明证书拥有者的名字和公钥，时间戳验证证书的实效性。

当然，仅使用时间戳远远不够，密钥很可能因为泄露或者管理的原因在没有到期之前就已经失效。所以，CA必须保存一个合法的证书清单，这样用户就可以定期查看。

公钥证书能较好地保证公钥的真实性，并且CA不会成为瓶颈，对系统效率影响很小，是目前比较流行的一种方式。

5. 分布式密钥管理

有些情况下，可能有某些用户不相信CA，因为不可能进行集中密钥管理。分布式密钥管理通过“介绍人”解决了这个问题。介绍人是系统中对他们朋友的公钥签名的其他用户。例如，当B产生他的公钥时，把副本给他的朋友C和D，他们认识B，并分别在B的密钥上签名且给B一个签名副本。签名前，介绍人必须确信密钥是属于B的。随着时间的推移，B将收集更多的介绍人。现在，当B把他的密钥送给新用户A时（A不认识B），他就把两个介绍人的签名一起给了A。如果A认识并相信C或D，他就会相信B的密钥是合法的。如果A不认识C和D，他就没有理由相信B的密钥。

这种方法的好处是不需要人人都得相信CA。缺点是当A接收到B的密钥时，并不能保证认识介绍人中的某一个，而不能保证其相信密钥的合法性。

【本章小结】

密码是有效而且可行的保护计算机信息安全的办法，随着密码技术逐渐走出军事和国防等专用领域而进入民用的各行各业，相关的方法和理论受到越来越多的关注。本章在回顾了密码学发展历史的基础上介绍了密码学的基本概念和研究分支。重点介绍了传统密码学中的代表性加密算法和现代密码学中对称加密和非对称加密两大加密体系，并对各种算法的特点和优缺点进行了分析。密钥是加密体制中的关键管理环节，本章按照密钥的生命周期分析了科学的密钥管理方法，并介绍了对称密码体制和非对称密码体制中密钥的分配方法。

【关键术语】

密码编码学	cryptography
密码分析学	cryptanalysis

发送者	sender
接收者	receiver
明文	plaintext
密文	ciphertext
加密	encryption
解密	decryption
对称算法	symmetric algorithm
非对称加密算法	asymmetric cryptography
公钥算法	public-key algorithm
公钥	public key
私钥	private key
密钥分配中心	Key Distribution Center，KDC
流密码	stream cipher
分组密码	block cipher
数据加密标准	Data Encryption Standard（DES）
数字信封	digital envelope

【知识链接】

http://www.oscca.gov.cn/

http://www.cacrnet.org.cn/

【习题】

1. 在凯撒密码中令密钥k=8，制造一张明文字母与密文字母的对照表。

2. 分别用维吉尼亚法和Playfair法加密下段文字：COMPUTER ORACLE AND PASSWORD SYSTEM，密钥为SECURITY。

3. 在使用RSA的非对称密钥系统中，某用户的公钥是e=7，n=55。这个用户的私钥是什么？

4. 在RSA系统中，截获了某用户的密文C=12，已知该用户的公钥是e=5，n=91。这个用户发送的明文M是什么？

第10章　电子商务交易安全

【本章教学要点】

知识要点	掌握程度	相关知识
电子商务安全概况	了解	电子商务安全体系和交易安全特殊性
报文鉴别	熟悉	常用报文鉴别方法
数字签名	掌握	数字签名原理和常用签名机制
电子商务安全协议	掌握	电子邮件安全协议、交易安全协议

【本章技能要点】

技能要点	掌握程度	应用方向
数字证书	掌握	使用数字证书保证个人和组织的安全需求
PGP软件使用	掌握	应用PGP工具保证通信安全
SSL和SET协议	掌握	在网络通信和交易中提供安全保护

【导入案例】

案例：电子商务网站购物欺诈

正欲购买一台笔记本电脑的胡女士在某网站看到一则广告，上面写道：一批全新的三星笔记本电脑低价处理，原价15000元现只卖3500元，有发票和全国联保的保修卡提供。在跟对方联系后，对方声称此产品是特价，数量有限，购买的人很多，并且透露该货是从特殊渠道过来的，质量绝对可靠，因为急着转手，所以才卖得这么便宜，并给了胡小姐一个银行账号，要求先交1000元订金。由于急于得到这款笔记本电脑，胡女士便按照对方要求的账号汇了款，之后胡小姐催促对方发货，但是对方一推再推，直至最后失去联系，胡小姐才发现上当受骗。

电子商务发展如火如荼，销售额逐年攀升。但类似胡女士这样曾经遭受交易欺诈的案例却屡见不鲜。Gartner公司的一项调查显示，60%的受调查者称，他们“担心”或“非常担心”网上交易的安全。数据表明，消费者需要口令之外的安全措施。

【问题讨论】

1. 客户在电子商务中有可能遭受哪些安全威胁？

2. 网络商家是否会面临安全风险？

3. 如何提高电子商务交易的安全性？

10.1 电子商务安全性概述

电子商务源于英文Electronic Commerce（简称EC）或Electronic Business（E-Business）。顾名思义，电子商务的内容主要包含两个方面，一是采用电子方式，二是进行商贸相关活动。因此，电子商务是指利用简单、快捷、低成本电子通信方式，买卖双方互不谋面地进行各种商贸活动。

随着电子商务的兴起和迅速普及，电子商务安全成为信息安全中一个备受关注的应用领域。前面介绍的计算机安全基础和加密技术是保证电子商务活动安全性的基础。但是，电子商务领域还有一些特殊的安全需求和技术体系。在完整的电子商务活动中，会涉及很多参与方，除了买家、卖家外，还要有银行或金融机构、政府机构、认证机构、配送中心等。由于参与电子商务的各方在物理上是互不见面的，因此整个电子商务过程并不是现实世界商务活动的简单翻版，网上银行、在线支付系统、数据加密、数字签名等技术在电子商务中发挥着极其重要的作用。

电子商务的发展经历了两个阶段：

1. 20世纪60~90年代：基于EDI的电子商务

EDI（Electronic Data Interchange，电子数据交换）在20世纪60年代末期产生于美国，当时的贸易商们在使用计算机处理各类商务文件的时候发现，由人工输入到一台计算机中的数据有70%来源于另一台计算机输出的文件，由于过多的人为因素，影响了数据的准确性和工作效率的提高，人们开始尝试在贸易伙伴之间的计算机上使数据能够自动交换，EDI应运而生。

EDI是将业务文件按一个公认的标准从一台计算机传输到另一台计算机上去的电子传输方法。由于EDI大大减少了纸张票据，因此，人们也形象地称之为“无纸贸易”或“无纸交易”。

从技术上讲，EDI包括硬件和软件两大部分。硬件主要是计算机网络，软件包括计算机应用软件和EDI标准。

从硬件上看，20世纪90年代之前的大多数交易都是通过租用的线路在专用网络上实现的，这类专用的网络被称为VAN（Value-added Network，增值网），这样做主要是考虑到安全问题。但随着Internet安全性的日益提高，作为一个费用更低、覆盖面更广、服务更好的系统，其已体现出替代VAN而成为EDI的硬件载体的趋势，有人把通过Internet实现的EDI称为Internet EDI。

从软件方面看，EDI所需要软件的作用主要是将用户数据库系统中的信息翻译成EDI的标准格式以供传输交换。EDI软件中除了计算机软件外还包括EDI标准，如国际间较为通用的电子数据交换标准EDIFACT。

2. 20世纪90年代以来：基于因特网的电子商务

由于使用VPN的费用很高，一般大型企业才会使用，因此限制了基于EDI的电子商务应用范围的扩大。20世纪90年代中期后，因特网迅速走向普及化，各种商贸行为也开始进入Internet领域。国外先后出现了众多的电子商务企业，如以直接面对消费者的网络直销模式而闻名的美国戴尔（Dell）公司、互联网上最大的个人对个人拍卖网站eBay、网上书店亚马逊等。

相比基于EDI的电子商务，基于互联网的电子商务具有以下优势：

（1）费用低廉。一般来说，其费用不到VAN的四分之一，这一优势使得许多企业尤其是中小企业对其非常感兴趣。

（2）覆盖面广。互联网几乎遍及全球的各个角落，用户通过普通电话线或家庭宽带就可以方便地与贸易伙伴传递商业信息和文件。

（3）功能更全面。互联网可以全面支持不同类型的用户实现不同层次的商务目标，如发布电子商情、在线洽谈、建立虚拟商场或网上银行等。

（4）使用更灵活。基于互联网的电子商务可以不受特殊数据交换协议的限制，任何商业文件或单证都可以直接通过填写与现行的纸面单证格式一致的屏幕单证来完成，不需要再进行翻译，任何人都能看懂或直接使用。

基于互联网的电子商务交易安全主要围绕传统商务在互联网络上应用时产生的各种安全问题，考虑如何保障电子商务过程的顺利进行。在电子商务中存在的安全隐患主要有以下几类：

（1）信息的截获和窃取。如果没有采取加密措施或加密强度不够，攻击者可能通过互联网、公共电话网、搭线、电磁波辐射范围内安装截收装置或在数据包通过的网关和路由器上截获数据等方式，获取输出的机密信息，或通过对信息流量和流向、通信频度和长度等参数的分析，推导出有用信息，如消费者的银行账号、密码等。

（2）信息的篡改。攻击者熟悉网络信息格式后，通过各种方法和手段对网络传输的信息进行修改，并发往目的地，从而破坏信息的完整性。破坏的手段包括在信息中插入一些内容，更改原有信息的内容，如更改资金划拨方向，或者删除某些信息或信息的一部分。

（3）信息的假冒。攻击者假冒合法用户或发送假冒信息来欺骗其他用户。例如，虚开网站和电子商店，给网上用户发电子邮件，收订货单，伪造大量用户、发电子邮件，穷尽商家服务器的资源，使合法用户不能正常访问网络资源，使有严格时间要求的服务不能得到及时响应。或者冒充领导发布指示、调阅机密文件；冒充他人消费、栽赃、冒充主机欺骗合法主机及合法用户；冒充网络控制程序，套取或修改使用权限、保密字、密钥等信息；接管合法用户，欺骗系统，占用合法用户的资源。

（4）交易抵赖。交易抵赖包括多个方面，如发信者事后否认曾经发送过某条信息或内容，收信者事后否认曾经收到过某条消息或内容，商家卖出的商品因价格差而不承认原有的交易等。

在电子商务活动中必须采取多种措施，保证电子商务的有效性、保密性、完整性、可鉴别性、不可伪造性、不可否认性等安全要素。

10.2 鉴别与认证

网络通信中，报文的完整性和不可否认性分别可以通过报文鉴别和数字签名技术来实现。

10.2.1 报文鉴别

目前的报文鉴别一般通过鉴别函数实现。鉴别函数用于产生可以鉴别一个报文的值的鉴别符有三类：报文加密、报文鉴别码和散列函数。

1. 报文加密

报文加密函数就是用完整报文的密文作为对报文的鉴别认证。报文加密函数分两种：对称密钥加密和公开密钥加密。

采用对称密钥进行报文鉴别时，站点A使用密钥K加密传到站点B的报文，密钥仅有A和B两方知道。因为其他方都不知道密钥，不能解密报文，也无从改变而不被发觉，从而提供了保密性和报文的完整性。由于A是除了B之外唯一有密钥K并能用K加密信息的一方，所以B可以确信该报文一定是A产生的。但是，用对称加密方法提供鉴别也存在问题：收发双方共享一个密钥，导致接收方可以伪造报文，而发送方也可以因此否认发过报文。

采用非对称加密方法进行鉴别应用时有两种情况。

其一，A使用自己的私钥加密报文，而B收到报文后，用A的公钥解密。这种鉴别的原理与对称加密相似：A是唯一拥有其私钥并能生成用其公钥可解密信息的一方。另外，没有A的私钥就无法更改报文，保证了数据的完整性。但是这种方案不具备保密性，拥有A的公钥的任何人都能对报文解密。

其二，A首先用自己的私钥加密报文以提供鉴别，然后用B的公钥加密来提供保密性。这种方式在功能上比较理想，但其缺点是需要占用大量的存储空间和运算时间。

以报文加密方式实现保密和鉴别时，不论采用对称加密还是公钥加密，其安全性一般依赖于密钥的比特长度。

2. 报文鉴别码

报文鉴别码（Message Authentication Code，MAC）依赖公开的函数对报文处理，生成定长的鉴别标签。报文鉴别码也叫数据鉴别码（DAC）、密码校验和、指纹等。MAC是报文和密钥的函数，是使用一个密钥来对原始报文产生的一个定长的n比特数据分组并附加在报文中用以提供鉴别。

报文鉴别码的工作原理为：假设通信双方A和B共享一个密钥K。当A要发送报文到B时，先利用密钥K计算MAC，然后将报文加上MAC发给B。B用相同的密钥对收到的报文执行相同的计算可以得到新的MAC，并与收到的MAC比较。如果B计算出的MAC与收到的MAC不同，则B知道攻击者已经更改了报文而未更改MAC（因为攻击者不知密钥）；如果B计算出的MAC与收到的MAC相同，则B可以确定报文来自A并且没有被更改。

由于MAC函数在发送方和接收方的运算完全相同，它可以用不可逆的函数，从而比加密函数更难被破解。通常，用单项Hash函数产生MAC。单向Hash函数是现代密码学的中心，在许多密码协议中被运用。Hash函数是把可变输入长度串转换成固定长度的输出串的一种函数。这个值能够指出候选预映射是否与真实的预映射有相同的值。Hash函数是典型的多对一的函数，不能用它来确定两个串一定相同，但可用它得到准确性的合理保证。单向Hash函数是在一个方向上工作的函数，即从预映射的值很容易计算其Hash值，但要产生一个预映射的值使其Hash值等于一个特殊值却很难。

使用MAC的过程只提供了鉴别，保密性需要在使用MAC算法之前或之后另外采用加密算法来实现。同时，这种方法还存在与用对称加密方法提供鉴别同样的问题，即收发方共享一个密钥，导致接收方可以伪造报文，而发送方也可以因此否认发送过报文。

3. 散列函数

散列函数是单向Hash函数报文鉴别码的一个变种，它不需要双方共享密钥，只要有相同的算法即可。它以一个不定长的报文作为输入，产生一个定长的散列码，也称报文摘要或数字摘要，作为输出。

用于报文鉴别的散列函数具有下列性质：

（1）能用于任何长度的数据分组。

（2）能产生定长的输出。

（3）对任何给定的分组，散列值很容易计算。

（4）单向性，即对任何给定散列值，求其输入值在计算上不可能。

（5）对任何给定的分组，要找一个不同的分组且与之有相同的散列值在计算上是不可能的。

（6）寻找任意两个分组对，使其散列值相同在计算上不可行。

比较有名的散列函数有MD、MD2、MD4、MD5、SHA-1等。由散列函数产生报文摘要，可以保证报文数据的完整性，但不提供对发送方的身份认证，攻击者和接收方都可以伪造报文，而发送方也可以因此否认发送过报文。

10.2.2 数字签名

报文鉴别可以保护通信双方的报文不受任何其他方面的攻击，但是无法防止通信双方的欺骗和抵赖，也不能解决由此产生的争执。随着电子商务在互联网上的广泛应用，由此产生的经济和法律问题也越来越不容忽视。数字签名可以较好地解决身份认证问题。

在现实生活中，在书面文件上的手写签名或印章长期被用作表明作者身份的证据，或至少表明对文件内容的认可。签名之所以重要，是因为它具有以下特点：

（1）签名是可信的。签名使文件的接收者相信签名者是慎重地在文件上签字的。

（2）签名是不可伪造的。签名证明是签字者而不是其他人慎重地在文件上签字。

（3）签名是不可重用的。签名是文件的一部分，不可能将签名移到不同的文件上。

（4）签过名的文件是不可改变的。在文件签名后，文件不能改变。

（5）签名是不可否认的。签名和文件是物理存在的，签名者事后不能声称他没有签过名。

数字签名在性质上有和书面签名相似的需求，但存在其独特的问题：首先，计算机文件易于复制，从一个文件到另一个文件的剪裁和粘贴很容易实现；其次，文件在签名后也易于修改，并且可以不留下任何痕迹。因此，数字签名必须具有如下性质：

（1）签名必须用可确定签名者的唯一信息，即签名者和签名时间可以证实。

（2）签名之前必须能够鉴别报文的内容。

（3）能被第三方验证以解决争端。

因此，数字签名中包含了鉴别的功能，可以防止伪造、篡改信息或冒用别人名义发送信息，以及发出或收到信件后又加以否认等情况发生。目前已经有多种方法可用于数字签名函数。

数字签名有多种分类方式：

（1）按照数学难题，数字签名可以分为基于离散对数问题的签名方案和基于素因子分解问题的签名方案。比如EIGamal和DSA签名方案即为基于离散对数问题，而RSA数字签名方案则基于素因子分解问题。将离散对数和素因子分解结合起来，又可以产生同时基于离散对数和素因子分解问题的数字签名方案，即只有离散对数和素因子分解同时可解时，这种数字签名方案才不安全，因此，该签名方案具有较高的安全性。

（2）按照签名用户，可分为单个用户签名和多个用户签名方案。

（3）按照数字签名的实现，可分为直接和需仲裁的数字签名等。

下面详细介绍直接数字签名和需仲裁的数字签名的基本原理。

1. 直接数字签名

直接数字签名只涉及通信双方。发送方用自己的私钥加密整个报文，或加密报文的MAC值对报文签名。签名后，对整个报文和签名用接收方的公钥或用双方共享的密钥（对称加密）再次进行加密。这样就可以在提供签名的同时保证通信的机密性。值得注意的是两次加密的次序，为了保护签名信息，通常先执行签名函数再执行外部加密函数。

各种直接数字签名方案的有效性都是依赖于发送方私钥的安全性。如果发送方在发送某信息后想抵赖，他可以声称其私钥被盗或已遗失，可能有人伪造了他的签名。当然也可能某个私钥真的被盗了，攻击者就可以用它并加上有效的时间戳伪造报文。

2. 需仲裁的数字签名

直接数字签名存在的问题可以通过需仲裁的数字签名来解决。需仲裁的数字签名方案的实施过程通常为：A 发给 B 的签名报文（用 A 和 T 的会话密钥对签名加密）首先送到仲裁者 T 处，由 T 对报文及 A 的签名进行验证，然后 T 注明报文日期，加上一个报文已经过仲裁属实的说明后发给 B 。这样，A 就不能否认发送过该报文。

这种方法的关键是通信方必须充分信任仲裁。需仲裁的数字签名既可以通过对称加密技术实现，也可以通过公开密钥加密技术实现。

对称密钥技术实现需仲裁的数字签名有两种方案：

方案一的特点是仲裁 T 能看到发送的报文。发送方 A 与仲裁 T 共享一个密钥K_{AT}，接收方 B 与 T 共享一个密钥K_{BT}。其过程如下：

（1）A 生成报文M，并计算报文的散列值H（M）。

（2）由 A 的标识符ID_A和H（M）组成 A 的签名。

（3）签名由密钥K_{AT}加密。

（4）A 将报文M和签名传给 T 。

（5）T 用K_{AT}解密收到签名，并验证其中的散列值是否符合报文的有效散列值。

（6）T 用K_{BT}加密一个给 B 的报文，包括 A 的标识符ID_A、A 发出的报文M 、A 的签名和时间戳。

（7）B 用K_{BT}解密收到的报文，恢复并存贮报文M 和 A 的签名。

（8）发生争执时，B 将收到的包括 A 的标识符ID_A、A 发出的报文M 、A 的签名和时间戳的报文用K_{BT}加密后传给 T；由仲裁用K_{BT}解密恢复出ID_A、M 和签名，然后用K_{AT}解密签名并验证其中的散列值。

方案二中，仲裁 T 不能看到发送的报文，在提供仲裁的同时确保了机密性。除了K_{AT}和K_{BT}，发送方 A 与接收方 B 还共享一个密钥K_{AB}。其过程如下：

（1）A 用K_{AB}加密报文M。

（2）A 计算报文的散列值H（E_{AB}（M））。

（3）由 A 的标识符ID_A和H（E_{AB}（M））组成 A 的签名。

（4）签名由密钥K_{AT}加密。

（5）A 将报文M和签名传给 T 。

（6）T 用K_{AT}解密收到签名，并验证其中的散列值是否符合报文的有效散列值（此时，T面对的是密文）。

（7）T 用K_{BT}加密一个给 B 的报文，包括 A 的标识符ID_A、A 发出的报文M 、A 的签名和时间戳。

（8）B 用K_{BT}解密收到的报文，再用K_{AB}解密报文M。

（9）发生争执时，B将收到的包括A的标识符ID_A、A发出的报文M、A的签名和时间戳的报文用K_{BT}加密后传给T；由仲裁用K_{BT}解密恢复出ID_A、M和签名，然后用K_{AT}解密签名并验证其中的散列值。

这两种对称加密技术实现需仲裁的数字签名存在一个共同的问题：仲裁可以和发送方联合否认一个签名的报文，或者和接收方联合来伪造发送方的签名。非对称加密技术可以解决这个问题。

公开密钥技术实现需仲裁的数字签名的优点是通信前各方没有共享任何信息，从而防止发生联合欺骗。其过程如下：

（1）A对报文M进行两次加密，先用私钥K_{RA}，再用B的公钥K_{UB}，得到一个有签名的机密报文。

（2）再用K_{RA}加密ID_A和签名的报文，连同ID_A发给T。

（3）T能对外层加密进行解密，确信报文一定来自A（因为只有A拥有K_{RA}），但T不能解密内部经双重加密的报文。

（4）T给加密报文加上时间戳，并用自己私钥K_{RT}加密，然后发送给B。

（5）B用T公钥K_{UT}解密，得到ID_A、双重加密的报文和时间戳；再用B私钥K_{RB}和A公钥K_{UA}恢复报文M。

从上述过程可见，A发给B的报文内容对T和其他任何人都是保密的。

前面的各种数字签名方案都属于常规的数字签名方案，它们具有以下特点：

（1）签名者知道所签署的报文的内容。

（2）任何人只要知道签名者的公开密钥，就可以在任何时间验证签名的真实性，不需要签名者“同意”。

（3）具有基于某种单向函数运算的安全性。

但在实际应用中，为了适应各种不同的需求，可能要放宽或加强上述特征中的一个或几个，甚至添上其他安全性特征。下面是几种专用数字签名方案。

（1）带有时间戳的签名方案

带有时间戳的签名方案（Digital Timestamping System，DTS），将不可篡改的时间信息纳入数字签名方案。在很多情况中，人们需要证明某个文件在某个时期存在。如版权或专利争端即是谁有对工作的最早的副本，谁就将赢得官司。对于纸上的文件，公证人可以对文件签名，律师可以保存副本。如果产生了争端，公证人或律师可以证明某封信产生于某个时间。而数字世界中，事情要复杂得多。数字文件可以无休止地复制和修改而无人发现。在计算机文件上改变日期标记是轻而易举的事，没有人在看到数字文件后能确定其创建的日期。

因此，带有时间戳的签名方案应该具有下列三条性质：

①数据本身必须有时间标记，而不用考虑它所用的物理媒介。

②不存在改变文件的1个比特而文件却没有明显变化。

③不可能用不同于当前日期和时间的日期和时间来标记文件。

实现这个方案需要仲裁 T 提供可信的时间标记服务，例如，A 希望对文件加上时间戳，则：

① A 产生文件的单向Hash值；

② A 将Hash值传送给 T；

③ T 将收到Hash值的日期和时间附在Hash值后，并对结果进行数字签名；

④ T 将签名的Hash值和时间戳送回给 A。

其中，A 只需要发送文件的Hash值，文件内容是保密的；T 也不用存储文件的副本甚至Hash值，因此不需要大量存储。A可以立即检查收到的对时间戳和Hash值的签名，可以发现在传送过程中的任何错误。唯一的问题是 A 和 T 可以合谋产生他们想要的任何时间戳。

一种解决的方法是将 A 的时间戳同 T 以前产生的时间戳链接起来。这些时间戳可能是为其他人产生的，由于T无法预知所接收的不同时间戳的顺序，A的时间戳一定发生在前一个请求的时间戳后及后一个请求的时间戳之前。

如果有人对A的时间戳提出疑问，只要同A前后文件的发起者接触即可。如果对前后文件也有疑问，还可以依次类推，逐步向A的前后n个用户求证，每个人都能够表明他们的文件是在先来的文件之后和后来的文件之前打上时间戳的。这将使A和T很难合谋伪造一文件的时间戳，因为这需要T能预先知道在A的文件之前是哪个文件的请求。即使他伪造了那个文件，也得知道在那个文件前来的是什么文件的请求，等等。由于时间戳必须嵌入到马上发布的后一文件的时间戳中，并且那个文件也已经发布了，所以T不可能倒填文件的日期。

（2）盲签名方案

盲签名方案（Blind Signature Scheme）基于这样的考虑：A有报文m要求B签署，但不能让B知道关于报文m的任何一点信息。

设（n，e）是B的公钥，（n，d）是B的私钥。盲签名方案的工作过程如下：

①A用其安全通信软件生成一个与n互质的随机数r。

②A用m和r计算m’并以（n，e）加密发送给B，这样，B收到的是被r所“遮蔽”

的m值，即m’，他不可能从m’中获取关于m的信息。

③B发回签名值用私钥（n，d）加密成s’。

④A对收到的s’用B的公钥（n，e）解密，得到了真正的来自B的对m的签名s。

可见，运用盲签名方案，A无法代替或冒充B的签名，而B则不知道他自己所签署的报文的真实内容。

在电子商务和其他的网络安全通信的应用中，盲签名方案都有实用价值。例如，在网上购买商品或服务，通过银行向供应商付款，顾客发出包含有其银行账号等重要信息的付款报文，在收款者签名后才能生效，但顾客账号信息不希望泄露给签名者。这时使用盲签名方案将是比较好的选择。

（3）代理签名

代理签名（Agent Signature Scheme）是指用户由于某种原因指定某个代理代替自己签名。例如，A处长需要出差，而这些地方不能很好地访问计算机网络。A希望接收一些重要的电子邮件，并指示其秘书B作相应的回信。A在不把其私钥给B的情况下，请B代理。代理签名具有以下特性：

①任何人都可区别代理签名和正常的签名。

②不可伪造性。只有原始签名者和指定的代理签名者能够产生有效的代理签名。

③可检测性。代理签名者必须创建一个能被检测到是代理签名的有效代理签名。

④可验证性。从代理签名中，验证者能够相信原始的签名者认同了这份签名消息。

⑤可识别性。原始签名者能够从代理签名中识别代理签名者的身份。

⑥不可否认性。代理签名者不能否认由他建立且被认可的代理签名。

（4）团体签名

团体签名又称小组签名方案（Group Signature Scheme）。一个小组中的任一成员都可以签署文件，验证者可以确认签名来自该小组，但不知道是小组的哪一名成员签署了文件。但在出现争议时，签名能够被打开，以揭示签名者的身份。例如：一个公司有几台计算机，每台都连在局域网上。公司的每个部门有它自己的打印机（也连在局域网上），只有本部门的人员才被允许使用他们部门的打印机。因此，打印前，必须使打印机确信用户是该部门的。同时，公司不想暴露用户的姓名。然而，如果有人在当天结束时发现打印机用得太频繁，主管者必须能够找出是谁滥用了那台打印机，并给他一个账单。

团体签名的原理为：

①仲裁者生成一大批公开密钥/私钥对，并且给团体内每个成员一个不同的唯一私钥表。在任何表中密钥都是不同的（如果团体内有n个成员，每个成员得到m个密钥对，那么总共有n×m个密钥对）；

②仲裁者以随机顺序公开该团体所用的公开密钥组表，并保持各个密钥属主的秘密记录；

③当团体内成员想对一个文件签名时，他从自己的密钥表中随机选取一个密钥；

④当有人想验证签名是否属于该团体时，只需查找对应公钥组表并验证签名；

⑤当争议发生时，仲裁者知道该公钥对应于哪个成员。

这个协议的问题在于需要可信的一方（仲裁者），而且，m必须足够长，以避免试图分析出每个成员用的哪些密钥。

（5）不可否认签名方案

不可否认签名方案（Undeniable Signature Scheme）是在签名和验证之外添上“抵赖协议”（Disavowal Protocol），即仅在得到签名者的许可号后才能进行验证。不可否认的签名有许多应用，在很多情况中，人们不希望任何人都能够验证其签名，也不希望个人通信被媒体核实、展示，或者甚至在事情已经改变后被验证。如果对其出售的是信息签名，就不希望没有付钱的人能够验证它的真实性。控制谁可以验证签名是保护个人隐私的一种方法。最好的解决方案是数字签名能够被证明是有效的，但没有签名者的同意，接收者不能把它给第三方看。

例如，某软件公司发布一个软件，为了确信软件中不带病毒，每个拷贝中包括一个数字签名。然而，他们只想软件的合法买主能够验证数字签名，盗版者则不能。同时，如果软件拷贝中发现有病毒，软件公司应该不可能否认一个有效的数字签名。

不可否认签名适合于这类任务。不可否认签名依赖于签名的文件和签名者的私钥，但不可否认签名没有得到签名者同意就不能被验证。不可否认签名的基本思想为：

①A向B出示一个签名。

②B产生一个随机数并送给A。

③A利用随机数和其私钥进行计算，将计算结果送给B。A能计算该签名是否是自己的有效签名。

④B确认这个结果。

⑤B给A的数字是随机数，而C不知道该随机数，所以C不能相信B是否真的拿到了A的签名。尽管B可以很容易完成上述过程，然后将结果出示给C，但他却不能让C确

信A的签名是有效的。只有在C与A本人完成协议后才能确信A的签名是有效的。不可否认签名把签名者与消息之间的关系和签名者与签名之间的关系分开。在这种签名方案中，任何人能够验证签名者实际产生的签名，但签名者的合作者还需要验证该消息的签名是有效的。

（6）指定的确认者签名

指定的确认者签名（Designated Confirmer Signature Scheme），由某个指定的人员自行验证签名的真实性，其他任何人除非得到该指定人员或签名者的帮助，否则不能验证签名。

例如，A公司销售软件的生意非常兴隆，事实上，A用于验证不可抵赖签名的时间比编写新的功能部件的时间更多。他很希望有一种办法可以在公司中指定一个特殊的人负责对整个公司的签名验证。公司的任何程序员能够用不可抵赖协议对文件签名，但是所有的验证都由C处理。

这时，用指定的确认人签名是一种可行的方案。A能够对文件签名，而B相信签名是有效的，但他不能使第三方相信。同时，A能够指定C作为其签名后的确认人，甚至事先不需要得到C的同意，只需要C的公开密钥。

指定确认人签名是标准的数字签名和不可抵赖签名的折中。有些场合A可能想要限制能验证他的签名的人。另一方面，如果A完全控制签名的验证则破坏了签名的可验证性：A可能在确认或否认方面拒绝合作，可能声称用于确认或否认的密钥丢失了，或者可能正好身份不明。指定的确认人签名让A既能保护不可抵赖签名又不能滥用这种保护。

指定确认者签名方案有各种应用方式，如C能够把自己作为公证人公开，在一些地方的一些目录中发布自己的公开密钥，人们能够指定他作为他们签名的确认人。C可能是版权事务所、政府机构等。这个方案允许组织机构把签署文件的人同帮助验证签名的人分开。

数字签名的应用面非常广，凡是需要对用户的身份进行判断的情况都可以使用数字签名，如加密信件、商务信函、订货购买商品、远程金融交易、自动模式处理等。

但是，数字签名的引入也带来了新问题：

①需要立法机构对数字签名技术有足够的重视，并且在立法上予以支持。

②要求数字签名软件具有很高的普及性。

③假设某人发送信息后脱离了某个组织，被取消了原有数字签名的权限，以往发送的数字签名在鉴定时只能在取消确认列表中找到原有确认信息，这就需要鉴定中心

结合时间信息进行鉴定。

④基础设施（鉴定中心、在线存取数据库等）的费用问题如何解决，如，是采用公共资金还是在使用期内向用户收费？

只有这些问题得到较好的解决，数字签名技术才会在网络通信和电子商务领域发挥应有的作用。

10.3 公钥基础设施PKI

公钥基础设施PKI（Public Key Infrastructure）是利用公钥理论和技术建立的提供信息安全服务的基础设施。公钥体制是目前应用最广泛的一种加密体制，可以提供网络中信息安全的全面解决方案。众所周知，构建密码服务系统的核心内容是如何实现密钥管理，公钥体制涉及一对密钥，即私钥和公钥，私钥只由持有者秘密掌握，不需在网上传送，而公钥是公开的，需要在网上传送，故公钥体制的密钥管理主要是公钥的管理问题。PKI为公钥的管理提供了一套安全有效的机制。

10.3.1 数字证书

在PKI中，通过认证中心CA（Certificate Authority）和“数字证书”来确认声称拥有公共密钥的人的真正身份。

数字证书是一个经证书认证中心CA数字签名的包含公开密钥拥有者信息以及公开密钥的文件。

认证中心CA作为权威的、可信赖的、公正的第三方机构，专门负责为各种认证需求提供数字证书服务。认证中心颁发的数字证书均遵循X.509v3标准。X.509标准在编排公共密钥密码格式方面已被广为接受。X.509证书已应用于许多网络安全协议，其中包括IPsec、SSL、SET、S/MIME。数字证书的格式在ITU（国际电信联盟）制定的X.509v3里定义，其中包括证书申请者的信息和发放证书CA的信息。证书各部分的含义如表10.1所示。

表10.1　数字证书的主要内容

域	含义
Version	证书版本号，不同版本的证书格式不同
Serial Number	序列号，同一身份认证机构签发的证书序列号惟一
Algorithm Identifier	签名算法，包括必要的参数
Issuer	身份认证机构的标识信息

续表

域	含义
Period of Validity	有效期
Subject	证书持有人的标识信息
Subject's Public Key	证书持有人的公钥
Signature	身份认证机构对证书的签名

CA的信息包含发行证书CA的签名和用来生成数字签名的签名算法，任何人收到证书后都能使用签名算法来验证证书是否是由CA的签名密钥签发的。

任何想发放自己公钥的用户，都可以去认证中心申请自己的证书。CA中心在认证该人的真实身份后，颁发包含用户公钥的数字证书。其他用户只要能验证证书是真实的，并且信任颁发证书的CA，就可以确认用户的公钥。

10.3.2 PKI的组成

PKI是一种遵循标准的密钥管理平台，它能够为所有网络应用提供透明的采用加密和数字签名等密码服务所必需的密钥和证书管理。PKI必须具有的基本成分包括认证机关（CA）、证书库、密钥备份及恢复系统、证书作废处理系统、PKI应用接口系统等。

1. 认证机关

CA是证书的签发机构，它是PKI的核心。在公钥体制的网络环境中，必须有一个可信的机构来对任何一个主体的公钥进行公证，证明主体的身份以及他与公钥的匹配关系，从而使公钥的使用者能确信公钥的真实合法性。CA正是这样的机构，它的职责归纳起来有：

（1）验证并标识证书申请者的身份。

（2）确保CA用于签名证书的非对称密钥的质量。

（3）确保整个签证过程的安全性，确保签名私钥的安全性。

（4）证书材料信息（包括公钥证书序列号、CA标识等）的管理。

（5）确定并检查证书的有效期限。

（6）确保证书主体标识的唯一性，防止重名。

（7）发布并维护作废证书表。

（8）向申请人发通知。

其中最为重要的是CA自己的一对密钥的管理，它必须确保高度的机密性，防止他方伪造证书。CA的公钥在网上公开，整个网络系统必须保证完整性。

用户的公钥可有两种产生方式：一是用户自己生成密钥对，然后将其以安全的方式传送给CA，该过程必须保证用户公钥的可验证性和完整性；二是CA替用户生成密钥对，然后将其以安全的方式传送给用户，该过程必须确保密钥对的机密性、完整性和可验证性。

用户A可以通过两种方式获取用户B的证书和公钥，一种是由B将证书随同发送的正文信息一起传送给A；另一种是所有的证书集中存放于一个证书库中，用户A可以从该地点取得B的证书。

2. 证书库

证书库是证书的集中存放地，它与网上“白页”类似，是网上的一种公共信息库，用户可以从此处获得其他用户的证书和公钥。构造证书库的最佳方法是采用支持LDAP协议的目录系统，用户或相关的应用通过LDAP来访问证书库。系统必须确保证书库的完整性，防止伪造、篡改证书。

3. 密钥备份及恢复系统

如果用户丢失了用于解密数据的密钥，则密文数据将无法被解密造成数据丢失。为避免这种情况出现，PKI应该提供备份与恢复解密密钥的机制。

密钥的备份与恢复应该由可信的机构来完成，例如CA可以充当这一角色。值得强调的是，密钥备份与恢复只能针对解密密钥，签名私钥不能作备份。

4. 证书作废处理系统

证书作废处理系统是PKI的一个重要组件。同日常生活中的各种证件一样，证书在CA为其签署的有效期内也可能需要作废。例如，A公司的职员a辞职离开公司，这就需要终止a证书的生命期。为实现这一点，PKI必须提供作废证书的一系列机制。作废证书有如下三种策略：

（1）作废一个或多个主体的证书。

（2）作废由某一对密钥签发的所有证书。

（3）作废由某CA签发的所有证书。

作废证书一般通过将证书列入作废证书表CRL（Certificate Revocation List）来完成。通常，系统中由CA负责创建并维护一张及时更新的CRL，而由用户在验证证书时负责检查该证书是否在CRL之列。CRL一般存放在目录系统中。

证书的作废处理必须在安全及可验证的情况下进行，系统还必须保证CRL的完整性。

5. PKI应用接口系统

PKI的价值在于使用户能够方便地使用加密、数字签名等安全服务，因此一个完整的PKI必须提供良好应用接口系统，使得各种各样的应用能够以安全、一致、可信的方式与PKI交互，确保所建立起来的网络环境的可信性，同时降低管理维护成本。

为了向应用系统屏蔽密钥管理的细节，PKI应用接口系统需要实现如下功能：

（1）完成证书的验证工作，为所有应用以一致、可信的方式使用公钥证书提供支持。

（2）以安全、一致的方式与PKI的密钥备份与恢复系统交互，为应用提供统一的密钥备份与恢复支持。

（3）在所有应用系统中，确保用户的签名私钥始终只在用户本人的控制之下，阻止备份签名私钥的行为。

（4）根据安全策略自动为用户更换密钥，实现密钥更换的自动、透明与一致。

（5）为方便用户访问加密的历史数据，向应用提供历史密钥的安全管理服务。

（6）为所有应用访问统一的公用证书库提供支持。

（7）以可信、一致的方式与证书作废系统交互，向所有应用提供统一的证书作废处理服务。

（8）完成交叉证书的验证工作，为所有应用提供统一模式的交叉验证支持。

（9）支持各种密钥存放介质，包括IC卡、PC卡、安全文件等。

（10）PKI的应用接口系统应该是跨平台的。

10.3.3 PKI的产品、应用现状和前景

目前世界上最权威的认证机构是美国的VeriSign公司。VeriSign成立于1995年4月，是全球数字信任服务的主要提供商。它提供四种核心服务：网络服务、安全服务、支持服务以及电子交流服务，目的是创造一个诚信的环境，让企业和用户能够互相信任地进行商业往来和交流。其他处于领先地位的还有Entrust、Baltimore Technologies、RSA等公司的PKI产品。

国内的CA大致可以分为三类：大行业或政府部门建立的CA、地方政府授权建立的CA、商业性CA。

1. 大行业或政府部门建立的CA

如中国金融认证中心CFCA和中国电信安全认证系统CTCA。中国金融认证中心CFCA由中国人民银行牵头，工行、农行、建行、中国银行等共13家商业银行联合建设，是由银行信息交换中心承建，专门负责为金融业的各种认证需求提供证书服务的认证机构。建立了SET和Non-SET两套系统，SET证书分为持卡人证书、商户证书、支付网关证书，Non-SET证书则按照企业和个人分别设置高级证书和普通证书及服务器

证书。

中国电信安全认证系统CTCA是1999年8月成立的首家被允许在公网上运营的CA安全认证系统，目前已基本覆盖了全国的CA安全认证体系，并与银行、证券、民航、工商、税务等多个行业联合开发出了网上安全支付系统、电子缴费系统、电子银行系统、电子证券系统、安全电子邮件系统、电子订票系统、网上购物系统、网上报税等一系列电子商务应用系统。

2. 地方政府授权建立的CA

主要为各个省市自治区自行建立的CA机构。如：上海市电子商务安全证书管理有限公司SHACA、北京数字证书认证中心BJCA、广东省电子商务认证中心CNCA、海南省电子商务认证中心等。

3. 商业性CA

具有代表性的是北京天威诚信电子商务服务有限公司，该公司成立于2000年9月，是经信息产业部批准的第一家开展商业PKI/CA试点工作的企业。天威诚信采用了国际上先进的、商业化的运作模式，使用户可与国际接轨。并且，将服务收费与客户保险赔付机制结合起来，以商业利益为基础建立诚信度，将用户承担的风险降到最低。天威诚信是Verisign在中国的合作伙伴，不仅建立了中国国内的信任网络（China Trust Network），并同Verisign信任网络结合，形成了全球信任网络（Global Trust Network）。

目前国内的CA不是简单地卖证书，而是更多地为客户提供不同领域的解决方案，以及开发一些相关的安全系统。在技术上，也考虑了与国际标准一致的结构。此外，针对大家普遍关心的CA互通问题，也建立了一些有一定规模的CA联合体。

但同时国内CA体系也存在一些问题。目前存在的问题有：

（1）已经在行业或者局部实现了互通，但在全国范围内并没有实现真正的联合。CFCA、CTCA都在自己的行业里建立起一个遍及全国的体系，为行业中的交易提供身份验证和信息安全服务。另外如SHECA和CNCA也牵头建立了跨地区的CA联合，从某种程度上缓解了交叉认证的难题。但这些行业和地区的CA联合却没有在彼此之间实现互通。而且，这些CA的联合中没有一个CA可以称为真正意义上的根CA，它们或者是同样需要身份验证的CA，或者是行业里的权威机构，没有一个是与两方没有任何利益牵连的公正的第三方，违背了建立CA的公正性的初衷。

（2）CA的管理混乱，上级部门太多。CA建立的批准者有信息管理部门，有密码委员会，还有政府部门和大的行业主管部门。缺乏统一的管理。

（3）技术多为引进，仅有少数为自主开发。虽然多数CA宣称其技术为自行开发，但实际的核心技术多为引进或者是和国外知名的CA合作，在此基础上再开发自己的产品。过分依赖国外技术对我国CA的长远发展和电子商务的真正安全是不利的。

互联网的安全应用已经离不开PKI技术的支持，中国作为一个网络发展大国，发展自己的PKI技术并完善CA的管理体系不仅很有必要，而且是非常迫切的。

10.4 常用交易安全协议

10.4.1 电子邮件安全协议

电子邮件已经成为电子商务活动及我们日常生活中不可缺少的一部分，但它在带给我们方便和快捷的同时，也存在一些安全问题。Internet上传送的电子邮件就像现实世界中的明信片。每个人都可以查看上面的内容，而且电子邮件的发信人不知道一封邮件是经过了哪些中转站才到达目的地。常见的安全问题有：

（1）垃圾邮件：垃圾邮件包括广告邮件、骚扰邮件、连锁邮件、反动邮件等，垃圾邮件会增加网络负荷，影响网络传输速度，占用邮件服务器空间。针对垃圾邮件的发送者，不少国家或邮件服务提供者都有一些相应的措施和惩罚规定。一部分邮件服务提供者在对外接口处设置了垃圾邮件过滤器。

（2）诈骗邮件：通常指那些带有恶意的欺诈性邮件。例如，冒充银行索取用户的信用卡账号。利用电子邮件的快速、便宜，发信人能迅速使大量受害者上当。

（3）邮件炸弹：指短时间内向同一信箱发送大量电子邮件的行为。一个信箱的空间通常是有限的，在有限的空间中装入过多的邮件，会使得信箱空间无法承受，最终崩溃。

（4）邮件病毒：通过电子邮件传播的病毒通常采用附件的形式夹带在电子邮件中。当收信人打开附件后，病毒会查询他的通讯簿，给其上所有或部分人发信，并将自身放入附件中，以此方式继续传播扩散。有些病毒除了自身传播外，还会删除收信人计算机上的文件。由于借助Internet，这类病毒传播速度非常快。

（5）未加密的信息在传输中被截获、偷看或篡改，等等。

要保证电子邮件内容的安全，应解决以下问题：

（1）发送者身份认证。如何证明电子邮件内容的发送者就是电子邮件中所声称的发送者。

（2）不可否认。发送者一旦发送了某封邮件，他就无法否认这封邮件是他发送的。

（3）邮件的完整性。保证电子邮件的内容不被破坏和篡改。

（4）邮件的保密性。防止电子邮件内容的泄露问题。

解决以上电子邮件安全问题可以从三个方面入手：

（1）端到端的安全电子邮件技术。使得邮件从被发出到被接收过程中内容保密、无法修改、不可否认。目前有两套成型的端到端的安全电子邮件标准：PGP和S/MIME。

（2）传输层的安全电子邮件技术。端到端的安全电子邮件技术一般只对信体加密和签名，信头则由于邮件传输中寻址和路由的需要须保持原封不动。传输层技术可以为信头提供保密。目前主要有两种方式实现电子邮件在传输过程中的安全，一种是利用SSL SMTP和SSL POP，一种是利用VPN或者其他的IP通道技术，将所有TCP/IP传输封装起来。

（3）邮件服务器的安全与可靠性。对邮件服务器的攻击由来已久，目前攻击主要分为网络入侵（network intrusion）和拒绝服务（denial of service）两种。

目前主流的电子邮件安全协议主要有两种：PGP和S/MIME。

1. PGP

PGP（Pretty Good Privacy，完善保密）是一种长期在学术界和技术界都得到广泛使用的安全邮件标准。其最早版本PGP 1.0于1991年在美国发布，并在其后不断改进并推出了多个新的版本，目前最新已到PGP 10.0版。PGP软件包括免费版本和商业版本两种类型，可以在多种硬件平台上使用。使用的简易性是其应用广泛的原因之一。

PGP中公钥本身的权威性可以由第三方、特别是收信人所熟悉或信任的第三方进行签名认证，没有统一的集中的机构进行公钥/私钥的签发。在PGP体系中，任意两方之间都是对等的，整个信任关系构成网状结构，即所谓的Web of Trust。而且PGP工作时不需要有复杂的基础结构。

PGP可为电子邮件提供的安全功能有：保密性、信息来源证明、信息完整性、信息来源的无法否认性。

PGP是RSA和对称加密的杂合算法。首先用一个随机生成的密钥（每次加密不同）及IDEA算法对明文加密，然后用RSA算法对该密钥加密。收信人同样是用RSA解密这个随机密钥，再用IDEA解密邮件明文。这种链式加密方式既有RSA体系的保密性，又有用IDEA算法的快捷性。

PGP把压缩同签名和加密组合在一起，压缩发生在创建签名之后、进行加密之前。使用Pkzip算法（Pkzip算法是公认的压缩率和压缩速度都相当好的压缩算法），使得密文更短，节省网络传输时间，同时多经过一次变换，抵御攻击的能力更强。

PGP每次加密的实际密钥需要一个随机数，而计算机是无法产生真正的随机数的。PGP程序从用户敲击键盘的时间间隔上取得其随机数种子。同时对硬盘上的randseed.bin文件采用和邮件同样强度的加密，从而可以有效地防止他人从randseed.bin文件中分析出加密实际密钥的规律。

PGP是将对信息的核查过程（数字签名）放在加密过程之前。收信人只有能准确地对信息解密后才能核实数字签名。信息的发信人是被加密过程掩盖着的。反过来做也很容易，但这样做可以使通信线路分析更加困难。

PGP加密算法对于密钥的管理办法是：为了避免任何人有篡改公钥的机会，使用户确信所拿到的公钥属于它看上去属于的那个人。对于分散的人们，PGP更赞成使用私人方式的公钥介绍机制，这样的非官方方式更能反映出人们自然的社会交往。总之，使用任何一个公钥之前，首先要认证它。不能直接信任一个从公共渠道得来的公钥。也不要随便为别人签字认证他们的公钥。对于私钥，不存在被篡改的问题，但存在泄露的问题。RSA的私钥是一个很长的数字，用户不可能记住。PGP的办法是让用户为随机生成的RSA私钥指定一个口令，只有用户给出口令才能将私钥释放出来使用。

因此，PGP采用的是一种分散式的证明机构。每个PGP用户都是一个证明机构。A作为一个PGP用户，要对她知道是真实的钥匙给予证明。这些钥匙可以是她朋友的、同事的、或者她的亲戚的。在这些情况下，她可以起一个公证人的作用，在她知道是正确的证明上签上她的名字。PGP证明上可以有多个机构证实它的有效性。这里不存在某个每人都信任的证明机构。PGP用户依靠的是多个证明机构组成的巨大的机构网（信任网），每个机构都有一些人信任它。

2. S/MIME

S/MIME是Secure Multipurpose Internet Mail Extensions的简称，它是从PEM（Privacy Enhanced Mail）和MIME发展而来的。和PGP一样，S/MIME也是利用单项散列算法和非对称的加密体系。S/MIME与PGP的主要不同体现在：首先，S/MIME的认证机制依赖于层次结构的证书认证机构。所有下一级的组织和个人的证书由上一级的组织负责认证，最上一级的组织的证书（根证书）则依靠组织之间相互认证，整个信任关系基本是树状结构，即Tree of Trust。其次，S/MIME将信件内容加密签名后作为特殊的附件传送，证书格式采用X.509规范，但与SSL证书还有一定差异，支持的厂商相对较少。

相比较而言，S/MIME侧重于作为商业和团体使用的工业标准，而PGP倾向于提供个人电子邮件的安全。

10.4.2 安全套接层SSL

安全套接层（Secure Socket Layer，SSL）协议是一个通过Socket层（传输层）对客户和服务器之间的事务处理进行安全处理的协议，由Netscape公司设计和开发，适用于所有TCP / IP应用。.SSL通过在浏览器软件和网络服务器之间建立一条安全通道，来提高应用层协议（如HTTP、Telnet和FTP等）的安全性。该协议目前已成为实事上的工业标准。网景、微软、IBM等公司已在使用该协议。

SSL协议提供的功能包括：

（1）数据加密。

（2）信息完整性。

（3）服务器验证。

（4）可选的客户TCP / IP连接验证。

SSL中有连接和会话两个重要概念。一个SSL连接（Connection）提供一种合适类型服务的传输，它是点对点的关系。连接是暂时的，每一个连接只和一个会话（Session）关联。一个SSL会话是在客户机与服务器之间的一个关联。会话由SSL握手协议创建。会话定义了一组可供多个连接共享的加密安全系数，用以避免为每一个连接提供新的安全参数所需昂贵的代价，即一般支付协议规定只需在会话的开始才进行一次完整的握手过程，会话的其他连接可以使用第一次握手的加密算法和密钥等信息。

SSL中握手的过程为：

（1）双方开始通信之前一方先提交给另一方自己的证书。

（2）得到公开密钥的一方先验证对方的身份，然后把自己的一些信息通过该密钥加密传送至另一方，通常这些信息是与会话密钥相关的。

（3）双方通过一定的算法生成会话密钥。

（4）握手阶段结束后便开始进行数据传输。

在SSL中要求强制对服务器身份进行认证，对客户端的认证则是可选的。一个支持SSL的客户端软件通过下列步骤认证服务器的身份：

（1）从服务器传送的证书中获得相关信息。

（2）当天的时间是否在证书的合法期限内。

（3）签发证书的机关是否是客户端信任的。

（4）签发证书的公钥是否符合签发者的数字签名。

（5）证书中的服务器域名是否符合服务器自己真正的域名。

（6）服务器被验证成功，客户继续进行握手过程。

SSL同时使用对称密钥算法和公钥加密算法。前者在速度上比后者要快得多，但是后者可以实现更加方便的安全验证。为了综合利用这两种方法的优点，SSL用公开密钥加密来在客户与服务器之间交换一个进程密钥，这个密钥用来加密HTTP传输过程（包括请求和响应）。每次传输采用不同的密钥。

下面是一个基于SSL的交易实例。

例：Jack决定通过网络购买一台电脑和相关软件。他在网上在线商店Supersoft找到了需要的软件包，准备立即下载软件并进行电子支付。

首先，SSL要求服务器向浏览器出示它的证书。证书包括一个公钥，这个公钥是由一家可信证书授权机构签发的，假设在这个例子中此机构为Verisign公司。客户的浏览器能够知道服务器证书的正确性，因为大部分浏览器产品内置了一些基础公共密钥。VeriSign在Supersoft的公钥上的签名使我们知道Supersoft是一家合法的公司。

然后，浏览器中的SSL软件发给服务器一个随机产生的传输密钥，此密钥由SuperSoft的已验证过的公钥加密。由于传输密钥只能由SuperSoft对应的私有密钥来解密，这证实了该服务器属于SuperSoft。

随机产生的传输密钥是核心机密，只有客户的浏览器和Supersoft的Web服务器知道这个数字序列。在接下来的HTTP通信中，SSL采用该密钥保证数据的保密性（加密）和完整性（哈希）。这就是SSL提供的“安全连接”。

这时客户需要确认订购并输入信用卡号码。SSL使用会话密钥对这些信息进行加密。大多数在线商店在得到顾客的信用卡号码后出示收到的凭据，这是顾客已付款的有效证据。客户还可以打印屏幕上显示的已经被授权的订单，这样就可以得到这次交易的书面证据。

之后，由商家和银行之间按照传统方式进行银行清算。

通过分析可以发现基于SSL的交易存在以下问题：

（1）SSL不能使客户确信SuperSoft接收信用卡支付是得到授权的。

（2）SSL除了传输过程外不能提供任何安全保证，黑客可能通过商家服务器窃取信用卡号。

（3）为了处理信用卡支付，几乎所有的商家都要求客户输入邮件地址。要求客户出示该地址是一种防止欺诈的措施，它必须与信用卡的账单地址相符。但商店没有提供有关不得出卖该地址和不得在这次交易外使用该地址的承诺，因此顾客不能信任自己的隐私是否受到保护。

（4）SSL没有提供对浏览器用户的认证。

（5）通信过程没有数字签名，无法实现不可否认性。例如，如果Jack是一个黑客，偷了一个信用卡号，用它去购买软件，结果是商家不得不因为货物被欺诈而赔本付钱给供货方。甚至有一些狡诈的客户在购物后有可能说他根本没有实施过购物。归根结底，是因为没有签字证据。

10.4.3 SET协议

SET（Secure Electronic Transaction，安全电子交易）是一种基于消息流的应用层的协议，用于保证在公共网络上进行银行卡支付交易的安全性，能够有效地防止电子商务中的各种诈骗。

为了解决电子商务系统中信息传递的安全性问题，西方学者和企业界在这方面投入了大量的人力、物力，并于1996年提出了安全数据交换的SET、SEPP（Secure Electronic Payment Protocol，电子支付安全协议）等标准协议模式。1997年4月，以IBM、Netscape、Mastercard International、VISA以及美国数家大银行为首的一个巨大的国际合作集团联手推出了基于SET和SEPP的网络商贸系统。1997年5月31日，SET Specification Version 1.0发布，它面向B2C（Business to Consumer）模式，完全针对信用卡来制定，涵盖了信用卡在电子商务交易中的交易协定、信息保密、资料完整等各方面，并得到了各大厂商的认可和支持。

SET协议主要是为了解决用户、商家、银行之间通过信用卡支付的交易而设计，要保证支付信息的机密、支付过程的完整、商户及持卡人的合法身份以及可操作性。SET的核心技术包括公开密钥加密、数字签名、电子信封、电子安全证书等。SET能在电子交易环节上提供更大的信任度、更完整的交易信息、更高的安全性和更少受欺诈的可能性。SET协议支持B2C类型的电子商务模式，即消费者持卡在网上购物与交易。SET交易分三个阶段进行：

（1）在购买请求阶段，用户与商家确定所用支付方式的细节。

（2）在支付的认定阶段，商家会与银行核实，随着交易的进展，他们将得到付款。

（3）在受款阶段，商家向银行出示所有交易的细节，然后银行以适当方式转移货款。

如果不是使用借记卡，而直接支付现金，商家在第二阶段完成以后的任何时间都可以供货支付。第三阶段将紧接着第二阶段进行。用户只和第一阶段交易有关，银行与第二、三阶段有关，而商家与三个阶段都要发生关系。每个阶段都涉及RSA对数据的加密，以及RSA数字签名。使用SET协议，在一次交易中要完成多次加密与解密操作，故要求商家的服务器有很高的处理能力。

在SET协议中有持卡人、发卡机构、商家、银行、支付网关等角色。

（1）持卡人：通过计算机与商家交流，使用由发卡机构颁发的付款卡（如信用卡、借记卡）进行结算。在持卡人和商家的会话中，SET可以保证持卡人的个人账号信息不被泄露。

（2）发卡机构：是一个金融机构，为每一个建立了账户的顾客颁发付款卡，发卡机构根据不同品牌卡的规定和政策，保证对每一笔认证交易的付款。

（3）商家：提供商品和服务。SET可以保证持卡人个人信息的安全。接受付款卡支付的商家必须和银行有关系。

（4）清算银行：在线交易的商家在银行开立账号，并且处理支付卡的认证和支付。

（5）支付网关：可以由银行操作的将Internet上的传输数据转换为金融机构内部数据的设备，也可以由指派的第三方处理商家支付信息和顾客的支付指令。

SET交易发生的先决条件是每个持卡人（客户）必须拥有一个唯一的电子证书（数字证书），且由客户确定口令，并用这个口令对数字证书、私钥、信用卡号码及其他信息进行加密存储，这些与符合SET协议的软件一起组成了SET电子钱包。有了电子钱包后，一个成功的SET交易的标准流程如下：

（1）客户在网上商店选中商品并决定使用电子钱包付款，商家服务器上的POS软件发报文给客户的浏览器要求电子钱包付款。

（2）电子钱包提示客户输入口令后与商家服务器交换“握手”信息，确认客户、商家均为合法，初始化支付请求和支付响应。

（3）客户的电子钱包形成一个包含购买订单、支付命令（内含加密了的客户信用卡号码）的报文发送给商家。

（4）商家POS软件生成授权请求报文（内含客户的支付命令），发给收单银行的支付网关。

（5）支付网关在确认客户信用卡没有超过透支额度的情况下，向商家发送一个授权响应报文。

（6）商家向客户的电子钱包发送一个购买响应报文，交易结束，客户等待商家送货上门。

在SET的运作过程中，持卡人和商店需要向对方出示证书，完成双方的相互认证。订单由消费者以数字签名的方式进行确认，而消费者的信用卡资料则由收单银行的公钥予以加密。特约商店会收到两个加密过的资料，其中一个是订单资料，另一个是关于支付的资料。特约商店可以解密前者，但无法解密后者。特约商户将客户的资料连同自己的SET证书给收单银行，向银行请求交易授权及授权回复。收单银行则通过支付系统网关来解密，核对持卡人和商店的证书。

可以看到，在此过程中，CA扮演了系统中很重要的角色，其中证书为其核心，它提供了简单的方法来确保进行电子交易的人们能够互相信任。信用卡组织提供数字证书给发卡银行，然后发卡银行再提供证书给持卡人。同时，信用卡组织也提供数字证书给收单银行，然后收单银行再将证书发给特约商店。

因此，在SET协议中有下列证书：

持卡人证书（Cardholder Certificates）

特约商店证书（Merchant Certificate）

支付网关证书（Payment Gateway Certificates）

收单银行证书（Acquirer Certicifates）

发卡行证书（Issuer Certificates）

SET协议中的CA认证关系如图10.1所示。

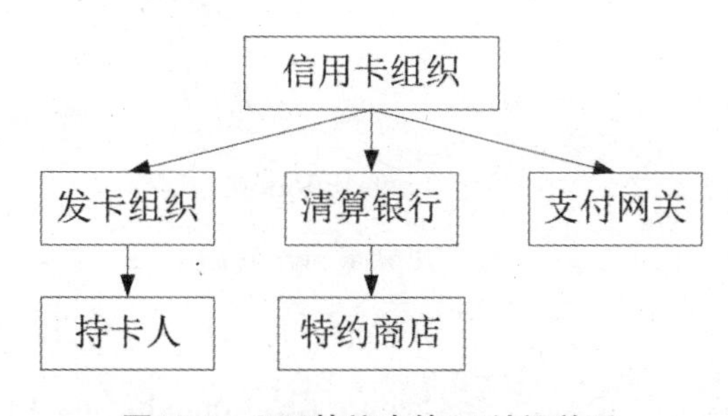

图10.1　SET协议中的CA认证关系

算法方面，SSL与SET除了都采用RSA公钥算法以外，在其他技术方面没有任何相似之处。而RSA在二者中也被用来实现不同的安全目标。功能方面，SET是一个多方的消息报文协议，它定义了银行、商家、持卡人之间必需的报文规范，而SSL只是简单地在两方之间建立了一条安全连接。SSL是面向连接的，而SET允许各方之间的报文交换不是实时的。SET报文能够在银行内部网络或者其他网络上传输，而基于SSL协议之上的支付卡系统只能与Web浏览器捆绑在一起。根据Garter Group于1998年的研究报告，SSL用于目前许多电子商务服务器，提供会话级别的安全，意味着一旦建立一个安全会话，所有通过Internet的通信都被加密。购买者可能承担以下风险：购买者不得不信任商家能够安全地保护他们的信用卡信息，无法保证商家是该支付卡的特约商户。商家则无法保证购买者就是该信用卡的合法拥有者。

SET与SSL相比具有更强的功能，但提供这些功能的前提是：SET要求在银行网络、商家服务器、顾客的PC机上安装相应的软件；SET要求必须向各方发放证书。这些成为大面积推广SET的障碍，并且使得应用SET要比SSL昂贵得多。因此，SET面临的主要批评包括SET协议过于复杂，处理速度慢，支持SET的费用较大。而SSL被广泛应用的原因是它被大部分Web浏览器和服务器所内置和支持。但SET能够有效防止电子商务中的各种诈骗。由于SET交易的低风险性以及各信用卡组织的支持，SET将在基于Internet的支付交易中占据主导地位，但其普遍应用还需假以时日。

【本章小结】

本章对电子商务领域的安全问题进行了具体的分析。首先讨论了电子邮件安全面临的问题以及解决途径，然后重点介绍了用以保障信息完整性的报文鉴别技术和用以防范交易抵赖和身份认证的数字签名技术。分别基于对称密码体制和非对称密码体制，分析各种常用数字签名方案的原理，并对数字签名和公钥基础设施PKI的国内外建设情况进行了分析。最后介绍了电子交易过程中常用的几种安全标准和协议：PGP标准、SSL协议和SET协议。

【关键术语】

散列函数	hash function
数字签名	digital signature
企业对个人电子商务	Business to Consumer，B2C
电子支付安全协议	Secure Electronic Payment Protocol，SEPP
安全电子交易	Secure Electronic Transaction，SET
安全套接层	Secure Socket Layer，SSL
完善保密	Pretty Good Privacy，PGP
作废证书表	Certificate Revocation List，CRL
认证中心	Certificate Authority，CA
公钥基础设施	Public Key Infrastructure，PKI

电子商务	Electronic Commerce，EC
电子数据交换	Electronic Data Interchange，EDI
报文鉴别码	Message Authentication Code，MAC
带有时间戳的签名方案	Digital Timestamping System，DTS
盲签名方案	blind signature scheme
代理签名	agent signature scheme
团体签名	group signature scheme
不可否认签名方案	undeniable signature scheme
指定的确认者签名	designated confirmer signature scheme

【知识链接】

http://www.verisign.com

http://www.bjca.org.cn

http://www.cnca.net

http://www.sheca.com

http://www.itrus.com.cn

http://www.cfca.com.cn

【习题】

1. 试阐述电子商务安全与计算机信息安全之间的关系。
2. SSL协议是否仅能用于电子商务应用？试说明理由。
3. 试举例说明SET协议的工作过程。

第11章　信息安全审计

【本章教学要点】

知识要点	掌握程度	相关知识
信息安全审计现状	了解	现有系统常用的审计标准、工具和方法
信息安全审计基本方法	掌握	安全审计的分类、基本方法
信息安全审计基本流程	掌握	信息安全审计的实施流程
信息安全审计项目	了解	常规信息安全审计科目构成

【本章技能要点】

技能要点	掌握程度	应用方向
常用信息安全审计工具	掌握	利用现有的平台及应用软件内置审计功能
信息安全审计方案制定	熟悉	基于审计需求分析制定审计流程和科目

【导入案例】

案例：澳大利亚联邦政府互联网安全的审计

电子政务是政府利用互联网络技术给国民、商业合作伙伴和雇员提供服务的新手段。澳大利亚政府向各联邦部门提出了使用互联网向国民提供服务的目标后，政府各部门就在提高互联网服务的范围、数量和复杂性等方面进行了努力。但随着对电子政务的依赖，也产生了信息系统及数据的保密性、真实性和可获得性等方面的风险。由于系统采用了电子支付系统，支付的安全可靠性也变得非常重要。

澳大利亚审计署就此于2001年实施了互联网安全的计划、管理及结果的审计。除了互联网的安全管理外，此次审计还覆盖了互联网安全的技术方面。因此，审计得到了国际信号委员会的协助。本次审计一共涉及了10个政府部门，其规模不一，有的将其IT管理进行了外包，有的自己管理，有静态网站也有交易型网站，其持有的数据有个人的也有机构的。本次审计主要检查各个部门的政策体系以及实施策略，同时对所选网站的防火墙、网络服务器、邮件服务器进行了详细的技术检查。由于任何一个大部门可能有多达30多个网站在12个以上的服务器上运行，审计同时也对这些子网进行了抽样检查。此次对10部门审计一共检查了53个相应的设备，而对其技术测试方面则仅局限于上述重点关注的防火墙、网络服务器和邮件服务器，并没有覆盖全部基于网络的服务。

审计署的基本审计结论是：这10个部门的安全水平差异非常大。相对于威胁环境和已经发现的漏洞而言，大部分网站现阶段的安全防卫很不充分。尽管一些部门已经对其威胁和风险进行了评估并形成了文档，但在管理方面还是显得不足。总的来说，在互联网安全方面，所有的部门和机构都存在很大的提升空间。审计之后针对10个部门共提出了124项建议，其中27项与安全证词、计划和管理系统相关，97项建议针对技术方面。而这后97项建议主要是与最佳实物比较而言的改善空间，并不绝对是薄弱环节。10个部门在收到审计建议后都表示接受，并表示会在同年12月底之前完成改善措施。

【问题讨论】

1. 信息安全审计对于信息系统有怎样的意义？

2. 安全审计前为什么要先制订审计计划、审计目标和审计范围？

3. 如何更好地利用审计结果？

11.1 信息安全审计概述

11.1.1 信息安全审计的发展现状

安全审计是一个安全的信息系统必须支持的功能特性，它记录用户使用计算机网络系统进行所有活动的过程，是提高安全性的重要工具。它不仅能够识别谁访问了系统，还能指出系统正被怎样地使用。对于确定是否有网络攻击的情况，审计信息对于确定问题和攻击源很重要。同时，系统事件的记录能够更迅速和系统地识别问题，并且它是后面阶段事故处理的重要依据，为网络犯罪行为以及泄密行为提供取证基础。另外，通过对安全事件的不断收集与积累并且加以分析，有选择性地对其中的某些站点或用户进行审计跟踪，以便对发现或可能产生的破坏性行为提供有力的证据。

国际上有相关的标准定义了信息系统的安全等级以及评价方法。美国国防部发布的TCSEC橙皮书，用于评估自动信息数据处理系统产品的安全措施的有效性，通常也被用来评估操作系统和软件系统的安全性。在TCSEC准则中定义了一些基本的安全需求，如Policy、Accountability、Assurance等。在TCSEC中定义的Accountability其实已经提出了“安全审计”的基本要求。相关的需求描述中明确指出：审计信息必须被有选择地保留和保护，与安全有关的活动能够被追溯到负责方，系统应能够选择哪些与安全有关的信息被记录，以便将审计的开销降到最小，这样可以进行有效的分析。在C2等级中，审计系统必须实现如下的功能：系统能够创建和维护审计数据，保证审计记录不能被删除、修改和非法访问。因此，一个系统是否具备审计的功能将是评价这个系统是否安全的重要尺度。

1998年，国际标准化组织（ISO）和国际电工委员会（IEC）发表了《信息技术安全性评估通用准则2.0版》，简称CC准则。在CC准则中，对网络安全审计定义了一套完整的功能，如安全审计自动响应、安全审计事件生成、安全审计分析、安全审计浏览、安全审计事件存储、安全审计事件选择等。目前的许多操作系统和入侵检测产品都借鉴了其中的一些建议。

虽然在很多国际规范以及国内对重要网络的安全规定中都将安全审计放在重要的位置，然而大部分用户对安全审计这个概念的理解都认为是“日志记录”的功能。如果仅仅是日志功能就满足安全审计的需求，那么目前绝大部分操作系统、网络设备、网管系统都有不同程度的日志功能，大多数网络系统都满足了安全审计的需求。但是实际上这些日志根本不能保障系统的安全，而且也无法满足事后的侦察和取证应用。另一部分集成商则认为，安全审计只需在各个产品的日志功能上进行一些改进即可。还有一些厂商将安全审计和入侵检测产品等同起来。因此目前对于安全审计这个概念的理解还不统一，市场上推出的安全审计产品在功能和性能上也都有很大的差异。

目前的安全审计类产品有：网络设备及防火墙日志、操作系统日志和一些网络监控软件等。这些产品都能够记录一些系统运行、软件应用和网络数据信息，但对于安全审计来说，还远远不够。

11.1.2 信息系统安全审计基本知识

信息系统安全审计是以信息系统安全体系、策略、人和流程等为对象的深入细致的检查，目的是找出信息系统安全体系中的薄弱环节并给出相应的解决方案，具体来说安全审计具有以下主要作用：

（1）对潜在的攻击者起到震慑或警告作用。

（2）对于已经发生的系统破坏行为提供有效的追究证据。

（3）提供有价值的系统使用日志，帮助管理人员及时发现系统入侵行为或潜在的系统漏洞。

（4）提供系统运行的统计日志，使管理人员能够发现系统性能上的不足或需要改进与加强的地方。

安全审计工作主要分为两大类：一种是单位自行完成的内部审计，另一种是由外部专业公司或人员完成的外部审计。内部审计的主要目的是检查内部各部门对安全制度的遵守情况，可以由一个比较正规的内部审计组织来完成，由第三方完成的审计都非常正规和深入。

由审计方负责的工作包括制定和实施审计或评估工作的流程、选择需要审计的事件、对审计记录进行复查、维护和保护审计数据、定期复查审计参数等。审计工作本身也需要保护。需要进行审计的事件主要包括：系统登录活动、文件读写活动、改变系统或网络优先级的活动。需要进行审计的对象包括敏感数据、数据的保密区域以及各种资源等。有些对象需要专门的审计，而且有些数据可能非常重要，针对它们的每一次访问都必须记录下来，包括事件的类型或者名称、事件发生的日期和时间、事件成功与否、有关的程序名称或文件名等。企图绕过系统保护机制和系统审计监控功能的攻击尝试随时都会发生，为了更有效地检测、发现和挫败来自内外两方面的这类企图，审计过程应该对与安全有关的事件进行合理的编排。审计流程需要做到以下几点：

（1）对系统用户来说是透明的。

（2）支持各种审计软件。

（3）在调整和编排有关审计事件时应是完备的和精确的。

（4）应保证与审计工作有关的文件的安全性。

信息系统安全审计工作首先需要制定出审计计划，其次需要选择相关的审计工具，如相关技术文档、安全审计软件、测试程序等，此外还需要根据审计结论给出相应的改进措施。

对于被审计方来说，首先需要全力配合安全审计人员对网络的安全措施进行测试。审计工作中所发现的一些严重的问题可能不在自己的控制范围内，而是出在外包的工作部分，因此最好在审计工作开始之前提前通知供应商，让他们参加到与他们提供的服务有关的分析讨论中来。在与安全审计机构签约时，需要考虑以下因素：

（1）一定要在合同里加上保密条款，约束对方不得泄露有关信息。另外，合同里必须写明进行本次评估的公司对它提交的报告不得保有任何权利。

（2）要求安全审计机构先提供它准备派遣的审计师的个人简历，以对他们的技术和经验有一个了解，挑选优秀的审计师来进行审计。

（3）在合同里加上知识转移条款，保证本单位员工能够研究和学习审计师所使用的方法和流程。

安全审计的基本内容分为两步。首先，检查实际工作是不是按照现有规章制度进行的。其次，对审计步骤进行调整和编排，更好地判断出安全事件的发生地点或来源。

信息系统安全审计工作要想得到成功，必须具备下面几项基本要素：

（1）计划。可能是一份正式的文件，也可能只是纲领性的几个要点。不管采取什么样的形式，在这个计划里你必须列出准备对系统的哪些方面进行评估以及你打算如何对它们进行评估。安全审计计划的细节和内容取决于希望达到的目的。一般可以把需要评估的基本项目汇总成一个基本表，如果被审计方决定提高安全强度，就再往基本表里添加一些项目。这种情况下的计划就是根据我们手中审计工具的种类和质量而得出的结果。

（2）工具。包括相关技术书籍、自己开发的或者商业化的安全审计软件、测试程序等，如口令字检查和破译工具、系统安全漏洞扫描检查工具、系统和网络保护工具。

（3）知识。审计人员不仅要能分析审计结论，还必须知道需要采取哪些相应的改进措施。

11.2 信息安全审计方法

11.2.1 信息安全审计的流程

审计工作要对安全方面的事件进行编排，这就要求它对用户的日常操作是否严格地遵守了安全规章制度进行有目的的审查。这一目的要求采取以下一些审计行动：

（1）找出用户对系统特定对象或文件的访问行为模式。

（2）评估个别使用情况的行为模式。

（3）评估网络上各种保护机制的性能水平，特别是它们的有效性。

（4）调查用户试图绕过网络保护机制的尝试性行为，特别是反复出现的尝试性行为。

（5）有效判断审计或评估工作在防止攻击者常识绕过任何网络防护机制的活动的作用。

（6）保证审计人员了解网络和系统，包括其配置和功能。

（7）掌握各个系统上审计工作的进展情况和各审计阶段之间的联系。

（8）分析网络审计工作各阶段的实际结果和预计结果之间的差异。

安全审计的基本流程如下：

（1）安排审计工作的日程，进入计划阶段。

（2）制定审计计划，收集信息和数据，了解单位网络机器员工的工作情况并形成文字，分析风险。

（3）制订审计流程。

（4）现场检查，按审计流程进行审计。

（5）撰写审计报告。

（6）分发审计报告给各有关方面。

（7）针对单位管理层的改进计划进行审查。

（8）确定改进措施并把它们写到最终报告里。

（9）提交审计结论报告和改进措施给被审计方管理层。

审计工作开始，需要设计一个审计大纲，一份完整的安全审计大纲应该包括：安全措施的管理、安全策略和制度、相关的标准和流程、技术性安全措施、对安全措施的评估、文档、事故响应、对安全措施进行测试、物理防护措施、个人因素、法律方面的考虑、安全意识、培训和教育、企业组织结构方面的因素等。

11.2.2 安全审计科目

安全审计科目可以为审计范围和计划制定提供参考。下面所列出的是一个示范性的科目清单，这个并不是完备的清单，审计单位可以根据具体情况对该科目进行增减。

1. 制度、标准

安全审计首先要对制度、标准的科目进行审查以判断单位的安全体系是不是建立在一个坚实的基础上。具体的审计项目包括：

（1）信息安全策略及规章制度。

（2）对信息进行了分类和价值评估。

（3）数据的保密性。

（4）数据的完整性。

（5）数据的重要性。

（6）数据的可审计性。

（7）对修改情况的控制（配置管理）。

（8）用户ID/口令字方面的管理措施。

（9）系统管理机构适当的权利。

（10）信息的访问控制措施。

（11）审计/监控要求。

（12）计算机平台（操作系统等）的安全标准。

（13）通信网络的安全措施。

（14）拨号访问的安全措施。

（15）突发事件响应计划。

（16）信息保密/不泄露条款。

（17）遵守软件版权/许可证中的有关规定。

（18）离职员工的“出门”检查表。

（19）其他措施。

2. 系统安全管理

这部分科目侧重于检查单位是否已经部署和明确了安全体系的有关责任，包括：是否定期进行自我安全评估、是否进行过正规的内部系统安全审计。

（1）书面形式的安全工作流程，包括：网络安全、系统安全、应用软件安全、用户管理制度、其他工作流程。

（2）以制度、流程或合同方式规定的安全责任，涉及的人员包括：员工、普通管理人员、系统管理员、系统安全管理员、内部审计人员、其他人员。

（3）各工作岗位的安全责任，涉及的人员包括：应用软件开发人员、计算机操作员、网络管理员、技术支持人员、系统管理员、其他人员。

（4）有无安全培训计划，涉及的人员包括：应用软件开发人员、计算机操作员、网络管理员、技术支持人员、系统管理员、系统安全管理员、管理层人员、顾客服务、数据录入等部门的人员。

3. 物理安全

这部分科目检查单位的系统、数据和资源是否已经从物理环境上得到了有效的保护。

（1）物理安全标志

（2）计算机设备的使用管理方法

（3）机房管理办法，包括：

①有没有机房门禁

②堵住从天花板上进入机房的通道

③堵住穿过墙体进入机房的通道

④对机房的出入口进行监视

⑤对进出机房的人员进行登记

⑥保安摄像头

⑦及时更新机房准入人员名单

⑧定期检查日期

⑨对网络布线进行适当的安全防护

⑩数据存储介质的使用管理方法

⑪敏感文件要加锁封存

⑫敏感文件有无相应的标记

⑬网络打印机的安全措施

⑭网络打印机的使用管理方法

⑮打印敏感文件时是否有人值守

⑯过期敏感文件的销毁制度

（4）保护计算机、网络设备和数据免于毁灭性的灾难（火灾、水灾、供电故障等），包括：

①防火系统

②自动烟雾报警

③各式灭火器

④供电系统的保护措施

⑤空调/加热控制措施

⑥水灾/潮湿探测装置

⑦抗静电装置

⑧员工是否熟悉紧急事态应变流程

⑨其他措施

4. 网络安全

网络安全方面的审计重点是网络节点、计算机系统及相关网络通信是否得到了正确的配置和是否对它们进行定期的审查。

（1）通信硬件设备（服务器、调制解调器、路由器、交换机、防火墙等）的使用管理办法

（2）通信硬件设备可能遭到黑客攻击的出错日志/警报

（3）制度化的配置控制措施

（4）对加密密钥的管理

（5）是否限制使用诊断工具（数据有效范围、数据包分析器、网络跟踪等）

（6）是否限制使用网络软件

（7）网络端口的保护装置

（8）身份识别/身份验证

（9）服务器的登录过程记录

（10）网络口令字的使用管理制度

5. 网络用户的身份验证

对网络用户的身份验证功能进行审计的目的有两个：一是检验数据和资源的访问操作是否得到了适当的保护，二是检验身份验证的方法是否与将要被访问的数据/资源的敏感性和重要性相匹配。

（1）改变由供应商提供的网络用户ID/口令字/密钥，包括：

①网管软件

②网络路由器等设备

③终端设备

④操作系统

⑤调试用后门

⑥应用软件产品

⑦加密密钥

（2）口令字管理（共享访问口令、每个用户独有的访问口令），包括：

①强制修改

②最小长度

③安全化远程过程调用（RPC）

④对登录过程进行加密

⑤不显示口令字输入内容

（3）对拨号访问的管理，包括：

①拨号访问是否需要批准

②只有特定用户能够使用拨号访问功能

③拨号用户只能访问特定的端口

④隐匿性拨号访问用户账户的定期复查

⑤临时用户（比如合同商）账户的自动取消

⑥拨号访问的动态回拨验证

⑦对调制解调器口令字的管理

⑧对调制解调器保护状态下的远程维护

（4）网络层的入侵检测措施，包括：

①实时入侵检测报警

②允许尝试失败的最大次数

③用户能否锁住键盘/鼠标

④定期审计/测试

⑤网络层安全日志

⑥对不寻常的登录尝试成功进行复查

6. 网络防火墙

网络防火墙是内部网络抵御外部攻击的第一道防线，这部分审计科目侧重于检查网络的边界安全措施是否合理。

（1）基于路由器的数据包过滤功能

（2）基于网关/主机的数据包过滤功能

（3）数据包过滤功能，包括：

①源地址

②目标地址

③网络服务（端口）

④协议

⑤状态分析类数据包过滤

（4）代理服务器（WWW、电子邮件等）

（5）网络服务访问情况的审计日志

（6）文件传输方面的保护措施，包括：

①用户身份验证

②加密

③对文件传输子目录进行保护

④对允许传输命令加以限制

⑤对主机资源的使用情况加以限制

7. 用户身份的识别和验证

用户身份识别方面的审计目的在于检查身份识别措施是否合理，而用户身份验证方面的审计目的在于检查对受保护数据和资源的访问控制措施是否合理。

（1）改变、禁用、或者保护由供应商提供的网络用户ID/口令字/密钥

（2）对每个账户核对其在线存储的有关资料

（3）保护/删除“guest”账户

（4）保护用户子目录/登录文件不被非授权访问

（5）用户ID要经过书面批准

（6）用户ID都有口令字或者同等措施的保护

（7）强制进行口令字修改（规定修改时间间隔）

（8）强制执行的口令字长度（规定的口令字最小长度）

（9）强制性的口令字语法规定

（10）不允许出现重复字符，包括使用检查工具（Crack、Ntcrack等）进行字典/单词表检查

（11）不允许使用以往口令字

（12）保留口令字历史记录

（13）规定最小修改频率

（14）口令字文件的保护措施，包括：

①单向加密

②访问控制

③Shadow口令字文件

④对登录过程进行加密

⑤不显示口令字输入内容

⑥登录尝试失败时的控制处理措施

⑦对登录尝试的失败次数加以限制

⑧反复尝试登录时的时间间隔

⑨用户ID的锁定

⑩终端ID的锁定

（15）保护特权用户ID不会被非法锁定

（16）对同一用户的重复性登录进行控制

（17）特殊限制措施，包括：

①通过用户菜单对访问权限加以限制

②无操作时的倒计时功能（自动进入保护状态）

③用户能否通过物理锁或软件锁锁住键盘/鼠标

（18）系统用户的终止/转移是否需要通知系统安全管理员

①正式员工

②临时员工

③临时用户（如合同商）账户的自动取消

（19）禁止被口令字保存在自动登录脚本文件里

（20）网管中心对要求重新设置口令字的用户进行验证

8. 系统完整性

系统完整性审计科目侧重于检查对安全因素比较敏感的硬件和软件的使用控制情况，检查是否有能够绕过访问控制措施的可能。

（1）硬件设备的物理使用管理办法

（2）硬件加锁保护机制

（3）禁止共享有特殊权限的用户ID

（4）调整和批准特殊权限时的书面记录

（5）保护特权用户子目录/文件不会被非授权访问

（6）供应商提供的软件介质的使用管理办法

（7）对安装软件和有关系统文件的“update”权限加以限制

（8）改变系统配置情况时要有正式授权

（9）把系统软件的定制和修改情况记录在案

（10）对软件的修改情况进行监控（比如校验和、安全日志等）

（11）对用户使用资源的级别加以限制

9. 监控和审计

监控和审计的作用是检验安全系统的工作是否正常，定期检查和跟踪与安全有关的事件。

（1）查找安全隐患的工具软件（如ISS和Qualys等）

①使用的工具

②使用的频率

（2）定期复查的项目，包括：

①隐匿用户账户

②已分配的特权

③子目录/文件的保护措施

④安全配置

⑤其他措施

（3）定期进行的安全复查，包括：

①自查

②互查

③正规的内部审计

④外部审计

⑤其他措施

（4）上机登录的安全审计日志，包括：

①失败的资源访问尝试的安全审计日志

②成功的资源访问尝试的安全审计日志

③对失败的登录尝试报告进行复查/跟踪

④对不寻常的登录尝试成功进行复查/跟踪

（5）系统安全日志，包括：

①系统开机引导审计日志

②对错误日志进行复查/跟踪

③系统故障的记录文档

④正式的事故报告

（6）安全审计日志的保护措施，包括：

①安全审计日志的留存计划（包括规定的留存期限）

②在线保护措施

③脱机档案的保护措施

④溢出保护措施

⑤安全日志只有授权用户才能够看到

10. 应用软件安全审计

应用软件安全审计的作用是把敏感数据/信息、应用软件以及进程等的访问权限限制在授权人员中。

（1）信息的归属有明确的定义

（2）对信息进行价值评估和分类

（3）标准化的安全API

（4）调整和批准特殊权限时的书面记录

（5）限制用户使用某个应用软件的措施

（6）访问应用软件资源必须有正式的书面批准

（7）对每个账户都要核对其有关资料

（8）用户身份的识别和验证

（9）各种资源都有相应的定义（读、写、执行等权限定义）

（10）定义授权用户的访问控制表（用户/资源）

（11）创建资源时自动加上缺省保护措施，涉及的对象包括：

①数据文件

②可移动存储介质

③数据库元素

④数据表

⑤视图

⑥查询

⑦应用软件的程序/库文件

⑧源代码

⑨可执行文件

⑩脚本代码

（12）对存储数据进行加密

（13）对应用软件和数据进行修改时必须有正式授权

11. 备份和突发事件计划审计

备份和突发事件计划审计能够保证单位在遭遇意外情况时还能继续维持运转，数据也能继续被访问使用。

（1）内建的冗余度/容错能力

（2）处理器冗余

（3）电源冗余

（4）磁盘镜像或双工

（5）文件表备份

（6）不间断电源（UPS）

（7）软件和数据备份流程

①全系统备份

②增量备份

③备份周期

④其他

（8）突发事件的书面计划

（9）代用通信路由

（10）代用处理站点

（11）代用设备更换协议

（12）临时办公场所

（13）临时办公设施

（14）突发事件计划/减灾恢复测试，包括：

①紧急情况联系名单

②脱机备份的准确度

③备份文件的可靠性

④UPS电源/后备电源的可靠性

⑤系统/网络的恢复

⑥应用软件的恢复

12. 工作站安全审计

（1）工作站安全审计的作用是对桌面系统的设备、数据/信息和软件等进行保护

（2）工作站安全策略和规章制度

（3）书面形式的用户安全流程

（4）电压波动抑制装置

（5）防盗装置

（6）可移动存储介质访问控制措施

（7）硬盘/固定存储装置的访问控制措施

（8）系统管理员为用户在工作站范围内设定的访问权限

（9）无操作时的倒计时自动加锁保护

（10）反病毒软件

①定期扫描

②驻留/不间断扫描

（11）Web浏览器的控制措施（如Java和ActiveX）

（12）备份/恢复软件（使用周期）

（13）书面形式的备份流程

（14）设备的紧急更换协议

（15）可移动存储介质的安全存储

（16）更换设备时，残留系统及残留介质上数据的彻底删除

（17）应用软件的文档

（18）应用软件的修改情况审计日志

（19）工作站使用情况审计日志

（20）正式的安全事件报告流程

【本章小结】

作为一种能够及时发现并报告系统是否存在非授权使用或异常现象的技术，安全审计在维护网络和信息系统的安全方面起到了非常重要的作用，安全审计效果的好坏将直接影响到能否及时和准确地发现入侵或异常。本章首先介绍了信息安全审计技术的发展现状，然后又讨论了安全审计的常用方法、基本流程和常规审计科目构成，从而给出了整个信息安全审计体系的基本概貌。

【关键术语】

信息系统审计	information system auditing
安全审计	security auditing
审计科目	auditing items
审计政策	auditing policy
系统可审计性	system accountability
安全保障	security assurance
审计流程	auditing process

【知识链接】

http://www.security-audit.com

http://www.itaudit.org

【习题】

1. 试分析信息系统安全审计与入侵检测技术的关系。

2. 简述第三方安全审计的工作流程。

第12章　计算机安全应急响应

【本章教学要点】

知识要点	掌握程度	相关知识
计算机应急响应概念	掌握	计算机应急响应相关概念基本定义和意义
计算机应急响应组织	了解	应急响应组织发展历史和国内外重要组织
应急响应体系	掌握	应急响应体系评价指标、构建方法和应急响应流程
应急响应关键技术	了解	入侵检测技术、系统备份和灾难恢复技术

【本章技能要点】

技能要点	掌握程度	应用方向
应急响应体系和计划	掌握	为信息应用组织提供基本安全保障制度
入侵检测和灾难恢复技术	了解	使用常见工具实施紧急事件响应

【导入案例】

案例：某网站服务器紧急安全事件

某网络管理员发现，连续几天在晚上18：00时左右，WEB服务器网站不能正常访问。根据客户描述的情况，将该情况定位成紧急安全事件。

经过初步分析，认为该情况产生的可能性有：（1）WEB服务未启动；（2）主机网络不通；（3）蠕虫病毒；（4）受到拒绝服务攻击；（5）防火墙策略更改；（6）其他原因。

随后，管理员到达用户现场进行分析，首先在事件重现前部署监控工具以进行流量分析、协议分析等。根据初步检查与分析，WEB服务器配置正常，主机cpu内存以及网络连接数都正常，初步断定是网络问题。

然后，在客户网络环境中，在局域网上架设一台sniffer的主机，网关路由器上配置netflow收集数据包，架设一台netflow服务器收集数据。与上一级接口路由器管理员取得联系，在次日18：00事件可能发生前，做好准备工作。同时对客户的物理环境进行测试，一切正常，排除链路网络质量问题。

次日在同一时间，现象重现，对数据包进行简单分析，排除病毒可能，根据流量分析，局域网流量并不是特别大，网关处流量非常大，基本排除内部向外发起攻击可能。从内网访问服务器正常，以及根据数据包的类型判断，基本排除主机或WEB服务的漏洞攻击可能。

对收集到的数据包的包头进行分析，存在大量的tcp syn包，udp包以及少量icmp包，和未知ip包等。在路由器各端口上查看流量来源，或使用流量分析工具。分析数据包的特征，确定大部分数据包的来源。逐级往上，寻找部分具有相同特征的数据包来源，并与该级相关网络管理员取得联系。

最后，初步定位到有部分相同特征的攻击数据包来源于某托管机房。与此托管机房取得联系，协调关系，得到相关的配合。不同的部门、企业或公司，需要不同的部门进行协调。在此机房内定位到两台主机设备大量向外发送数据包。根据两台主机服务器的特征确定，此服务器是被控制的僵尸主机。定位到与该主机连接的地址来源，确定为一ADSL用户。与该ADSL用户的ISP取得联系。

同时根据用户需求，如果需要进一步处理，将得到的相关证据和事件过程向公安部门报案。

【问题讨论】

1. 试简单分析计算机安全事件应急响应的基本流程。
2. 应急响应对于系统安全具有怎样的意义？
3. 信息系统管理单位如何做好应急响应工作？

12.1 计算机安全应急响应概述

12.1.1 应急响应的概念

应急响应（Emergency Response）通常是指人们为了应对各种紧急事件的发生所做的准备及在事件发生后所采取的措施。

紧急事件是应急响应的对象，在信息安全应急响应领域，安全紧急事件一定属于安全事件范畴。安全事件通常指破坏或企图破坏信息系统的机密性、完整性和可用性的行为事件。例如：

（1）破坏机密性的安全事件：入侵系统并窃取信息、搭线窃听、远程探测网络拓扑结构和计算机系统配置等。

（2）破坏完整性的安全事件：入侵系统并篡改数据、劫持网络连接并篡改或插入数据、安装特洛伊木马或计算机病毒等。

（3）破坏可用性的安全事件：水火等自然灾害引起的设备损坏，拒绝服务攻击、病毒入侵引起的系统资源或网络带宽性能下降等。

其他还包括电子商务交易中的行为抵赖、垃圾邮件骚扰或传播色情信息、散发虚假紧急信息导致大量组织机构采取不必要的紧急预防措施而影响系统正常运行等等行为。

安全紧急事件更侧重指那些发生很突然且会造成巨大损失的安全事件，如果不尽快采取相应补救措施，造成的损失会进一步加重。

应急响应工作可以划分为事先准备和事后措施两大部分。事先准备目的在于进行预警和制定各种防范措施，比如风险评估、安全策略制定、系统及数据备份、安全意识培训以及安全通告发布等。事后措施的目的在于把事件造成的损失降到最小，比如事件发生时进行的安全隔离、威胁清除及系统恢复、调查与追踪、入侵者取证等一系列操作。

事先准备与事后措施两个方面的工作是相辅相成、相互补充的。首先，事前的计划和准备为事件发生后的响应动作提供了指导框架，否则响应动作将陷入混乱，而这些毫无章法的响应动作有可能造成比事件本身更大的损失。其次，事后的响应可能会发现事先计划的不足，从而进一步完善事先的安全准备。因此，两个方面应该形成一个正反馈的机制，逐步强化系统安全防范及应急体系。

应急响应不仅是防护和检测措施的必要补充，而且可以发现安全策略的漏洞，重新进行安全风险评估，进一步指导修订安全策略，加强防护检测和响应措施，将系统调整到更安全的状态。

12.1.2 应急响应的必要性

为了保证信息安全，首先采用的方法就是入侵阻止（即安全防护），即在安全风险分析基础上产生的安全策略指导下，采用加密、认证、安全分级和访问控制等办法来保证信息的安全，达到阻止入侵的目的；其次采用入侵检测，因为网络入侵防不胜防，所以要对无法防御的入侵行为及内部安全威胁进行检测。但是，仅仅这些对于保证信息安全还是不够的。

目前为止，从理论上还无法保证系统的绝对安全。软件工程技术还无法做到可信计算机安全评估准则TCSEC中的A2的安全要求，即从形式上证明一个系统的安全性。另外，目前也没有一种切实可行的方法能够保证人们获取完善的安全策略，以及解决合法用户在通过“身份鉴别”进入系统后滥用特权的问题。因此从设计、实现到维护系统，信息系统都可能留下大量的安全漏洞。

其次，尽管现实中人们对信息安全的关注与投资与日俱增，但是安全事件的数量和影响并没有因此而减少。根据计算机应急响应协调中心（Computer Emergency Response Team/Coordination Center，CERT/CC）对1993~2003十年间发生的网络攻击事件的统计，攻击事件发生的数量逐年增加，近几年由于Internet上网络攻击事件太过于频繁，自2004年CERT/CC停止了对网络攻击事件统计信息的公布。

另外，越来越多的组织在遭受到攻击后，希望通过法律手段追查肇事者，这就需要出示收集到的数据作为证据，而计算机取证是应急响应的一个重要环节。网络攻击防不胜防，因此有必要建立一套应急响应机制，一方面提高系统自身的抗攻击能力，另一方面也为法律提供数据依据。

12.2 计算机应急响应组织

12.2.1 应急响应组织的起源和发展

1988年11月莫里斯蠕虫病毒事件之后的一个星期内，美国国防部出资在宾夕法尼亚州的卡内基梅陇大学成立了国际上第一个应急响应组织——计算机应急响应协调中心CERT/CC，主要用于协调Internet网上的安全事件处理。

CERT/CC成立后，随着互联网对网络安全的需要，世界各地应急响应组织如雨后春笋般纷纷出现。例如美国联邦FedCIRC、澳大利亚的AusCERT、德国的DFN-CERT、日本的JPCERT/CC，以及亚太地区的APCERTF（Asia Pacific Computer Emergency Response Task Force）和欧洲的EuroCERT等。

为了促进全球各应急响应组织之间协调与合作，1990年应急响应与安全组织论坛（Forum of Incident Response and Security Teams，FIRST）成立。FIRST发起时有11个成员，至今已经发展成一个由170多个成员组成的国际性组织。FIRST成员主要来自各政府、商业和学术方面的计算机安全事件响应组织，以及致力于计算机安全事件防范、快速响应和信息共享的国际组织的网站。

中国的应急响应工作起步较晚，但发展迅速。中国教育与科研计算机网络（China Education and Research Network，CERNET）于1999年在清华大学成立了中国教育和科研计算机网应急响应小组（China Computer Emergency Response Team，CCERT），是中国大陆第一个计算机安全应急响应组织，目前已经在全国各地成立了NJCERT、

PKUCERT、GZCERT、CDCERT等多个应急响应小组。2000年在美国召开的FIRST年会上，CCERT第一次在国际舞台上介绍了中国应急响应的发展。

2000年10月，国家计算机网络应急处理协调中心CNCERT/CC成立，该中心的任务是在国家因特网应急小组协调办公室的直接领导下，协调全国范围内计算机安全应急响应小组的工作，以及与国际计算机安全组织的交流。2002年8月，CNCERT/CC成为国际权威组织FIRST的正式成员，并参与组织成立了亚太地区的专业组织APCERT，是APCERT的指导委员会委员。

12.2.2 应急响应组织的分类

应急响应组织是应急响应工作的主体，目前国内外安全事件应急响应组织大概可被划分为国内或国际间的应急协调组织、企业或政府组织的应急响应组织、计算机软件厂商提供的应急响应组织和商业化的应急响应组织等4大类，如图12.1所示。

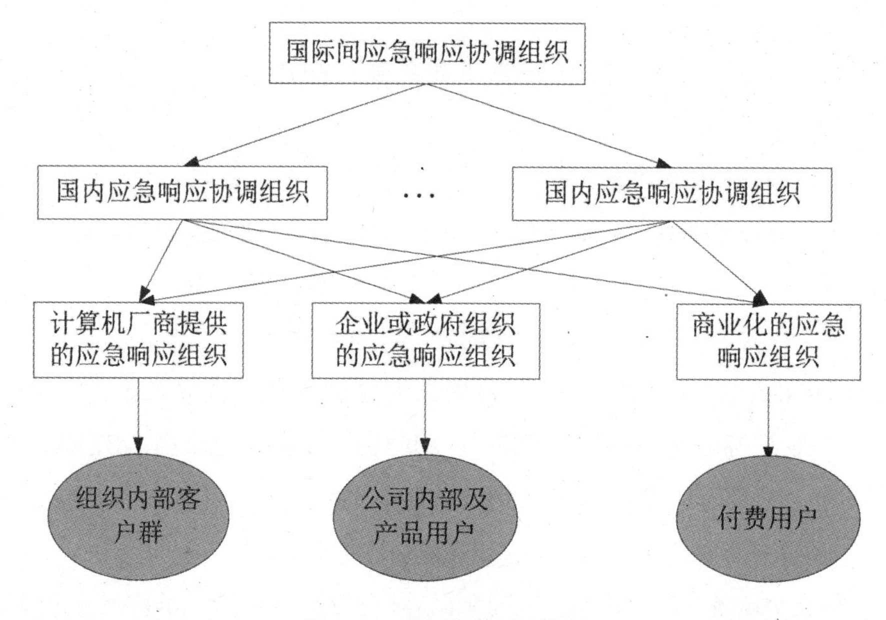

图12.1 应急响应组织模式

（1）国内或国际间的应急响应协调组织：通常属于公益性应急响应组织，一般由政府或社会公益性组织资助，对社会所有用户提供公益性的应急响应协调服务。如CERT/CC由美国国防部资助，中国的CCERT和CNCERT/CC也属于该种类型的应急响应组织。

（2）企业或政府组织的应急响应组织：企业或政府组织的应急响应组织的服务对象仅限于本组织内部的客户群，可以提供现场的事件处理，分发安全软件和漏洞补丁，培训和技术等。另外还可以参加组织安全政策的制定和审查等。例如美国联邦的

FedCIRC、美国银行的BACIRT（Bank of American CIRT），中国的CCERT等。

（3）计算机软件厂商提供的应急响应组织：主要为本公司产品的安全问题提供应急响应服务，同时也为公司内部的雇员提供安全事件处理和技术支持。例如SUN、Cisco等公司的应急响应组织。

（4）商业化的应急响应组织：面向全社会提供商业化的安全救助服务，其特点在于一般具有高质量的服务保障，在突发安全事件发生时能及时响应。

应急响应组织不仅仅坐等安全事件发生以后去补救，防患于未然也是应急响应组织的重要服务内容。所以，应急响应组织一般还提供安全公告、安全咨询、风险评估、入侵检测、安全技术的教育与培训及入侵追踪等多种服务。

12.2.3 典型应急响应组织

1. 美国计算机应急响应协调中心（CERT/CC）

CERT/CC是美国国防部资助下的抗毁性网络系统计划（Networked System Survivability Program）的一部分，下设3个部门：事件处理组、缺陷处理组和计算机应急响应组（CSIRT），如图12.2所示。

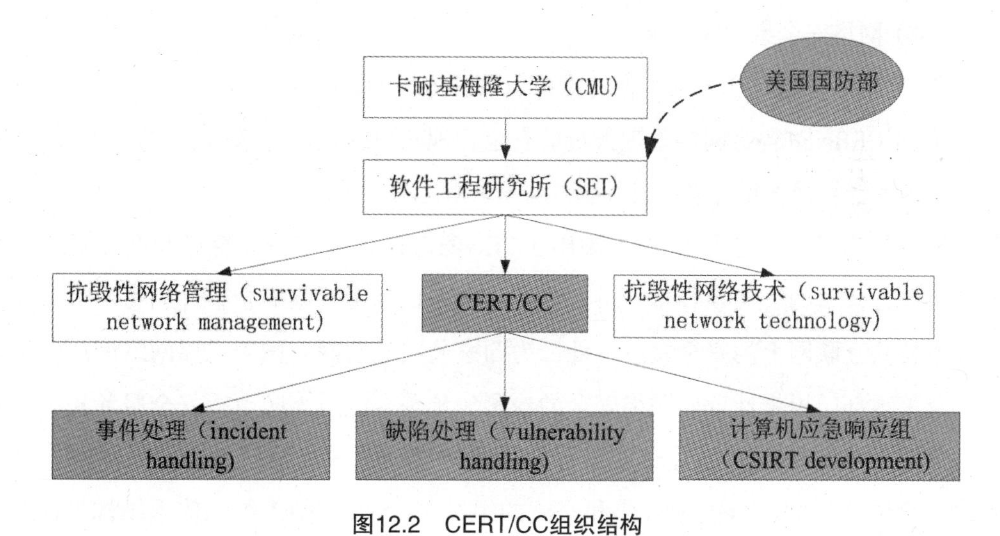

图12.2 CERT/CC组织结构

CERT/CC提供的服务内容如下：

（1）安全事件响应；

（2）安全事件分析和软件安全缺陷分析；

（3）漏洞知识库开发；

（4）信息发布，包括缺陷、公告、总结、统计、补丁和工具；

（5）教育和培训，包括CSIRT管理、CSIRT技术培训、系统和网络管理员安全培训；

（6）指导其他CSIRT（或CERT）组织建设。

2. 中国教育和科研计算机网应急响应组（CCERT）

CCERT是中国教育和科研计算机网CERNET专家委员会领导之下的一个公益性的服务和研究组织，对中国教育和科研计算机网及会员单位的网络安全事件提供快速的响应或技术支持服务，也对社会其他网络用户提供安全事件响应相关的咨询服务。目前，CCERT的应急响应体系已经包括了CERNET内部各级网络中心的安全事件响应小组或安全管理相关部门，已经发展成一个由30多个单位组成，覆盖全国的应急响应组织。

CCERT首要的任务对象是中国教育和科研计算机网络本身，确保CERNET网络的安全可靠运行，为教育和科研提供一个安全的网络环境。服务范围包括：

（1）网络安全政策制定和实施监督；

（2）网络运行状态的日常安全检测；

（3）及时的安全通告；

（4）网络安全事件应急响应；

（5）发生网络安全突发事件时的应急解决方案的制定和实施；

（6）CERNET各级网络管理人员的安全管理知识的教育与培训。

3. 国家计算机网络应急处理协调中心（CNCERT/CC）

国家计算机网络应急处理协调中心（CNCERT/CC）是在信息产业部互联网应急处理协调办公室的直接领导下，负责协调我国各计算机网络安全事件应急小组共同处理国家公共互联网上的安全紧急事件，为国家公共互联网、国家主要网络信息应用系统以及关键部门提供计算机网络安全的检测、预警、应急、防范等安全服务和技术支持，及时收集、核实、汇总和发布有关互联网安全的权威性信息，组织国内计算机网络安全应急组织进行国际合作和交流的组织。CNCERT/CC组织体系结构如图12.3所示。

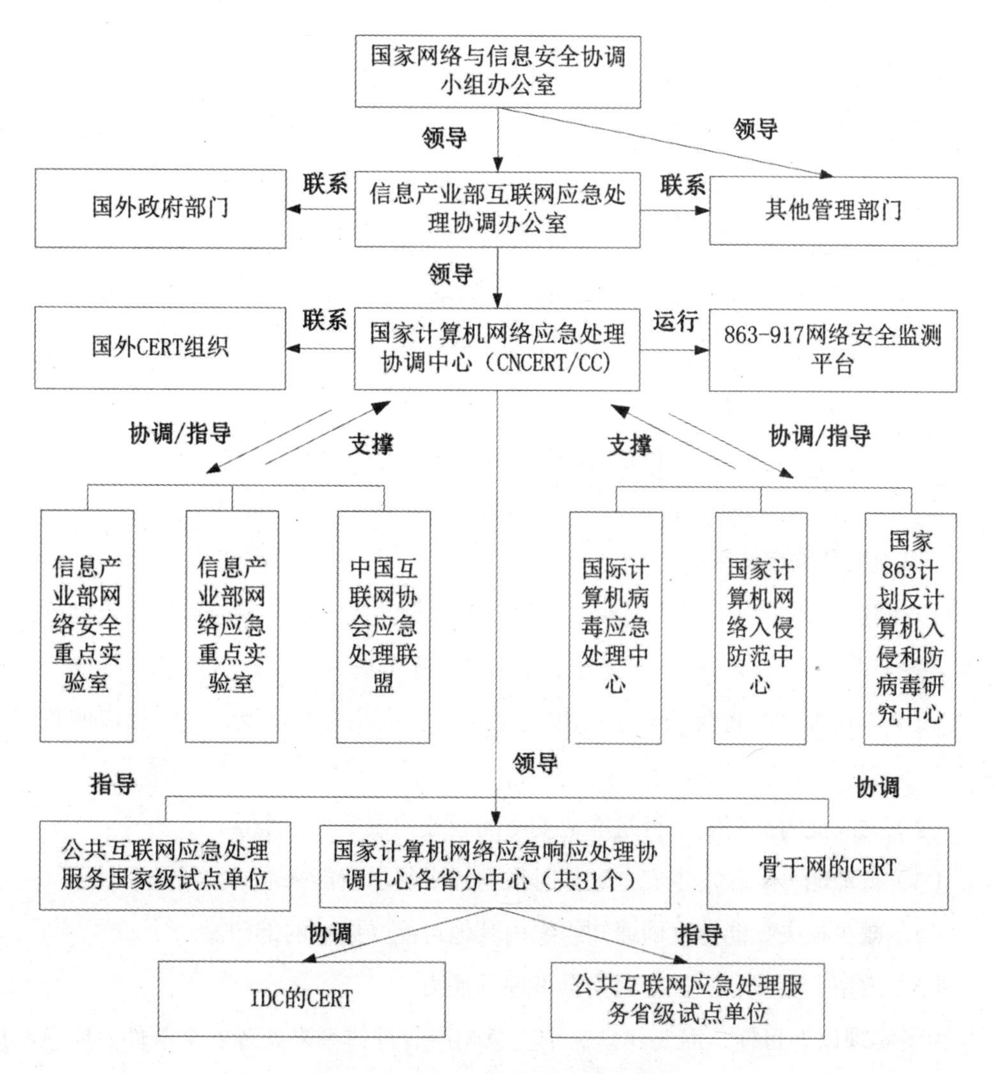

图12.3　CNCERT/CC组织体系结构

CNCERT/CC提供的业务功能如下：

（1）信息获取。通过各种信息渠道与合作体系，及时获取各种安全事件与安全技术的相关信息。

（2）事件检测。及时发现各类重大安全隐患与安全事件，向有关部门发出预警信息、提供技术支持。

（3）事件处理。协调国内各应急小组处理公共互联网上的各类重大安全事件，同时，作为国际上与中国进行安全事件协调处理的主要接口，协调处理来自国内外的安全事件投诉。

（4）数据分析。对各类安全事件的有关数据进行综合分析，形成权威的数据分析报告。

（5）资源建设。收集整理安全漏洞、补丁、攻击防御工具和最新网络安全技术等各种基础信息资源，为各方面的相关工作提供支持。

（6）安全研究。跟踪研究各种安全问题和技术，为安全防护和应急处理提供基础。

（7）安全培训。对网络安全应急处理技术以及应急组织建设等方面的培训。

（8）技术咨询。提供安全事件处理的各类技术咨询。

（9）国际交流。组织国内计算机网络安全应急组织进行国际合作与交流。

12.3 计算机安全应急响应体系建立

12.3.1 应急响应体系

应急响应需要组织内部的管理人员和技术人员共同参与，有时可能会借助外部的资源，甚至诉诸法律。对应急响应进行评价的指标包括：

（1）响应能力。确保安全事件和安全问题能被及时地发现，并向相应的负责人报告。

（2）决断能力。判断是否是本地安全问题或构成一个安全事件。

（3）行动能力。在发生安全事件时根据一个提示就能采取必要措施。

（4）减少损失。能力立即通知组织内其他可能受影响的部门。

（5）效率。实践和监控处理安全事件的能力。

为了实现以上目标，需要建立一个应急响应管理体系来处理安全事件。应急响应体系的建立可以从以下几个方面着手：

1. 确定应急响应角色的责任

（1）用户。用户的任务是一旦察觉与安全相关的异常事件，就必须遵守相应的过程规则并报告异常事件，其职责是必须决定采用何种合适的报告渠道。每一个用户都有义务按照本单位的安全指南来报告任何与安全相关的异常事件。此外，所有的用户都应该得到一份书面的指令性文件，用以指导其当发生异常事件时应该采取的行动，以及应该向谁汇报等事项。

（2）安全管理员。安全管理员的任务是接收与其负责的系统有关的异常事件报告，并根据报告决定是立即采取行动，还是按照提交策略向上一级报告。其责任是必须能够确定是否真的发生了安全问题，是否可以独立解决，是否需要根据提交计划立即咨询其他人，以及应该通知谁等。对于安全管理员的相关职责应该在其职位描述及安全事件处理策略中指定。

（3）安全员/安全管理层。任务是接收安全事件报告，负责调查和评估安全事件，并在其职责范围内选用适当措施进行处理。如果有必要，负责组件安全事件处理的小组可将问题提交给上级管理层。其职责是被授权对安全事件进行评估，并可将事件提交给高级管理层。除此之外，可以在授权范围内利用财务和人力资源独立处理安全事件。

（4）安全审计员。其任务是必须定期检查安全事件管理系统的有效性，并参与评估安全事件。其职责是在管理层同意下启动和实施预定义的检查。

（5）公共关系/信息发布部门。任务是在发生严重安全事件的地方，除了信息发布部门之外，其他任何部门和个人都必须不能对公众泄露任何信息，其目的并不是掩盖事件或者降低事件的严重程度，而是要以目标化的方式解决问题，避免相互矛盾的信息给组织带来的形象损害。职责是必须和专家一起准备与安全事件相关的信息，在发布之前必须得到高级管理层的同意。

（6）代理/公司管理层。任务是严重安全事件发生时，应该通知管理层。如果有必要，管理层要作出决定。承担总体责任，对上述各工作小组负责。除此之外，当怀疑有犯罪活动时可以报警，起诉罪犯。管理层批准“安全事件处理策略”和基于策略的安全应急计划，作为计划的一部分，各管理层应明确其在安全事件处理中的角色。

各种角色的任务和职责在工作职责描述和“安全事件处理策略”中规定。

2. 制定紧急事件提交策略

在明确了应急响应角色的责任，并且所有相关人员都知晓时间处理规则和报告渠道后，下一步应确定收到报告后如何提交。可以按以下3个步骤制定提交策略：

（1）提交渠道的规定：明确报送人及其相应的报送对象。

（2）提交的策略对象：确定在进一步调查或评估之前需要进行什么样的提交。

（3）提交方式：报送过程中向上一层提交的方式可以是个人口头报告、书面报告、电子邮件报告、电话报告、密封函件报告。完成报告的时间规定可以是立即提交（一个小时内）、立即采取措施（一个小时内）、事件还在控制中并通知中上层（下一工作日）等。

3. 规定应急响应优先级

应急响应优先级的确定与组织内的环境紧密相连，在制定应急响应优先级时，必须考虑此类问题：哪类损失和组织有关；在每个类别中，按什么顺序修补损失。

4. 安全应急的调查与评估

为了调查和评估与安全相关的异常事件，必须进行一些初级评估，包括：

（1）了解信息系统结构和网络情况。

（2）了解信息系统的联系人和用户。

（3）了解信息系统上的应用。

（4）定义信息系统的保护要求。

调查和评估安全事件的第一步要明确以下问题：

（1）安全事件可能影响什么信息系统和应用。

（2）通过信息系统和网络是否还会产生后续的损害。

（3）哪些信息系统和应用不会受到损害和后续损害。

（4）安全事件导致直接损害后，后续损害的程度如何，应特别留意各种信息系统和应用之间的相关性。

（5）能够触发安全事件的可能因素。

（6）安全事件发生在什么时候，在哪个地方，由于在探测到安全事件时很可能已经发生一段时间了，因此应维护好日志文件，要保证这些文件没有被入侵。

（7）是否只有内部用户受到安全事件的影响，或者外部第三方也受到影响。

（8）有多少关于安全事件的信息已经被泄露给公众。

5. 选择应急响应相关补救措施

一旦找到导致安全事件的原因，就要选择并实施针对它们的应急措施。首先要控制事件继续发展并解决问题，然后恢复事务状态。

要除去安全弱点，首先应将这些弱点所涉及的系统与网络断开，然后再将那些能提供已发生事件的性质和原因的信息文件（尤其是相关的日志文件）进行备份，由于整个系统已经被视为不安全或已经被入侵，所以还要检查操作系统和所有应用是否已发生改变。除了程序之外，还应该检查配置文件和用户文件，以防被操纵。所有与安全相关的配置文件和补丁也要重新恢复。在将备份数据重新导入这些文件时，必须采取措施来保证这些数据没有受到安全事件的影响，比如没有感染计算机病毒。另外，检查数据备份有助于确定攻击或入侵发生的时间。

在进行数据恢复操作之前，要改变所有涉及的系统的口令，也包括那些还没有直接受到影响，但是攻击者可能已经得到用户名和口令的系统。在系统恢复到安全状态后，还要假设系统可能会受到进一步的攻击，使用合适的工具对系统，尤其是网络连接进行监控。

在应急处理安全问题时，所有动作都应该被尽可能详细地记录归档，以便实现以下目标：

（1）保留发生事件的细节。

（2）能够追溯发生的问题。

（3）能够修正匆忙行为可能带来的问题或错误。

（4）在已知的问题再次发生时能够迅速解决。

（5）能够消除安全弱点，准备预防措施。

（6）如果要提起诉讼，便于搜集证据。

文档不仅要包含对有关行动的详细描述和时间记录，也应当包含受影响系统的日志文件。

6. 确定应急紧急通知机制

当发生安全事件时，必须通知所有受影响的外部和内部各方，为那些受到安全事件直接影响的部门和机构采取对策，提供方便。通知机制对处理安全事件相关信息各方的协助预防或解决问题尤为重要。

12.3.2 应急响应处置流程

应急响应处置流程通常被划分为准备、检测、抑制、根除、恢复、报告与总结6个阶段。

1. 准备阶段

当事件真正发生之前应该为事件响应做好准备，这一阶段十分重要。准备阶段的主要工作包括建立合理的防御和控制措施、建立适当的策略和程序、获得必要的资源和组建响应队伍等。

2. 检测阶段

要作出初步的动作和响应，根据获得的初步材料和分析结果，估计事件的范围，制定进一步的响应战略，并且保留可能用于司法程序的证据。

3. 抑制阶段

抑制的目的是限制攻击的范围。抑制措施十分重要，因为太多的安全事件可能迅速失控，典型的例子就是具有蠕虫特征的恶意代码的感染。抑制策略一般包括关闭所有的系统、从网络上断开相关系统、修改防火墙和路由器的过滤规则、封锁或删除被攻破的登录账号、提高系统或网络行为的监控级别、设置陷阱、关闭服务以及反击攻击者的系统等。

4. 根除阶段

在事件被抑制之后，通过对有关恶意代码或行为的分析结果，找出事件根源并彻底清除。对于单机上的事件，主要可以根据各种操作系统平台的具体检查和根除程序进行操作。对于大规模爆发的带有蠕虫性质的恶意程序，要根除各个主机上的恶意代码是十分艰巨的任务。很多案例数据表明，众多用户并没有真正关注他们的主机是否已经遭受入侵，有的甚至持续一年多，任由感染蠕虫的主机在网络中不断地搜索和攻击别的目标。造成这种现象的重要原因是各网络之间缺乏有效的协调，或者是在一些商业网络中，网络管理员对接入到网络中的子网和用户没有足够的管理权限。

5. 恢复阶段

恢复阶段的目标是把所有被攻破的系统和网络设备彻底还原到它们正常的任务状态。恢复工作应该十分小心，应避免出现操作失误导致的数据丢失。另外，恢复工作中如果涉及机密数据，需要额外遵照机密系统的恢复要求。对不同任务的恢复工作的承担单位，要有不同的担保。如果攻击者获得了超级用户的访问权，一次完整的恢复应该强制性地修改所有口令。

6. 报告与总结阶段

这是最后一个阶段，但却是不能忽略的重要阶段。这个阶段的目标是回顾并整理发生事件的各种相关信息，尽可能地把所有情况记录到文档中。这些记录的内容不仅对有关部门的其他处理工作具有重要意义，而且对将来应急工作的开展也是非常重要的参考资料。

12.3.3 应急响应关键技术

常见的应急响应关键技术包括入侵检测技术、系统备份和灾难恢复技术、事件诊断技术、攻击源定位和隔离技术以及计算机取证技术等。

1. 入侵检测技术

入侵检测（Intrusion Detection）是实施应急响应的基础，因为只有发现对网络和系统的攻击或入侵才能触发应急响应的动作。入侵检测可以由系统自动完成，即入侵检测系统（Intrusion Detection System， IDS）。

入侵检测技术通过对信息系统中各种状态和行为的归纳分析，一方面检测来自外部的入侵行为，另一方面还能够监督内部用户的未授权活动。

2. 系统备份技术

系统备份是灾难恢复的基础，其目的是确保既定的关键业务数据、关键数据处理系统和关键业务在灾难发生后可以恢复。目前采用的系统备份方法主要有以下3种。

（1）全备份。对整个系统进行完全备份，包括系统和数据。这种备份方式的好处就是很直观，容易被人理解，而且当数据丢失时，只要用一份备份就可以恢复丢失的数据。全备份也有不足之处，首先，由于每天都对系统进行完全备份，因此在备份数据中有大量的重复信息，这些重复的数据占用了大量的存储空间，这对用户来说就意味着成本的增加；其次，由于需要备份的数据量相当大，因此备份所需的事件较长，对于那些业务繁忙、备份时间相对有限的单位来说，这种备份策略无疑是不明智的。

（2）增量备份。每次备份的数据只是相当于上一次备份后增加和修改过的数据。这种备份的优点是没有重复的备份数据，既节省存储空间，又缩短了备份时间。其缺点在于当发生灾难时，恢复数据比较麻烦。

（3）差分备份。差分备份就是每次备份的数据是相对于上一次备份之后新增加和修改过的数据。例如管理员先在星期一进行一次系统完全备份，然后在接下来的几天里，再将当天所有与星期一不同的数据（新的或经改动的）备份到存储介质上。

3. 灾难恢复技术

灾难恢复指在灾难发生后指定的时间内恢复既定的关键数据、关键数据处理系统和关键业务的过程。灾难恢复技术是目前十分流行的IT技术，它能够为重要的信息系统提供在断电、火灾和受到攻击等各种意外发生，乃至在如洪水、地震等严重自然灾害发生的情况下保持持续运转的能力，因而对组织和社会关系重大的信息系统都应当采用灾难恢复技术予以保护。

数据备份只是系统成功恢复的前提之一。恢复数据还需要备份软件提供各种灵活的恢复选择，如按介质、目录树、磁带作业或查询子集等不同方式作数据恢复。此外，还要认真完成一些管理工作，如定期检查，确保备份的正确性；将备份媒介保存在异地一个安全的地方（如专门的媒介库或银行保险箱）；按照数据的增加和更新速度选择适当的备份周期等。

系统灾难通常会造成数据丢失或者无法使用数据。利用备份软件可以恢复丢失的数据，但是重新使用数据并非易事。很显然，要想重新使用数据并恢复整个系统，首先必须将服务器恢复到正常运行状态。为了提高恢复效率，减少服务停止时间，应当使用“自启动恢复”软件工具。通过执行一些必要的恢复功能，使系统可以自动确定服务器所需要的配置和驱动，无需人工重新安装和配置操作系统，也不需要重新安装和配置恢复软件及应用程序。此外，自启动恢复软件还可以生成备用服务器的数据集和配置信息，以简化备用服务器的维护。

如果系统中潜伏安全隐患，例如病毒，那么即使数据和系统配置没有丢失，服务器中的数据也可能随时丢失或被破坏。因此，安全防护也是灾难恢复的重要内容。

根据国际标准SHARE78的定义，灾难恢复解决方案可分为7级，即从低到高有7个不同层次：

层次0：本地数据的备份与恢复。

层次1：批量存取访问方式。

层次2：批量存取访问方式+热备份地点。

层次3：电子链接。

层次4：工作状态的备份地点。

层次5：双重在线存储。

层次6：零数据丢失。

用户可根据数据的重要性及需要恢复的速度和程度，来选择并实现灾难恢复计划。灾难恢复计划的主要内容包括：

（1）备份/恢复的范围。

（2）灾难恢复计划的状态。

（3）应用地点与备份地点之间的距离。

（4）应用地点与备份地点之间如何相互连接。

（5）数据如何在两个地点之间传送。

（6）允许有多少数据被丢失。

（7）怎样保证备份地点的数据的更新。

（8）备份地点可以开始备份工作的能力。

4. 事件诊断技术

事件诊断技术指事件发生后，弄清楚受害对象究竟发生了什么，比如是否感染病毒和是否被黑客攻破等，如果是的话，问题出在哪里，影响范围有多大等。

5. 计算机取证技术

计算机取证技术涉及对计算机数据的保存、识别、记录以及解释。与许多其他领域一样，计算机取证专家通常采用明确的、严格定义的方法和步骤，然而对于那些不同寻常的事件则需要灵活应变处理，而不是墨守成规。在计算机网络环境下，由于涉及海量数据的采集、存储和分析，计算机取证将变得更加复杂，目前该类技术还处于发展的初级阶段。

【本章小结】

无论信息系统的运行环境有多安全，被攻击的风险依然存在。正确的安全事件应急响应机制应是总体安全策略和降低风险战略的不可分割的一部分。本章介绍了计算机应急响应的基本概念和意义，回顾了国内外应急响应组织的基本发展情况。重点对应急响应体系的建立进行了讨论。最后总结了相关的应急响应关键技术。

【关键术语】

计算机应急响应	computer emergency response
计算机应急响应中心	Computer Emergency Response Team，CERT
应急响应与安全组织论坛	Forum of Incident Response and Security Teams，FIRST
抗毁性网络系统计划	Networked System Survivability Program
入侵检测系统	Intrusion Detection System， IDS
灾难恢复计划	disaster recovery plan

【知识链接】

http://www.cert.org.cn/

http://www.ccert.edu.cn/

http://www.niap-ccevs.org/cc-scheme/

http://www.cert.org/

http://www.first.org/

【习题】

1. 什么是应急响应？举例说明什么是安全紧急事件？
2. 应急响应组织分为哪几类？
3. 应急响应流程通常被划分为哪些阶段？各个阶段的主要任务是什么？

第13章　信息系统综合安全解决方案设计

【本章教学要点】

知识要点	掌握程度	相关知识
电子政务系统安全解决方案	了解	基本流程和注意事项
电子商务系统安全解决方案	熟悉	基本分析流程和关键技术
企业信息系统安全方案部署	了解	基本流程和方法

【本章技能要点】

技能要点	掌握程度	应用方向
电子商务网站安全	熟悉	为特定电子商务网站系统设计安全方案
企业内部信息安全	熟悉	为企业信息系统定制合理的安全方案

【导入案例】

案例：某企业的网络安全综合部署

某企业是以家电业为主，并涉足汽车、物流、进出口贸易、房产、信息技术、金融等相关领域的大型综合性现代化企业集团，是中国最具规模的家电生产基地和出口基地之一。

随着互联网的发展，网络安全事件层出不穷。据调查显示，在该企业中，60%以上的员工利用网络处理私人事务。对网络的不正当使用，降低了生产率，阻碍了电脑网络，消耗了企业网络资源，并引入了病毒和间谍程序，同时内网频频遭受ARP病毒，使企业网络经常性掉网，严重影响企业正常办公。另外该企业引入了大量与生产制造相关的应用系统，这些应用对于终端的处理能力要求非常高，从而也带来了数据泄露的可能性。

随着企业的发展壮大及移动办公的普及，逐渐形成了企业总部、各地分支机构、移动办公人员这样的新型互动运营模式。怎么处理总部与分支机构、移动办公人员的信息共享安全，既要保证信息的及时共享，又要防止机密的泄漏已经成为该企业成长过程中不得不考虑的问题。各地机构与总部之间的网络连接安全性直接影响企业的高效运作。

为此，该企业进行网络安全综合部署，主要从以下几个方面进行：

· 管理员工上网行为和带宽优化

· 外部安全问题

· 内网部分安全问题

· 内部文档安全问题

· WEB服务器安全问题

· 垃圾邮件问题

· 终极恶意软件防护

· 反黑客保护

· 反钓鱼

【问题讨论】

1. 为什么需要部署完整安全解决方案?

2. 部署综合安全方案的基本步骤有哪些?

3. 应如何考虑不同行业的安全方案差异?

13.1 电子政务网站整体信息安全体系构建

13.1.1 电子政务网站安全风险分析

电子政务（e-Government affair）是政府在其管理和服务职能中运用现代信息和通信技术，实现政府组织结构和工程流程的重组优化，超越时间、空间和部门分割的制约，全方位地向社会提供优质、规范、透明的服务，是政府管理手段的变革。

一般而言，政府的主要职能在于经济管理、市场监管、社会管理和公共服务。而电子政务就是要将这四大职能电子化、网络化，利用先进的现代信息技术对政府进行信息化改造，以提高政府部门依法执政的水平。

电子政务搭建在基于互联网技术的网络平台上，包括政务内网、政务外网和互联网，而互联网的安全先天不足以及跨国犯罪带来的执法难问题都给电子政务安全提出了严峻的挑战。

电子政务系统面临的常见安全风险有：

（1）非法用户通过公共网络进入内联网内各级局域网系统，获取资源或支配资源；

（2）篡改向社会公布的政务信息以制造混乱；

（3）插入和修改传输中的数据；

（4）窃听和截获传输数据；

（5）假冒管理者和信息主体发布虚假信息。

基于以上安全风险，电子政务系统具有两方面的安全需求：

1. 与Internet连接的安全需求

电子政务系统的外联网部分通过Internet与各类用户和社会大众进行信息的传递和交流。

（1）完整性保护：必须保证内部信息和向社会公开发布的国家政策、法令、布告、通知以及其他需要外界广泛了解的信息的完整性。任何形式的信息创建、插入、删除和篡改都是不被允许的。

（2）源鉴别服务：对信息源进行鉴别以确认消息来源是真实可信的。

（3）用户鉴别：政府部门的公开信息是内外有别的，因此要按信息级别和类别对访问用户的身份的合法性进行鉴别。

（4）访问控制：访问控制包括对进入查询系统的控制以及访问的权限管理。

2. 与内联网连接的安全需求

党政机关建立的内联网是为了处理管理信息和决策信息而采用安全VPN技术构建的专用虚拟网络。内联网与Internet是物理隔离的。安全需求如下：

（1）身份鉴别：鉴别操作实体的部分、级别及权限属性。

（2）访问控制：阻止系统外（非法）用户访问和进入系统，阻止系统内（合法）用户进行未授权的访问和操作，阻止越权对资源的访问，阻止越权操作，对越权者进行审计跟踪。

（3）加密：按照规定对涉密信息进行加密存储和传输。

总之，电子政务的安全目标是保护政务信息资源价值不受侵犯，保证信息资产的拥有者面临最小的风险和获取最大的安全利益，使政务的信息基础设施、信息应用服务和信息内容为抵御上述威胁而具有保密性、完整性、真实性、可用性和可控性的能力。

13.1.2 电子政务安全保障体系构建

电子政务安全关系到政府的办公决策、行政监管和公共服务，必须由国家统筹规划、社会积极参与，才能有效保障电子政务安全。此外，电子政务安全必须采用法律威慑、管理制约、技术保障和安全基础设施支撑的全局治理措施，并且实施防护、检测、恢复和反制的积极防御手段，才能更为有效。

电子政务安全保障体系由六要素组成，即安全法规、安全管理、安全标准、安全服务、安全技术产品和安全基础设施。

1. 安全法律与政策

电子政务的工作内容和工作流程涉及国家秘密与核心政务，它的安全关系到国家的主权、国家的安全和公众利益，所以电子政务的安全实施和保障，必须以国家法规形式将其固化，形成全国共同遵守的规约，成为电子政务实施和运行的行为准则，成为电子政务国际交往的重要依据，保护守法者和依法者的合法权益，为司法和执法者提供法律依据，对违法、犯法者形成强大的威慑。

开放政务信息资源（非国家涉密和适宜公开部分）服务于民是电子政务的重要特征，应尽快制订政务信息公开法，适度地解密和规范开放的规则，保护政府部门间信息的正常交流，保护社会公众对信息的合法享用。

另外，电子政务亟待电子签名和电子文档的立法保护，国际上已有20多个国家对数字签名和电子文档进行了立法。使数字签名和电子文档在电子政务和电子商务运行中具有法律效力，将大大促进电子政务和电子商务的健康发展，有利于简化程序、降低成本。

个人数据保护（隐私法）的需求伴随电子政务的发展日显突出。电子政务在实施行政监管和进行公众服务时有大量的个人信息（自然人和法人），如户籍、纳税、社保、信用等信息大量进入了政府网络信息数据库，它对完成电子政务职能发挥巨大作用。但是这些个人信息如果保护不力或无意被泄漏，而被非法滥用，就可能成为报复、盗窃、推销、讨债、盯梢的工具。在国外已经出现将盗用的个人隐私信息作为非法商品出售，以牟取暴利的情况，这样直接损害个人的利益，甚至危及个人生命。因此加快个人数据保护法的制订是必要的。

还有很多法规的制订都直接关系到电子政务的健康发展，加快制订这些法规，势在必行。

2. 安全组织与管理

我国信息安全管理职能的格局已经形成，如国家安全部、国家保密局、国家密码管理委员会、信息产业部等，它们分别执行各自的安全职能，维护国家信息安全。电子政务安全管理职能的协调需要由国家信息化领导机构，如国家信息化领导小组及其办公室、国家电子政务协调小组、国家信息安全协调小组等来进行。各地区和部委建立相应的信息安全管理机构，以形成自顶向下的信息安全管理组织体系，是电子政务安全实施的必要条件。

另外，还需要制订颁发电子政务安全相关的各项管理条例，及时指导电子政务建设的各种行为，从立项、承包、采购、设计、实施、运行、操作、监理、服务等各阶段入手，保障电子政务系统建设全程的安全和安全管理工作的程序化和制度化。

电子政务信息安全域的划分与管理是非常重要的。电子政务有办公决策、行政监管和公共服务等三种类型业务，其业务信息内容涉及国家机密、部门工作秘密、内部敏感信息和开放服务信息。既要保护国家秘密又要便于公开服务，因此对信息安全域的科学划分和管理，将有益于电子政务网络平台的安全设计，有益于电子政务健康和有效的实现。

此外，制订电子政务工程集成商的资质认证管理办法、工程建设监理机构的管理办法、工程外包商的管理机制和办法，以确保电子政务工程建设的质量和安全，特别是对电子政务系统的外包制更要有严格的制约和管理手段。对于电子政务中涉密系统工程的承建，还必须有国家保密局颁发的涉密系统集成资质证书，其他部分应具有国家或省市相应的系统集成商的资质证书。对于电子政务涉密部分，不允许托管和外包运行，电子政务其他部分将按相关管理条例执行。

对电子政务工程中使用的信息安全产品，国家应制订相应的采购管理政策，涉及密码的信息安全产品须有国家密码主管部门的批准证书，信息安全产品应有通过国家测评主管机构的安全测评的证书，维护信息安全产品的可信性。

电子政务系统信息内容根据管理需求，可以实施对信息内容的安全监控管理，以保护政务信息安全，防止由于内部违规或外部入侵造成的网络泄密，同时也阻止有害信息内容在政务网上传播。

制订电子政务系统的人员管理、机构管理、文档管理、操作管理、资产与配置管理、介质管理、服务管理、应急事件管理、保密管理、故障管理、开发与维护管理、作业连续性保障管理、标准与规范遵从性管理、物理环境管理等各种条例，确保电子政务系统的安全运行。

3. 安全标准与规范

信息安全标准有利于安全产品的规范化，有利于保证产品安全可信性、实现产品的互联和互操作性，以支持电子政务系统的互联、更新和可扩展性，支持系统安全的测评与评估，保障电子政务系统的安全可靠。

国家已正式成立“信息安全标准化委员会”，以开展电子政务安全相关标准的研制工作，支撑电子政务安全对标准制订的需求。将制订的标准包括：涉密电子文档密级划分和标记格式、内容健康性等级划分与标记、内容敏感性等级划分与标记、密码算法标准、密码模块标准、密钥管理标准、PKI/CA标准、PMI标准、信息系统安全评估和信息安全产品测评标准、应急响应等级、保护目标等级、应急响应指标、电子证据恢复与提取、电子证据有效性界定、电子证据保护、身份标识与鉴别、数据库安全等级、操作系统安全等级、中间件安全等级、信息安全产品接口规范、数字签名等。

4. 安全保障与服务

电子政务系统建设需要从策略上构建全面的安全保障架构，包括：设置政务内网的安全与控制策略、设置政务外网的安全与控制策略、设置进入互联网的安全服务与控制策略、设置租用公网干线的安全服务与控制策略、设置政务计算环境的安全服务与机制等。

电子政务安全系统的设计，首先要做好系统资产价值的分析，如物理资产的价值（系统环境、硬件、系统软件），信息资产的价值，其数据与国家利益和部门利益的关联度，其业务系统（模型、流程、应用软件）正常运行后果所产生的效益，从而确定系统安全应保护的目标，在上述分析的基础上提出整个安全系统的安全需求，进一步定义达到这些安全需求所应具有的安全功能

5. 安全技术与产品

首先是要加强安全技术和产品的自主研制和创新。由于电子政务的国家涉密性，电子政务系统工程的安全保障需要各种有自主知识产权的信息安全技术和产品，全面推动自主研发和创新这些技术和产品是电子政务安全的需要。

在选择电子政务安全产品时应充分考虑产品的自主权和自控权。产品可涉及安全操作系统、安全硬件平台、安全数据库、PKI/CA、PMI、VPN、安全网关、防火墙、数据加密机、入侵检测（IDS）、漏洞扫描、计算机病毒防治工具、强审计工具、安全Web、安全邮件、安全设施集成管理平台、内容识别和过滤产品、安全备份、电磁泄漏防护、安全隔离客户机、安全网闸等。

6. 安全基础设施

信息安全基础设施是一种为信息系统应用者和信息安全执法者提供信息安全公共服务和支撑的社会基础设施，方便信息应用者安全防护机制的快速配置，有利于促进信息应用业务的健康发展和信息安全职能部门的监督和执法。因此，推动电子政务的发展，应重视相关信息安全基础设施的建设。

信息安全基础设施包括社会公共服务类基础设施和行政监管执法类基础设施。前者涉及基于PKI/PMI数字证书的信任和授权体系、基于CC/TCSEC的信息安全产品和系统的测评与评估体系、计算机病毒防治与服务体系、网络应急响应与支援体系、灾难恢复基础设施和基于KMI的密钥管理基础设施等。后者涉及网络信息内容安全监控体系、网络犯罪监察与防范体系、电子信息保密监管体系、网络侦控与反窃密体系和网络监控、预警与反击体系等。

13.2 电子商务网站整体信息安全体系构建

13.2.1 电子商务安全的基本需求

电子商务发展的核心和关键问题是交易的安全性。由于Internet本身的开放性，使网上交易面临着种种危险，也由此提出了相应的安全控制要求。电子商务安全的基本要求主要包括机密性、完整性、可用性、可认证性和抗抵赖性。

1. 机密性

在电子商务系统中，交易中发生、传递的信息均有保密的要求。如果信用卡的账号和用户名被知悉就有可能被盗用；订货和付款的信息被竞争对手获悉，就有可能丧失商机。因此在电子商务信息的传播中，一般均有加密的要求。电子商务作为贸易的一种手段，其信息直接代表个人、企业或国家的商业机密。传统的纸面贸易都是通过邮寄封装的信件或通过可靠的通信渠道发送商业报文来达到保守机密的目的。电子商务是建立在一个较为开放的网络环境上的，维护商业机密是电子商务全面推广的重要保障。因此，要预防非法的信息存取和信息在传输过程中被非法窃取。

2. 完整性

电子商务简化了贸易过程，减少了人为的干预，同时也带来维护贸易各方商业信息的完整性的问题。由于数据输入时的意外差错或欺诈行为，可能导致贸易各方信息的不一致。此外，数据传输过程中信息的丢失、信息重复或信息传送的次序差异也会导致贸易各方信息的不同。贸易各方信息的完整性将影响到交易和经营策略，保持贸易各方信息的完整性是电子商务应用的基础。

3. 可用性

消费者准备在网络上购买商品时，需要了解商品的价格、性能、质量等信息，决定购买后，要提交订购信息，这些环节都要求电子商务系统能够随时提供稳定的网络服务，这就是对电子商务系统可用性的要求。如果电子商务系统因为被攻击而无法提供服务，则整个电子商务交易都会被迫中断。

4. 可认证性

由于电子商务系统的特殊性，企业或个人的交易通常都是在虚拟的网络环境中进行，所以对个人或企业实体进行身份确认成了电子商务中很重要的一环。交易双方能够在相互不见面的情况下确认对方的身份，这意味着当某人或实体声称具有某个特定身份时，鉴别服务将提供一种方法来验证其声明的正确性。

5. 抗抵赖性

由于商情的千变万化，交易一旦达成是不能被否认的，否则必然会损害一方的利益。例如订购黄金，订货时进价较低，但收到订单后，金价涨了，如收单方能滞认收到订单的实际时间，甚至否认收到订单的事实，则订货方就会蒙受损失。在传统的贸易中，贸易双方通过在交易合同、契约或贸易单据等书面文件上手写签名或印章，确定合同、契约、单据的可靠性并预防抵赖行为的发生。在无纸化的电子商务方式下，通过手写签名和印章来预防交易过程中的抵赖行为已不现实，这就需要在交易信息传输过程中为参与交易的个人、企业或国家提供可靠的电子标识，预防数字世界里的抵赖行为。

13.2.2 电子商务的安全策略

建立一个安全可靠的电子商务网站牵涉到系统管理员、网络工程师、营销人员和决策者等很多人员。对安全作出好的方案制定，就意味着要和很多人交流，使每个人都能够对自己期望实现的安全目标有一个全面的理解。组织的安全策略为这种理解提供了一种共同的语言。对于没有参与方案决策的人员，安全策略指明了员工在工作中应该遵循的行为，以确保安全方案能到达预期的目标。

Internet标准草案（RFC）第2196条规定了如下的安全策略定义：“被授权能访问组织的技术和信息资产的人必须遵守正式的规则声明。”安全策略并不是一系列禁止行为的清单集合，而是一种建立有效的安全过程的方法，是让人们可以更加有效地在一起工作的辅助手段和获得利益的助手。

设定电子商务网站的安全策略需要实现企业文化、商业需求、消除风险、财务收入、员工水平等因素之间的平衡，这种平衡很难在第一时间获得，而且无法保持稳定。因此，策略需要根据商业动向和组织发展不断调整修改。一个合理的安全策略应是安全保障和可负担费用支出间的平衡，应是在现实条件下一定时间期限内可以实现的。因此，实行安全保护前，一个组织应该确切地知道什么需要保护，他们面对哪些威胁及对公司有什么价值。安全策略的实质就是分析并记录公司需要保护的资产，保护资产免于受到安全威胁，以及对这些资产的可以接受的使用方法的定义。

建立安全策略时，应该尽量简洁。而且，策略必须覆盖所有相关主题。策略应该是清晰的，在环境中是可行和可实施的。策略建成后，必须由管理层正式批准。在电子商务网站开始建设时，就应该建立安全策略，在获得管理层的同意后，传达给所有参与网站开发的人员。这样，安全性就可以在一开始即植入网站产品中。

全面的安全策略是由多个独立策略组成的，包括：

（1）安全术语的定义：包括像“保密”数据和“常规”数据之类的术语。

（2）责任声明：该策略定义了安全委员会或小组的工作范围，并且为公司的不同部门制定了实施要求。

（3）可接受的使用策略：确定了对访问控制、警告标识和使用责任的期望。

（4）隐私策略：定义对隐私的期望，包括收集什么样的数据，谁可以访问信息和如何发现侵害。

（5）管理策略：说明如何进行远程管理和如何处理承包的IT任务。

（6）可用性策略：定义了资源的可用性、维护窗口、事故反应和灾难恢复的需要，以及磁盘备份和备用部分清单的需要。

（7）购买策略：规定软件和硬件购买时所需要的安全特征，包括软件必须支持的加密等级和种类、维护软件的规范。

13.2.3 安全电子商务网站的实现

电子商务网站安全方案的设计在Web服务器的安装和配置前就应开始考虑，从而避免当安全问题发生后再花费更多的时间和成本来补救。具体来讲，可以从以下方面着手。

1. 拟订安全计划

开发网站时，需要拟订一个安全计划。其中应该包括以下步骤：

（1）确定什么需要安全。通过确定什么数据、软件、服务和介质需要得到保护，能够实现正确的安全。

（2）确定被保护体的价值。网站上某些内容比其他文件更需要保护，因为它们价值更高。同样，需要判断为维护网站运行的硬件的价值。通过确定数据、软件、服务的价值，就可以作出在安全、保险等实现上应该花费多少金钱和精力的决定。

（3）确定网站的风险。通常，这需要由组织、系统和商务来决定。例如，如果web服务器运行在其他人可以访问的网络服务器上，人们对网站和安全进行有意或无意改动的机会就要大些。

（4）确认对风险的暴露程度。这需要分析前面确定的风险，判断一下各种风险变成实际问题有多大可能。如果在某种服务器上发生了攻击潮，而公司使用了那种服务器，那么将面对更大的攻击风险。如果一个硬盘出现故障，而又没有备份数据的惯例，那么硬盘的损害就更可能造成永久性失去数据的风险。对可能变成实际问题的风险应该给予更高的优先级，并采取步骤，制订计划来处理它们。

（5）将计划付诸实施。实现计划中的安全步骤，这包括进行常规数据备份和脱离网站存储副本，还包括有规律地更新防病毒软件，保证运用最新的补丁和服务。

（6）建立反复的风险评估时间表。这是个持续的过程，为了有效进行防护，需要经常重复评估过程。在网站增加更多的数据和服务时，安全漏洞就有可能发展，所以在需要变动时必须重新评估网站的安全。

强化Web服务器的安全既要考虑软件也要考虑硬件。应该将服务器放在安全的房间内，用户就不能在物理上接触到它。同时还要考虑后备电力供应，电力中断和黑客攻击一样能有效地关闭网站。对某些网站，这会造成巨大的利润损失。

对网站的破坏不仅可能来自黑客和病毒，也可能来自组织的内部，这种方式常用的破坏方法有数据欺骗和逻辑炸弹。

数据欺骗可能仅需要极少的电脑和编程知识，它是指在数据输入前和输入时修改数据。能合法访问Web服务器并能存取服务器上文件数据库的人可以破坏或篡改信息。例如，数据输入员可以变动商品价格，这样，当该商品在网上交易时，用户可以支付更少的价钱（甚至不用支付），结果使公司遭受损失。数据欺骗也可能是复杂的，需要软件和编程技能来实施犯罪。Internet上有很多程序可以在数据输入后进行改动，其中有一个程序叫Zapper。1997年，加拿大Quebec的一些店主用Zapper更改他们的销售数据，砍去了30%的收入，逃脱了数百万美元的税款。数据欺骗很容易被轻视，不被看成是存在的问题或潜在的威胁。当少量的钱偷偷地从公司划出，或者在一段时间内对敏感数据进行不规则改动，公司也许根本不会察觉。但是，只要进行定期的审计，对员工的工作和输入系统的数据实行检查制度，问题可以很容易地解决。

另一个常见的内部攻击是逻辑炸弹。逻辑炸弹是程序，该程序中代码在遇到特定的数据或时间时后运行。这些代码造成不必要和未授权的功能，如更改和破坏服务器上的数据。另外一些情况下用户会在无意中从网络上下载这种软件，并未意识到软件中有恶意的代码。但在特定的时间点之后，“炸弹”就“爆炸”了。逻辑炸弹通常在执行后或数据已被更改、破坏后才被发现。针对这些情况，可以限制用户对网络和服务器的存取，禁止安装未授权软件，以减少逻辑炸弹攻击的风险，也可以通过安装安全软件来减少逻辑炸弹的威胁。通过使用防病毒软件，可以在逻辑炸弹发作之前发现它们，也可以用防火墙来删除文件附件。这样网络用户就可以屏弊带有逻辑炸弹的程序。

2. 扩展安全方案部署的范围

Web服务器并不是主要的安全措施所在。多层设计中的其他安全组件也能用来保护整个电子商务运作，如安全应用服务器、安全数据库服务器和防火墙。与安全Web服务器结合，可以建起一道强大的防线。

出于安全原因，可以考虑使用一个代理服务器。代理服务器可以帮助加速Internet连接，能将频繁访问的页面放入缓冲，这样就能由代理服务器而不是通过Internet提供页面，加大了用户的浏览能力。代理服务器还可以提供Web服务器自身难以配置的其他安全措施。

网站的安全策略应尽可能地严格，但同时需要认识到，安全是一个折中方案，没有绝对安全的站点设计。随着时间的流逝，黑客使用的工具会发展，安全缺陷就会被揭开。在网站设计时就把安全放在优先地位能减小风险，在网站运行后，必须时刻关注安全问题。

3. 服务器软件的强化

Web服务器安装后，应进行强化工作，如安装补丁，屏蔽不需要的端口、服务和组件，删除不需要的脚本和文件。

4. 总体系统的强化

除了强化Web服务器，还要强化总体系统。和Web服务器软件一样，操作系统和其他在服务器上运行的软件中也可能存在错误和安全漏洞。为了处理这种问题，在操作系统上市后就会发布服务包、补丁和错误修正。要经常访问操作系统制造商的网站，还有在系统上运行的其他软件生产者的站点。随时安装补丁包使系统更安全、更可靠。物理安全方面，应该保证服务器存放在一个安全的地方。

5. 网站的管理

管理网站需要的常规任务对于不同的网站是不同的，但他们之间的确有一些共同点。网站管理员每天都要花时间检查系统和应用程序日志，他们要在日志中搜寻暗示系统问题的错误信息。系统备份是网站管理员的又一常见任务。无论为网站选择了什么硬件和软件，都要花费大量的时间来处理备份问题。保证系统运行的是新版本的操作系统和应用软件。对网站内容和功能进行改变也是一个日常事务。同时还要做好安全监视工作，包括系统监视、安全设备监视、日志文件管理等。

13.3 某教育培训集团信息系统整体安全解决方案设计案例

13.3.1 组织背景介绍

某教育培训集团成立于21世纪初，经过十多年的发展已成为一家以外语培训和基础教育为核心，拥有短期语言培训系统、基础教育系统、职业教育系统、教育研发系统、出国咨询系统、文化产业系统、科技产业系统等多个发展平台，集教育培训、教育研发、图书杂志音响出版、出国留学服务、职业教育、在线教育、教育软件研发等于一体的大型综合性教育科技集团。公司的组织结构如图13.1所示。

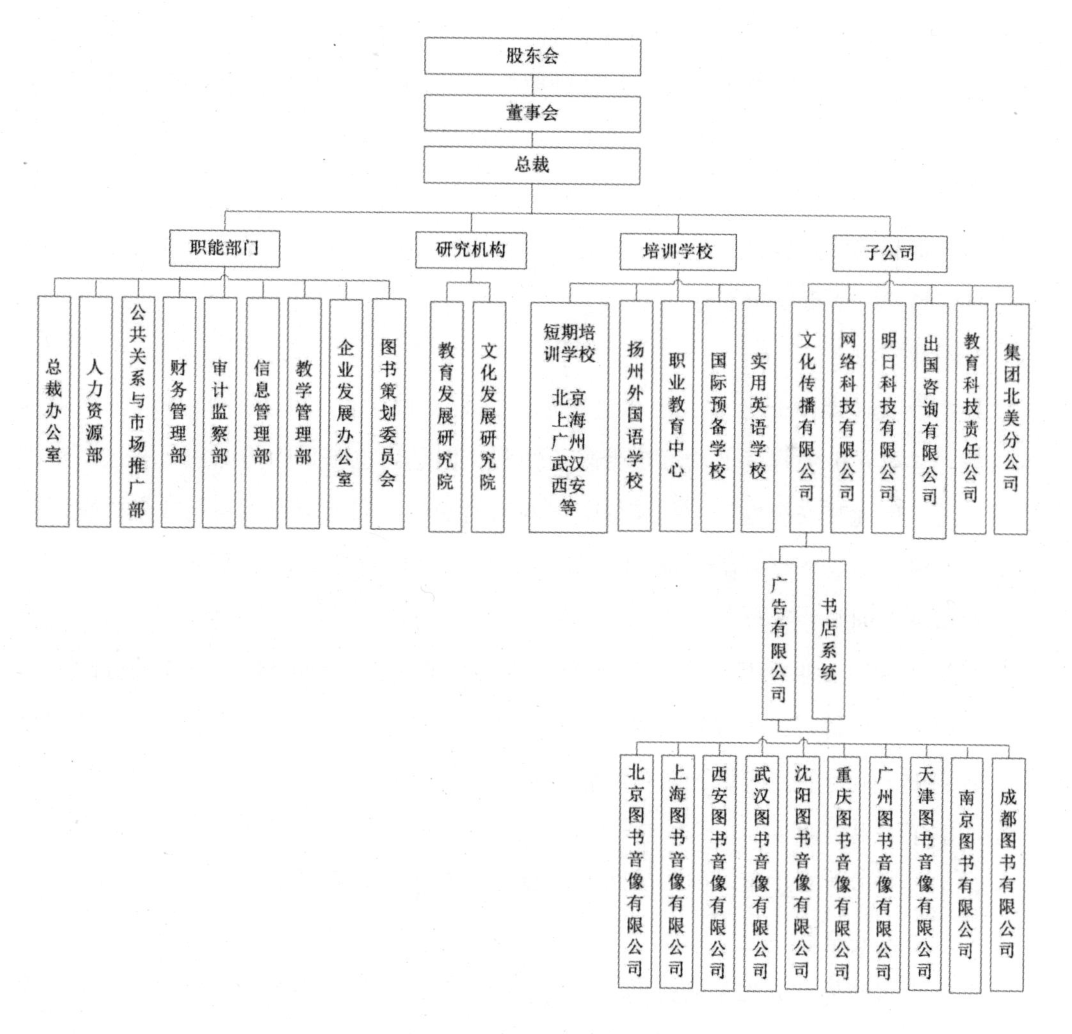

图13.1　集团公司组织机构

集团总公司股东会是集团最高权力机构，决定集团的经营方针和重大投资计划，审议批准集团的年度财务预算方案、决算方案，审议批准集团的利润分配方案等。董事会制订集团的年度财务预算方案、决算方案、集团的经营计划方案和弥补亏损方案，决定集团内部管理等。集团总公司设立总裁办公室、人力资源部、财务管理部、公共关系与市场推广部、审计监察部、信息管理部、企业发展部等部门和短期语言教学管理部，短期语言综合办公室和几个全国重点项目推广中心，各部门执行集团经营策略，并对集团下属各机构实施职能管理和服务。

13.3.2 重要资源分析

通过以上对集团背景、业务及系统的分析，认为系统中的重要信息资源有：

1. 客户信息资料

在培训学校等公司的业务流程中，有很多手续或者程序中都需要客户留下其信息资料，通过客户的资料进行之后的各种服务，也方便对客户的信息进行记录，针对不同的客户需求进行服务。但是这其中就涉及重要的问题，就是客户信息的安全性。在当今社会中，客户信息的泄露大多数是因为一些服务机构的管理不善而导致的。而且，客户资料的泄露也在一定程度上会造成客户的不信任，造成客户的流失。因此客户信息资料是一个重要的部分。

2. 网课资源

集团在实体课堂开办后，逐步进军网络课程，使学员可以足不出户就听到名师的讲解。这也在极大程度上给客户带来了便利。但是，也正是因为课程是通过网络进行传输的，因此其安全性极大程度依赖于网络的安全。如果网课被盗用或者被重复使用，这也将会导致企业利益受损。因此网课资源也是相当重要的一部分。

3. 留学咨询服务平台

留学咨询服务平台是一个网站平台，主要是通过网页或者见面交流进行的。网站上主要是通过留言，生成短暂对话框等方式进行交流。因此，当遭受拒绝服务式攻击，收到成千上万的请求后，就有可能崩溃。

4. 电子图书资源

图书资源主要是集团在网上的图书资源，是重要的组成部分。

5. 服务器安全

因为大多数的交易都是通过网上注册、网上申请、网上填写、网上支付等流程完成的。因此服务器的安全也就为这些程序的安全提供了保障，一旦服务器产生崩溃，则其中的很多重要数据都将会受到威胁。并且在其中，我们不仅要保证人为因素，还要保证自然因素。

6. 交易信息安全

交易信息也是一个重要资源。交易信息是交易双方进行友好对话的前提，当双方进行对话时已经产生了信任，因此交易信息的准确性是交易安全的重要前提。

13.3.3 安全需求分析

基于以上的重要资源分析，认为系统主要有下列的基本安全需求：

1. 合理的人员和设备配置

人员的管理主要应遵循的原则有：因事设岗、协作原则、最少岗位原则、客户导向原则、一般性原则。岗位设置应基于正常情况的考虑，不能基于例外情况。

2. 人员计算机安全意识

半数以上的安全问题是由内部人员引起的，加强相关人员的安全素养和安全意识可以有效地提高系统安全性。

3. 计算机硬件安全

计算机硬件安全主要指各种设备和设施、服务器、主机等。应做好灾难防护应急，做好冗余设计、报警系统等。

4. 防止信息泄露

客户资料、营销方案、财务报表、研发数据等信息资产对于企业自身的重要性越来越大，这些知识产权甚至是核心竞争力所在，一旦外泄后果不堪设想。同时企业内部的IT应用不断增多，企业对于IT的依赖性加强，这就导致信息外泄的渠道也大大增多，安全风险无处不在。因此，信息防泄漏的管理越来越重要，这不仅是IT人员关心的问题，也是企业领导者都必须认真对待的棘手问题。

5. 防止盗用知识产权

对于集团公司来说，其电子图书、课程等的知识产权对企业的利益是相当重要的，因此防止盗用知识产权也是重要的安全需求。

6. 防病毒和黑客入侵

病毒感染和黑客入侵都会严重影响信息系统和公司业务的正常运行。

7. 防止咨询平台等受到攻击

公司网站是一站式学习互动交流平台，内容涵盖了英语学习规划、成长导航、老师答问、在线咨询等服务。而且很多重要资料都在上面，因此咨询平台的重要性就不言而喻了，这理所当然成为重要的安全需求。

8. 交易信息的完整性

交易信息的准确也是一个重要资源。交易信息是交易双方进行友好对话的前提，当双方进行对话时已经产生了信任，因此交易信息的完整性是交易安全的重要前提。

9. 网络课程使用权限控制

网络课程使同学可以足不出户就听到名师的讲解，在极大程度上给客户带来了便利。但是，如果网课被盗用或者被重复使用，这也将会导致企业利益受损。因此防止网络课程被多人使用也是重要的安全需求。

13.3.4 集团信息系统体系结构

集团总公司下属机构由七大系统组成，分别是短期语言培训系统、基础教育系统、职业教育系统、咨询服务系统、文化传播系统、远程教育系统和发展研究系统。

信息系统对集团整体业务运行有着重要的影响。首先提供了信息与决策支持的功能，使企业组织结构向扁平化方向发展。信息技术的发展促使企业组织重新设计，企业工作重新分工和企业职权重新划分，从而进一步提高企业的管理水平。计算机的广泛应用使得企业上下级之间、各部门之间及其与外界环境之间的信息交流变得十分便捷，可以随时根据环境的变化作出统一的、迅速的整体行动和应变策略。其次，使各部门以及公司与客户之间可以拥有更加便捷的信息交流与共享。基于信息网络的信息交流与共享，提高了企业组织结构的灵活性与有效性。

由于集团各分公司在地域上比较分散，集团的各大系统相对独立，分别有自己融内部网和外部网站于一体的信息系统，以培训学校为例，网络体系结构如图13.2所示。

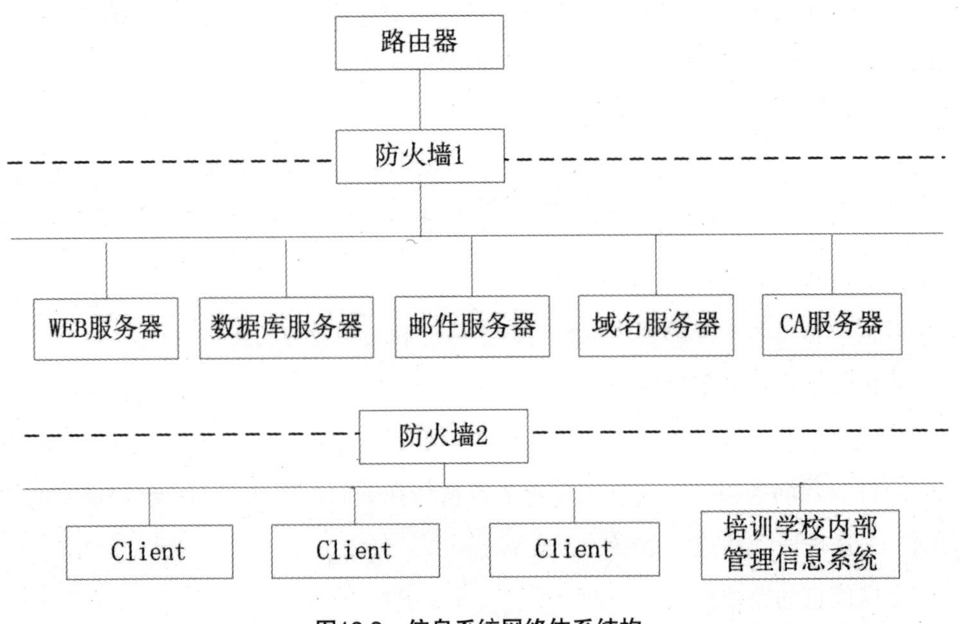

图13.2　信息系统网络体系结构

该体系中，基于Internet的开放性，在Internet和内部业务系统之间构建一安全屏障，防止非法入侵者对系统数据的破坏。该系统采用防火墙技术，它将Internet和内部网分隔开来，所有访问内部网的人都必须经过防火墙，只有满足防火墙规则的请求才允许通过。Web服务器用于提供网站的基本访问功能，另外独立设置了存储数据的服务器，将逻辑处理和数据存储分离开来。数据库服务器采用小型机，Web服务器采用微机，防火墙采用IBMFirewall系统，邮件服务、域名服务和CA服务采用基于微软的产品。

该体系结构采用两级防火墙措施，加强了对内部MIS的保护。Firewall 1限制了Internet对批销子网的访问，仅允许部分服务开通。Firewall 2一方面可以防止外来用户入侵内部MIS系统，另一方面可以防止企业内部人员对服务器子网的破坏。这种结构大大提高了企业内部网的安全。

13.3.5 安全方案

1. 安全对策基本思路

在集团不断发展的同时其网络规模也在不断地扩大，由于自身业务的需要，集团在不同的地区建有分公司或分支机构，本地庞大的Intranet和分布在全国各地的Internet之间互相连接形成一个更加庞大的网络。这样一个网网相连的网络为企业提高了效率，增加了企业竞争力，同样，这样复杂的网络面临更多的安全问题。首先本地网络的安全需要保证，同时总部与分支机构、分支机构之间的、机构与学员之间的机密信息和课程的传输问题，以及设备的管理问题都会显露出来，根据这样的网络使用环境一般会存在的安全隐患和需求，从以下几个板块设计相应的信息安全解决方案：

（1）企业行政管理。

（2）计算机实体安全和灾难恢复计划。

（3）操作系统安全设置。

（4）网络安全与入侵检测系统的部署。

（5）病毒防治与查杀。

（6）密码设置与信息加密。

2. 分级安全策略

（1）行政管理。首先是对人员的安全培训。应从基层、中高层、IT管理人员等几个方面进行连续的教育和培训。其次是制度建设，具体可以从以下方面着手：客户管理制度、软件维护制度、密钥管理制度、出入门卫管理制度、监察制度。而对于计算机信息的管理制度主要是计算机处理管理制度和文档资料管理制度。

（2）实体安全。实体安全主要从容灾备份、防盗和防毁、防止电磁泄漏、防电磁干扰、媒介安全与保密、移动存储设备安全问题等几个方面进行。另外，还需要制定出灾难恢复计划。

（3）操作系统安全。服务器和主机系统都需要做好安全设置工作，维护好系统安全日志，对用户分组和权限，结合组织结构和业务情况进行详细分配和设置。

（4）网络安全。网络安全的部署重点是防止各种网络攻击，主要通过防火墙产品的配置来实现。

（5）防病毒安全。服务器和各主机上均需安装防病毒产品，并且建立起制度性的软件和病毒库更新机制。

（6）身份认证及不可否认系统。人员权限控制和不可否认业务实现是网站系统的重要需求。可以防止超越权限的不当操作，对于在线交易部分，则可以有效地防止交易抵赖。

进行权限控制首先需要建立身份认证系统。身份认证的实现方法很多，如ID号、数字证书、指纹图像等。对于安全性要求不高的系统，可以使用简单的身份认证系统，如通过ID号和密码来检查身份的合法性。而对于重要业务及有高强度安全需求的业务，则需要相对复杂的身份认证系统。对于该集团系统来讲，数字证书比较适合作为身份认证的手段，它在系统开销、可操作性、安全强度各方面均符合系统的需求，实施也比较简单方便。

身份认证中使用的数字证书，必须由可信赖的机构颁发，担任此功能的机构一般称为认证中心（CA）。CA执行证书服务功能，接受证书申请，根据CA的策略验证申请者的信息，并使用私钥将其数字签名应用于证书。然后CA将证书颁发给证书的受领人，作为公钥基础结构（PKI）内的安全凭证。CA还负责吊销证书并发布证书吊销列表（CRL）。

由集团信息中心来承担本系统CA的职责是比较合理的，因为相对于其他专业CA，由集团本身担任CA责任单一、管理更加方便快捷。为了对CA资源提供高度的保护，应采取的措施有：对CA服务器进行物理隔离、利用备份与还原系统防止证书数据丢失、加强密钥管理等。

【本章小结】

信息安全是一项系统工程，单一的某类技术或措施无法达到全局的安全保障。因此，需要将各种管理制度和安全技术进行结合，构建起一体化的安全体系才能提供较好的安全水平。安全方案需要结合具体的系统情况和应用需求进行量身定制，本章分别就电子政府系统、电子商务系统和一般企业信息系统介绍了建立安全体系的基本流程，并具体介绍了某集团公司的信息系统安全体制实施方法。

【关键术语】

电子政务	e-government
政务信息系统	government information system
电子商务网站	e-commerce website
风险分析	risk analysis
分级策略	strategy hierarchy
整体安全解决方案	integrated security solution
安全需求	security requirement
安全策略	security strategy

【知识链接】

http://www.itsec.gov.cn/

http://www.infosec.org.cn/rule/index.php

http://www.niap-ccevs.org/cc-scheme/

http://www.kaspersky.com.cn/

http://www.symantec.com/zh/cn/index.jsp

【习题】

1. 试述信息系统综合安全部署的基本流程。
2. 安全需求分析对于安全方案设计和实施有何意义？
3. 整体安全解决方案应从哪些方面进行考虑？
4. 实际调研某组织的信息系统情况，为其定制一套信息安全方案。

参考文献

[1] ISO/IEC 17799:2005 Information Technology - Code of Pratice for Information Security Management.

[2] BS7799-2:2002 Information Security Management - Specification for Information Security Management Systems.

[3] 信息系统安全技术国家标准汇编 [M]. 北京：中国标准出版社，2000.

[4] 谢宗晓. 信息安全管理体系实施指南 [M]. 北京：中国标准出版社，2012.

[5] William Stallings. Cryptography and networks security：Principles and Practice，Third Edition. Prentice-Hall Inc.，2003.

[6] 刘荫铭，李金海，刘国丽.计算机安全技术 [M]. 北京：清华大学出版社，2000.

[7] 陈兵. 网络安全与电子商务 [M]. 北京：北京大学出版社，2002.

[8] 钱钢. 信息系统安全管理 [M]. 南京：东南大学出版社，2004.

[9] CEAC国家信息化计算机教育认证项目电子政务与信息安全认证专项组，北京大学电子政务研究院电子政务与信息安全技术实验室. 信息安全管理基础 [M]. 北京：人民邮电出版社，2008.

[10] 闫强，胡桃，吕廷杰. 电子商务安全管理 [M]. 北京：机械工业出版社，2007.

[11] 科飞管理咨询公司. 信息安全风险评估 [M]. 北京：中国标准出版社，2005.

[12] Michael E. Whitman and Herbert J. Mattord. 信息安全管理 [M]. 向宏，傅鹂，主译. 重庆：重庆大学出版社，2005.

[13] 劳帼龄. 电子商务安全与管理 [M]. 北京：高等教育出版社，2003.

[14] 方勇，刘嘉勇. 信息系统安全导论 [M]. 北京：电子工业出版社，2003.

[15] 孙强，陈伟，王东红. 信息安全管理-全球最佳实务与实施指南 [M]. 北京：清华大学出版社，2004.

[16] 张红旗，王新昌，杨英杰. 信息安全管理 [M]. 北京：人民邮电出版社，

2007.
[17] 时现，李庭燎等译. 全球信息系统审计指南 [M]. 北京：中国时代经济出版社，2010.
[18] 钱啸森. 国外信息系统审计案例 [M]. 北京：中国时代经济出版社，2007.
[19] 卢开澄. 计算机密码学—计算机网络中的数据保密与安全 [M]. 北京：清华大学出版社，2003.
[20] 张世永. 网络安全原理与应用 [M]. 北京：科学出版社，2003.

附录A　国家信息安全相关机构

政府信息安全管理机构

近年来我国的计算机网络发展迅速，几乎所有的党政机关、团体和企事业单位都建立了信息系统和信息网络。为加强对信息化工作的领导，我国成立了国家信息化领导小组，由国务院领导亲自任组长，中央国家机关有关部委的领导参加小组的工作。国家信息化领导小组为了强化对计算机网络安全工作的领导，对信息产业部、公安部、安全部和国家保密局等部门在信息网络安全管理方面进行了职能分工，明确了各自的责任，对于保障我国信息化工作的正常发展、保护信息的安全起到了重要的作用。

一、国家公安机关

根据《计算机信息网络国际互联网安全保护管理办法》的规定，公安部负责计算机信息网络国际互联网的安全保护工作，其公共信息网络安全监察机构具体履行安全管理职能，以法律法规的实施对计算机网络实行监督，大力加强对计算机网络的安全管理，消除计算机网络隐患，防范黑客攻击和计算机病毒对我国信息网络的侵害。

公安机关公共信息网络安全监察机构的主要职能如下。

（1）依法加强对互联网的安全管理。各地公安机关公共信息网络安全监察部门督促、检查和指导互联网单位建立计算机网络安全管理机构，制定安全工作规章制度，落实安全责任制，培训计算机网络安全管理人员，增强全社会计算机网络安全意识和安全防范能力。

（2）依法加强对重点要害部门计算机信息系统安全的监督和检查。各地公安机关公共信息网络安全监察部门要对重点要害部门的计算机信息系统的防泄密、防黑客攻击和防计算机病毒的能力进行测试和检查，如果查出漏洞，应及时提出整改措施，消除隐患，确保重要信息的安全。

（3）研究制定公共信息安全政策和技术防范措施。采用有效措施防范黑客攻击和计算机病毒对我国信息网络的侵害。各地公安机关公共信息网络安全监察部门要经常开展“防窃密、防病毒、防攻击”的教育和技术指导。防范政策和技术要及时，使预防工作有据可依，有章可循。

（4）掌握信息网络违法犯罪的动态，提供犯罪证据，打击违法犯罪行为。对于利用计算机网络从事危害社会活动，以及传播有害信息和黄色淫秽内容的行为，要坚决打击，对于危害计算机网络安全的行为要调查取证并交司法部门处理。

二、国家安全机关

依据《中华人民共和国国家安全法》的规定，国家安全机关是国家安全工作的主管机关，在计算机网络信息安全管理工作中，负责侦察计算机网络上危害国家安全的事件，打击利用计算机网络进行阴谋颠覆政府、分裂国家和推翻社会主义制度的犯罪行为。

三、国家保密机关

1.国家保密局

根据《计算机信息系统保密管理暂行规定》，国家保密局主管全国计算机信息系统的保密工作，其主要职能如下：

（1）研究制订计算机网络保密工作的规划、政策、规章制度和技术标准，指导计算机网络信息的保密工作。

（2）依据《涉及国家秘密的通信、办公自动化和计算机信息系统审批暂行办法》，负责对涉及国家秘密的计算机信息系统工程方案的审批和投入使用前的验收。

（3）依法对公共信息网络中信息涉密情况和执行相关保密法规情况进行检查，消除隐患，堵塞泄露国家秘密的渠道。

（4）负责对党政机关、重点部门和要害部位计算机网络保密情况进行监督、检查、确保国家秘密的安全。

（5）负责对涉密计算机信息系统设备的保密性能进行检测。

（6）负责组织对计算机网络保密技术的研究、开发和成果鉴定，并组织、实施对网络保密技术的检查。

（7）负责对涉密计算机网络施工单位的资质进行审查。

（8）依法组织协调有关部门对计算机网络上泄漏国家秘密的行为进行查处。

2.网络保密的原则

国家保密机关对公共信息网络保密管理的原则如下：

（1）控制源头。保证保密信息不上公共信息网，把秘密信息的源头管住。

（2）加强检查。对已经上公共信息网的信息要进行经常性的检查，发现公共信息网上有涉密信息，应立即删除，并查清来源，严肃处理泄密人员。

（3）明确责任。信息网络的保密工作在管理上要层层建立责任制，责任到人，发生泄密事件，就要追究责任。

（4）落实制度。把有关公共信息网络保密管理的制度落到实处，做到用制度管理网络，确保信息不发生泄密。

对涉密信息网络的保密管理原则如下：

（1）同步建设。保密设施必须与涉密信息网络同步规划和建设，在网络建设的过程中把保密措施和管理规则同步建立起来。

（2）严格审批。涉密信息网络工程方案要经过保密机关（机构）的审批，建成后验收合格才能投入使用。

（3）注重防范。涉密系统从建设到投入使用都必须进行保密防范，保密防范的经费要占涉密网络建设经费的15%左右。

（4）规范管理。对涉密网络要建立起一套严格的管理制度，管理的内容既包括对系统的管理，也包括对人的管理；在一定条件下，更重要的是对人的管理。

四、国家密码管理机关

根据《商用密码管理条例》的规定，国家密码管理委员会主管全国商用密码的管理工作。商用密码管理工作遵循“统一领导、集中管理、定点研制、专控经营、满足使用”的原则。

国家密码管理委员会的主要职能是对商用密码工作进行宏观管理，包括以下内容：

（1）制订发展商用密码的方针、政策和条例。

（2）制订商用密码的发展规划。

（3）审批商用密码的研制计划和编用原则。

（4）审批商用密码的出口政策。

（5）决定商用密码发展中的重大问题。

国家密码管理委员会办公室是国家商用密码管理委员会的日常工作机构，主要负责全国商用密码管理的日常工作。其职责如下：

（1）委托省、自治区和直辖市商用密码管理机构的具体工作。

（2）指定单位承担商用密码的科研任务，被指定的单位必须具有相应的技术力量和供研究使用的设备。

（3）组织专家按照商用密码的技术标准和技术规范来审查、鉴定商用密码的科技成果。

（4）指定商用密码的生产单位，由于密码是一种特殊的商品，因此未经许可任何单位不得生产；生产单位必须具有与生产商用密码产品相适应的技术力量，确保商用密码产品质量的生产设备、生产工艺和质量保证体系。

（5）指定对商用密码进行质量检测的质量监测机构，保证商用密码产品合格。

（6）指定销售商用密码产品的单位，未经许可任何单位或个人不得销售商用密码产品。

（7）批准组织或个人在中国境内使用商用密码产品，未经批准使用商用密码产品属于违法行为。

（8）会同有关部门查处违反商用密码管理规定的违法犯罪行为。

信息安全产品测评认证机构

随着全球信息化的发展、信息技术已经成为应用最广、渗透性最强的战略性技术。由于信息安全产品和信息系统固有的敏感性和特殊性直接影响着国家的安全和经济效益，因此各国政府纷纷颁发标准，并建立起一套行之有效的信息安全产品测评认证制度，对信息安全产品的研制、生产、销售、使用和进出口实行严格、有效的管理。

我国面临着信息化的发展机遇，同时也面临着安全方面的挑战，发展与安全是我国信息产业发展过程中必须认真考虑的战略问题。由于我国信息基础设施中的大部分设备依赖进口，信息安全产业刚刚起步，致使国外信息安全产品未经检验就进入我国，直接威胁着我国的信息安全，严重制约了我国信息产业的发展，这与我国政治、经济发展是极不相称的。因此在我国建立一套完整的、科学的信息安全产品测评认证制度，加强对信息安全产品测评认证机构的建设是非常重要的。

一、我国信息安全产品测评认证体系

为适应信息化的发展，美、英、德、法、澳、加、荷等国家均已建立了信息安全产品测评认证体系。我国从1997年开始正式启动信息安全测评认证工作，到1998年年底，参照国际惯例建立了我国的信息安全测评认证体系。

我国信息安全产品测评认证体系在国家有关部门的领导下，在中国国家信息安全测评认证管理委员会和中国产品质量认证委员会等机构的监督下，由中国信息安全产

品测评认证中心及其授权的分支机构组成。国家信息安全测评认证管理委员会是测评认证工作的监督管理机构，由国家质量监督检验检疫总局领导和管理，其成员由信息安全有关的管理部门、使用部门和研制开发部门的相关人员组成。管理委员会下设专家委员会和投诉与申诉委员会。管理委员会根据国务院产品质量监督行政主管部门的授权，代表国家对中国信息安全产品测评认证中心运作的独立性、测评认证活动的公正性、科学性和规范性进行监督。

中国信息安全产品测评认证中心是国家级的测评认证实体机构，代表国家具体实施信息安全测评认证工作。中心根据国家信息安全主管部门和国家质量监督检验检疫总局的授权，依据产品标准和国家质量认证的有关法律法规，结合信息安全产品的特点开展测评认证工作。

各“授权测评机构”或“认可测试实验室”是中国信息安全产品测评认证中心根据业务发展和管理需要而授权成立的、具有测试评估能力的独立机构，其测试结果是国家测评认证中心进行产品认证的基础。

二、中国信息安全产品测评认证中心

中国信息安全产品测评认证中心是在我国信息产业飞速发展的情况下，经国家授权、依据国家有关产品质量认证和信息安全管理的法律法规成立的，是代表国家进行信息安全产品质量测评认证的职能机构。

中国信息安全产品测评认证中心的前身是筹建于1997年初并于1998年7月正式运行的“中国互联网安全产品测评认证中心”。1998年10月经国家质量技术监督局授权，成立了“中国信息安全产品测评认证中心”。1999年2月，中国信息安全产品测评认证中心及其安全测试实验室分别通过中国产品质量认证机构国家认可委员会和中国实验室国家认可委员会的认可。2001年5月中编办[2001]51号文件进一步明确了测评认证中心的职能任务、机构和编制，正式定名为“中国信息安全产品测评认证中心”（China Information Technology Security Certification Center，CNITSEC）。

中国信息安全产品测评认证中心的主要职责如下：

（1）对国内外信息安全设备和信息技术产品进行安全性测试、评估和认证。

（2）对国内信息工程和信息系统进行安全性评估和认证。

（3）对信息技术产品和安全设备进行安全性评估和认证。

（4）批准和领导中国信息安全产品测试认证中心各分支机构的全部工作。

（5）对中国信息安全产品测评认证中心各分支机构的安全性测试进行评估认证。

（6）对中国信息安全产品测评认证中心各分支机构的安全性测试和评估进行监督和指导。

（7）批准授权实验室。

（8）监督已授权实验室在遵守、应用和解释通用评估方法方面的活动，对不符合要求的实验室，有权取消其资格。

（9）定期公布授权实验室的名单，如有变动随时公布。

（10）承诺在评估期间保护与信息技术产品有关的敏感或专有信息。

（11）为授权实验室提供建议、指导、支持和标准，从而保证授权实验室之间保持评估的一致性。

（12）对授权实验室提交的评估技术报告进行审查，以保证评估结论与实际相符，同时保证通用准则和通用评估方法的正确应用。

（13）公开发布认证报告，签署通用准则证书。

（14）对已发布人工报告和已签署通用准则证书的信息技术产品和保护轮廓，定期公布认证产品表并提供所有细节。

（15）仲裁评估或检测中出现的争议。

（16）测评认证机构必须在安全测试和评估的各个方面保持高水平技术专长和能力。

国家信息安全应急处理机构

中国的应急响应工作起步较晚，但是发展迅速。中国教育与科研计算机网络（China Education and Research Network，CERNET）于1999年在清华大学成立了中国教育和科研计算机网应急响应小组（Computer Emergency Response Team，CCERT），是中国大陆第一个计算机安全应急响应组织。

2000年10月，国家计算机应急处理协调中心CNCERT/CC成立，该中心是在国家因特网应急小组协调办公室的直接领导下，协调全国范围内计算机安全应急响应小组的工作，以及与国际计算机安全组织的交流。

一、国家计算机网络应急处理协调中心（CNCERT/CC）

国家计算机网络应急处理协调中心（CNCERT/CC）是在信息产业部互联网应急处理协调办公室的直接领导下，负责协调我国各计算机网络安全事件应急小组共同处理国家公共互联网上的安全紧急事件，为国家公共互联网、国家主要网络信息应用系统及关键部门提供计算机网络安全的监测、预警、应急、防范等安全服务和技术支持，及时收集、核实、汇总、发布有关互联网安全的权威性信息，组织国内计算机网络安全应急组织进行国际合作和交流的组织。

国家计算机网络应急处理协调中心（CNCERT/CC）的主要目标如下：

（1）建立国家重要部门的计算机网络应急处理服务队伍。

（2）建立国家级的计算机网络应急处理信息发布与技术支持中心。

（3）促进国内外计算机网络应急处理工作的交流与合作。

（4）为国家计算机网络信息处理工作提供决策和支持。

（5）参与计算机网络应急处理的国际合作与交流。

二、国家计算机病毒应急处理中心

我国政府非常重视计算机病毒的防治工作，并已经走上了法制的轨道。1994年2月我国政府颁布了《计算机信息系统安全系统保护条例》，明确了由公安部主管全国的计算机信息系统安全保护工作，同时规定由公安部归口管理对计算机病毒和危害社会公共安全及其他有害数据的防治和研究工作。此后又颁布了《计算机病毒防治管理办法》，全国人大、国务院和国家有关部门也相继出台了一些法规、规章和技术标准，并在新修改的《中华人民共和国刑法》中对故意制造、传播计算机病毒的行为规定了相应的处罚。这些法律法规和标准对我们扼制计算机病毒的发展，打击网络犯罪，规范计算机病毒防治工作提供了法律的依据。

1996年天津市公安局和天津市技术监督局建立了我国第一家计算机病毒防治产品检验中心。检验中心依照国家质量技术监督局的要求，成立了办公室、资料室、样品室、设备维护室、单机产品检验室、网络产品检验室和质量监督室。2000年5月，在“计算机病毒防治产品检验中心”的基础上成立了“国家计算机病毒应急处理中心”。

国家计算机病毒应急处理中心的主要工作任务是：充分调动国内防止计算机病毒的力量，快速发现病毒疫情，快速作出反应，快速处置，及时消除病毒，防止计算机病毒对我国的计算机网络和信息系统造成重大的破坏，确保我国信息产业安全健康发展。

附录B　信息安全相关法律法规

国家法律

中华人民共和国宪法

中华人民共和国刑事诉讼法

中华人民共和国治安管理处罚条例

中华人民共和国国家民法通则

中华人民共和国保守国家秘密法

中华人民共和国著作权法

中华人民共和国专利法（修正案）

中华人民共和国商标法（修正案）

中华人民共和国反不正当竞争法

中华人民共和国标准化法

中华人民共和国产品质量法

中华人民共和国产品公司法

中华人民共和国消费者权益保护法

中华人民共和国产品合同法

刑法修正案（七）关于信息安全的修订与解读

中华人民共和国保守国家秘密法

中华人民共和国电子签名法

行政法规

中华人民共和国著作权法实施条例

中华人民共和国计算机软件保护条例

中华人民共和国计算机信息系统安全保护条例

中华人民共和国计算机信息网络国际联网管理暂行规定

计算机信息安全管理

中华人民共和国计算机信息网络国际联网管理暂行规定实施办法

中华人民共和国计算机信息网络国际联网安全保护管理办法

中华人民共和国商用密码管理条例

中华人民共和国电信条例

中华人民共和国互联网信息服务管理办法

中华人民共和国产品质量认证管理条例

全国人大常务委员会关于维护互联网安全的决定

全国人大常务委员会关于惩治侵犯著作权的犯罪的决定

国务院办公厅关于进一步加强互联网上网服务营业场所管理的通知

文化部关于音像制品网上经营活动有关问题的通知

文化部关于加强网络文化市场管理的通知

中国互联网域名注册暂行管理办法

中国互联网域名管理办法

中国公众多媒体通行管理办法

中国公用计算机互联网国际联网管理办法

中国人民解放军计算机信息系统保密规定

涉密计算机信息系统建设资质审查和管理暂行办法

涉及国家秘密的通信、办公自动化和计算机信息系统审批暂行办法

金融机构计算机信息系统安全保护工作暂行规定

网上银行业务管理暂行办法

公用电信网间互联管理规定

著作权行政处罚实施办法

电子出版物管理规定

实施国际著作权条约的规定

网站名称注册管理暂行办法

联网单位安全员管理办法（试行）

电子商务交易的法律问题和对策

软件产品管理办法

关于制作数字化制品的著作权规定

关于软件出口有关问题的通知

关于互联网中文域名管理的通告

关于规范“网吧”经营行为加强安全管理的通知

关于开展计算机安全员培训工作的通知

经营性网站备案登记管理暂行办法

教育网站和网校暂行管理办法

计算机信息系统保密管理暂行规定

计算机信息系统国际联网保密管理规定

计算机信息系统安全专用产品检测和销售许可证管理办法

计算机信息系统集成资质管理办法（试行）

计算机软件著作权登记办法

计算机病毒防治管理办法

互联网站从事登载新闻业务管理暂行规定

互联网文化管理暂行规定

互联网上网服务营业场所管理条例

互联网电子公告服务管理规定

互联网出版管理暂行规定

互联网安全保护技术措施规定

商用密码产品销售管理规定

电子认证服务密码管理办法

商用密码科研管理规定

商用密码产品生产管理规定

证券期货业信息安全保障管理暂行办法

电子认证服务管理办法

关于加强新技术产品使用保密管理的通知

信息网络传播权保护条例

商用密码产品使用管理规定

信息安全等级保护管理办法

境外组织和个人在华使用密码产品管理办法

深圳经济特区企业技术秘密保护条例

通信网络安全防护管理办法

中央企业商业秘密保护暂行规定